A Series of Food Science
& Technology Textbooks

食品科技
系列

普通高等教育"十二五"规划教材

U0367878

食品工艺学
实验

马俪珍　刘金福　主编
孔保华　主审

化学工业出版社

·北京·

图书在版编目（CIP）数据

食品工艺学实验/马俪珍，刘金福主编. —北京：化学工业
出版社，2011.1（2023.6重印）
普通高等教育"十二五"规划教材
ISBN 978-7-122-10362-8

Ⅰ.食… Ⅱ.①马…②刘… Ⅲ.食品工艺学-实验-高等
学校-教材 Ⅳ.TS201.1-33

中国版本图书馆 CIP 数据核字（2011）第 003893 号

责任编辑：赵玉清 　　　　　　　　文字编辑：张春娥
责任校对：顾淑云 　　　　　　　　装帧设计：尹琳琳

出版发行：化学工业出版社（北京市东城区青年湖南街 13 号　邮政编码 100011）
印　　装：北京印刷集团有限责任公司
787mm×1092mm　1/16　印张 13½　字数 349 千字　2023 年 6 月北京第 1 版第 10 次印刷

购书咨询：010-64518888　　　　　　售后服务：010-64518899
网　　址：http://www.cip.com.cn
凡购买本书，如有缺损质量问题，本社销售中心负责调换。

定　价：35.00 元　　　　　　　　　　　　　　　　版权所有　违者必究

编写人员名单

主　编：马俪珍（天津农学院）
　　　　刘金福（天津农学院）
副主编：郭　梅（天津农学院）
　　　　孙卫青（长江大学）
　　　　刘铁玲（天津农学院）
　　　　梁　鹏（天津农学院）
编　者：（按姓氏笔画排序）
　　　　马　静（长江大学）
　　　　马俪珍（天津农学院）
　　　　王　娜（天津农学院）
　　　　王文生（国家工程技术保鲜中心）
　　　　王步江（天津农学院）
　　　　王浩田（天津农学院）
　　　　毛学英（中国农业大学）
　　　　孔庆学（天津农学院）
　　　　朱迎春（山西农业大学）
　　　　孙卫青（长江大学）
　　　　孙贵宝（天津农学院）
　　　　任小青（天津农学院）
　　　　刘会平（天津科技大学）
　　　　刘金福（天津农学院）
　　　　刘铁玲（天津农学院）
　　　　闫师杰（天津农学院）
　　　　杨　华（山西农业大学）
　　　　李　昀（天津农学院）
　　　　李晓雁（天津农学院）
　　　　何新益（天津农学院）
　　　　张平平（天津农学院）
　　　　苗　颖（天津农学院）
　　　　夏秀芳（东北农业大学）
　　　　郭　梅（天津农学院）
　　　　黄宗海（天津农学院）
　　　　崔　艳（天津农学院）
　　　　梁　鹏（天津农学院）
　　　　梁丽雅（天津农学院）
　　　　甄润英（天津农学院）
　　　　戴瑞彤（中国农业大学）
主　审：孔保华（东北农业大学）

前　　言

　　食品科学与工程领域从产业功能方面划分，可分成4个主要部分，即原料生产、加工、运输和销售。其中，加工是将农产品原料转化为食品的过程，包括许多单元操作和过程，是食品技术的核心。本教材主要以农产品加工与贮藏为主线，以食品科学与工程理论和技术的具体应用安排实验内容。

　　天津农学院开设的"食品工艺学实验"经过多年的建设和不断完善，取得了很好的教学效果，被评为天津市精品课程。《食品工艺学实验》一书总结了该课程教学改革和实践过程中积累的经验，编写力争体现以学生为主体，教师为主导，强调实战性、创新性的教改思路。作为教材，该书编写了食品新产品的设计与开发，以及设计性、综合性实验的要求等内容。力求通过工艺实验使所学理论知识与实践结合，得到综合运用，使掌握的技能和技术进行集成应用。在提高学生实践动手能力的同时，引导学生查阅资料、设计方案、准备实验、进行数据处理与分析等自主学习行为，以锻炼学生分析和解决实际问题的能力，并且培养他们的创新意识、提高创新能力。

　　本教材由天津农学院马俪珍教授、刘金福教授担任主编，东北农业大学孔保华教授主审，天津农学院郭梅、刘铁玲、梁鹏以及长江大学孙卫青担任副主编，经过6所高校和科研单位的31名专家学者历时一年多的辛勤努力编写完成。

　　本教材共分十一章内容，包括肉品、乳品、蛋品、水产品、果蔬制品、粮油制品以及发酵食品和饮品的加工等。教材整体内容在侧重实用性的同时力求增加新产品、新工艺、新标准、新技术的信息量。每一个实验在介绍食品制作、加工原理、工艺流程、操作要点和注意事项等内容的同时，特别介绍了可供实际操作参考的配料或配方、常用的机械设备、产品质量评定及标准，并附有问题分析及最新参考文献。在介绍各类食品加工的同时，本教材还将农产品加工中的现代高新技术通过具体产品的生产进行了实验编排，许多实验是近几年科学技术发展的新技术、新成果。

　　该教材内容丰富，深入浅出，通俗易懂，适合作为各大专院校食品专业的食品工艺学实验教材，还可供职业技术学校相关专业的学生、业余职业教育人员以及食品生产企业的技术人员学习参考。

　　本书在编写过程中得到了化学工业出版社的大力支持，在此表示衷心的感谢。同时，也感谢主审东北农业大学食品学院孔保华教授付出的辛苦和汗水，感谢各位编委所做的努力。

　　尽管作者在编写和统稿过程中尽了很大努力，但难免存在一些不足，恳请读者批评指正。

马俪珍　刘金福

于天津农学院

目　录

绪　　论

食品是将食物原料经过不同的配置和各种加工处理，从而形成的形态、风味、营养价值各不相同、花色品种各异的加工产品。通常加工可以分为不同的单元操作，如清洗、粉碎、分离、混合、调配、腌制、发酵、热处理、冷冻、干燥、成型、包装等，每一部分也称为作业或工序。把不同的工序组合形成最终消费食品的过程和方法就是食品工艺，即食品工艺就是将原料加工成半成品或将原料和半成品加工成食品的过程和方法。食品工艺在某种意义上决定了食品加工的质量，食品质量的高低在一定程度上又取决于工艺的合理性和每一工序所采用的加工技术。同时食品工艺还具有变化性、多样性和复杂性，使得食品的种类可以不断地改变和创新。为此，食品工艺学实验不是食品工艺的重复、简单实践，更主要的目的是应用食品加工原理以及技术来设计开发新型、方便、安全、科学、营养的食品。

1. 食品工艺学实验的特点和重要性

食品加工实验不同于其他材料的加工以及普通的化学实验，有其自身的特点。

（1）食品原材料有其特殊性　　同一类食品原料具有品种和成分的多样性和复杂性。例如不同采摘期的果蔬，尽管表观质量没有显著差异，但营养成分上可能有极显著差异；同样是一个畜种的鲜肉，成熟前后营养成分差异极显著等。这样就使得食品加工的工艺及其参数表现出了变化性和复杂性。为此，对食品加工实验的原理以及每一工序的目的的掌握和灵活应用至关重要。

（2）食品工艺实现的多样性　　同一种食品加工为实现某一工序目的可能有多种操作方法，特别是传统作坊式操作与现代工业化生产之间的区别。例如，腌制的目的主要是使腌制剂在食物组织中均匀渗透，同时也使食物中的一些成分重新分布，从而改善食品的质构和风味。而且在腌制过程中可以进行手工翻缸、摔打或揉搓，也可以采用现代化设备进行注射、滚揉。为此，对每一工艺操作步骤的作用和实现手段以及技术的理解非常关键，这样才能通过作坊式的实验掌握现代食品加工的技能。

（3）食品加工过程中的多变性　　食品加工不同于其他产品的加工，食品的每一个加工环节都会发生不同的物理、化学以及生物化学反应，而且原料初始水平不同，所发生的反应也不一样。为此，不仅每一步工序的参数应严格控制，而且还要根据情况决定下一步骤的操作工艺及参数是否需要进行适当调整，每一个产品的加工参数都不是一成不变的，既要科学合理，又要灵活调整。

总之，食品工艺学实验的特点对实验过程提出了特殊的要求，牢固掌握食品工艺理论是进行食品工艺实验的基础，而食品工艺学实验又使食品工艺理论得到了实践和提升。实践证明，通过实验应用发展了理论，又通过实验检验和评价了理论。因此，学好、做好食品工艺学实验，是深刻理解食品工艺学理论，并灵活应用理论开发新产品、解决实际问题的必要环节。

2. 食品的分类和食品工艺学实验的编排

由于不同人群对食品关心的侧面不同，不同地区消费者的喜好、习惯不同，食品名称多种多样，目前尚无统一、规范的分类方法。按常规或习惯可对食品有以下几种分类方法。

（1）按加工工艺分类　　有罐头食品、冷冻食品、干制食品、腌渍食品、烟熏食品、发酵食品、焙烤食品、挤压膨化食品、微波食品、辐射食品、调理食品等，根据名称就可大致了解该类食品所用的主要加工工艺和保藏方法。

（2）按原料来源分类　有肉制品、乳制品、蛋制品、水产制品、粮油制品、果蔬制品、糖果、巧克力等，名称反映了该产品的主要原料。

（3）按产品特点分类　有保健食品、方便食品、模拟食品、旅游食品、休闲食品、快餐食品、健康饮品等。这种分类表现了消费属性。

（4）按食品消费对象分类　有老年食品、儿童食品、婴幼儿食品、女士食品、运动员食品、航空食品、军用食品等。消费者可根据名称判断是否适合自己。

近年来随着科技的发展和消费者的需求，又出现了一些新的食品名称，如绿色食品、有机食品、无公害食品、转基因食品、海洋食品等。同一种食品可能因不同需要而归属到多种食品种类。

3. 食品工艺学实验的主要内容

① 通过实验巩固和深化课堂讲授的理论内容，进一步理解食品加工的原理，掌握食品加工的工艺技术。

② 学习掌握各类食品加工的基本操作技能，培养利用理论知识分析解决实际问题的能力和科学严谨的工作作风。

③ 通过熟悉实验所涉及食品的加工原理和典型加工工艺，学会所用仪器、设备的正确操作方法并严格按照操作规程进行实验。

④ 通过综合实验训练，培养学生设计、改进实验，处理实验数据和独立分析问题的能力，让学生初步学会科学研究的基本方法。

食品工艺学涉及的内容广泛而复杂，食品科技飞速发展，消费者对食品的质量要求已不仅仅局限于营养和感官，而是追求集营养、感官、保健以及心理等各方面于一体的高要求食品，甚至还将文化、艺术渗透到食品中，这就要求食品研发者必须有深厚的科学理论基础、娴熟的实验操作技能以及高新技术支撑，食品工艺学实验课程正是培养学生这种能力的重要环节。

第一章 食品新产品设计与开发

食品新产品设计与开发是食品科学与工程专业的一门独立课程，更是食品生产与制造企业永恒的主题。食品品种繁多，各具特色。其显著的特点是随着社会经济和科学技术的发展，不断地变换品种，推陈出新。即使是传统的名、特、优食品也需要用新理论、新技术进行改造，融入时代的理念，适应消费者的需求。因此，对于食品生产与经营企业来讲，在产品品种、生产技术和经营理念等方面需要不断地创新，才能保持长足发展的动力。

在开始食品工艺学实验前，了解食品新产品设计与开发的知识，目的是在工艺实验中，不仅要学会实践操作，掌握基本技能，还要思考与实践相关知识的综合运用、技术的集成应用，力争有所创新。在实验安排和要求上，学生可以按照食品新产品设计与开发的理论知识和基本程序，自主设计实验，培养和锻炼创新、创造、创业的意识和能力。

第一节 概　　述

一、新产品的概念

新产品是从未在市场上出现过的产品，是一种全新产品。但随着市场和顾客的成熟，新产品的定义逐渐发生了变迁。目前，新产品存在着两种定义形式：一是技术角度的传统定义，二是市场营销角度的现代定义。传统的技术角度的定义认为：新产品是出于科技进步和工程技术的突破而产生，在产品本身实质上有了显著变化、具有了新性能的产品。现代市场营销角度的新产品定义是：能进入市场，给消费者（用户）提供新的利益（新的效用）而被消费者（用户）认可的具有新意的产品。

在实际工作中和食品消费市场上，既有很多属于传统定义的"技术型"新产品，也有不少使消费者（用户）得到新的利益而被消费者（用户）认可的"市场型"新产品，但更多的则是以一定技术进步为基础，又使物质或功能发生变化而开发出来的新产品。食品新产品往往是企业为了适应消费者和市场的需求，在原有产品的技术、配方、包装、概念方面进行突破，设计开发与原有产品在一个方面或多方面不同或全新意义的产品。

二、食品新产品的基本要求

一般的新产品都要求具有 5 个特点：①先进性；②效益性；③实用性；④适应性；⑤创造性。如果新产品总的设计和技术水平等方面落后于原有产品，无论如何优惠，价格如何便宜，都无法被市场接受，最终可能会失败。由于食品受文化、习惯、地域的影响，产品本身并没有先进还是落后之分，但技术、加工手段、包装不断在改进，产品配方从保藏性、营养性、口感等方面也在不断改善。其次，食品往往更需要具有针对性，如针对不同的人群、档次、地域、环境条件等。再者，与工业产品相似，实用性、便捷性是新产品的一大特点。随着人们生活节奏的加快，满足人们对产品食用的方便、卫生、营养的需求，都是新产品设计与开发的出发点。

一般来讲，要成功地开发食品新产品，需要做到以下几点。

（1）预期利益回报　在新产品开发之前，对产品的市场容量、产品本身的研究开发程度、市场测试、生产成本、广告费用等进行预测统计，从而预测利益回报。这个数据虽然不一定完全准确，但可以有效地控制风险。

（2）满足消费者的需求　成功的食品开发，新产品中一般都增加了消费者的使用价值，消费者清楚产品的特点。这就需要在新产品开发之前通过科学的市场调查来了解消费者的心声和需求。

（3）产品在某种程度上必须独一无二　成功的食品新产品必须拥有一些新技术，这些技术使竞争者不能在短时间内模仿，这样就会产生时间效应，使新产品首先占领市场和具有积极的竞争力。

具有可预测的利益回报率，产品可被消费者接受，产品技术在一定时限具有创新性或独一性，是新产品获得成功的基础。

三、新产品开发的意义

1. 新产品开发可加强食品企业战略优势

科学技术的进步以及它们在生产中的应用，使科学技术和生产力飞速发展，产品日新月异。企业必须利用科技新成果不断进行新产品的设计与开发，才能在市场上有立足之地。做好"生产一代、改进一代、淘汰一代、研发一代、储备一代"的产品研发工作，可加强企业的战略优势。

2. 新产品开发可增强食品企业竞争能力

没有产品设计开发能力，企业也就没有竞争能力。不断地创新，不断地开发新产品，是增强食品企业竞争能力的必要条件，可带来持续竞争优势，也有利于分散企业的经营风险。

3. 新产品开发可提高食品企业经济效益

新产品设计与开发成功与否，直接关系到实现企业的业绩与利润目标，它有利于充分利用企业的资源和生产能力，提高劳动生产率，增加产量，降低成本，提高企业的品牌效益，增强企业形象，取得更好的经济效益。

4. 新产品开发可满足消费者需求，推动社会进步

只有不断地开发新产品，及时采用新技术、新材料、新设备，不断推陈出新，逐步替代老产品，不断地开拓新市场，才能适应不断变化的市场需求，更好地满足人们对食品的营养、卫生、安全等方面的需求，促进社会经济的发展。

四、食品新产品设计与开发应具备和了解的知识

食品作为一种关系到人类繁衍、健康的特殊产品，必须高度重视它的安全性、营养性，作为销售的产品又要符合经济规律。设计开发食品新产品会涉及到人文社科、管理学、生物学、化学、营养学、工程学、工艺学等学科的知识与技能，需要把这些知识和技术进行综合的运用。食品往往成分复杂，物理、化学和生物学变化多样。食品新产品开发应了解和具备以下的知识与技能：

① 熟悉相关原料的性能、用途及有关背景资料。

② 熟悉食品添加剂的特点、使用方法和应用范围。

③ 熟悉有关加工设备（如原理、生产能力、操作要点等）和工艺特点。

④ 熟悉实验和检测方法。

⑤ 熟练查阅各种文献资料。

⑥ 了解国家或目标出口国的相关法律法规，特别是食品添加剂、微生物（污染物）和标签规定等要求。

⑦ 收集、积累原辅料的新进展，了解和联系原辅料供应商，获得样品试用和研发过程中更多的信息。

⑧ 最好能掌握相关的制图设计软件（如：AutoCAD、CorelDRAW、Photoshop 等，设

计产品包装或厂房时会用到）。

⑨ 熟悉感官评定知识、杀菌知识、包装材料（特别是塑料软包装）知识、产品流通和包装印刷常识等。

⑩ 具有沟通、合作能力。

五、新产品开发失败的原因

新产品开发失败具体的原因有：事先未能正确评估新产品的潜在市场，在对市场调查不够、了解不彻底的情况下，贸然投放新产品而导致失败；新产品本身有缺陷，如由于技术上或设计上的错误，造成产品品质低劣、功能不全，以及颜色、味道、外观、规格、包装容量不适当而导致失败；产品本身过分复杂，或者同市场现有产品相比没有突出优点，显不出竞争优势，都会形成败因；价格过高或过低，必然缺乏竞争力，难于在市场立足；延误新产品上市时机，坐失良机，或者匆忙抢先上市，上市时机选择不当而失败；低估竞争对手的反应，因而导致新产品失败；在推出新产品时缺乏策略，没能赢得一定的支持，或者推销、广告等配合不当，都会给新产品以致命伤害。

所以说新产品开发失败有两个致命点：一是缺乏开发前的市场分析，二是产品本身的缺陷，两者占失败原因的55%。分析成功新产品开发的相同点，一是差异化明显，二是低成本优势。简单地说就是差异化和成本控制。

推出新产品是扩大市场占有率的有效策略之一，然而，由于新产品缺乏市场基础，推销不畅，稍有不慎，就会失败。分析、研究、弄清新产品失败的原因，作为前车之鉴，将有助于新产品的成功。

（天津农学院 刘金福）

第二节 食品新产品设计与开发的内容与程序

一、新产品设计与开发的内容

企业开发设计新产品的内容是非常广泛的，它既涉及新产品的结构，又涉及与新产品有关的科学研究、工艺设备、原材料及零部件的开发，还涉及新产品销售中的商标、广告、销售渠道和技术服务等方面。

1. 产品技术条件的开发

产品技术条件的开发包括产品技术原理、工艺设备、原材料、零部件等的开发。产品技术条件的开发往往是食品科学与工程专业者所关注和开展的工作，在大量试验研究的基础上，形成新的技术。

2. 产品整体性能的开发

产品整体性能的开发包括产品质量、品种、功能、结构、使用方式等的开发。其中质量开发包括质量标准的改进、测试手段的提高、产品存在问题的原因分析以及产品性能的开拓等。功能开发包括改进结构、增加新的功能、降低成本等。结构开发包括改进结构、改变包装、赋予新造型等。使用方式开发包括增加产品的方便性以及新的使用方式等。产品整体性能开发需借助多部门、多学科人才的通力合作，集合各部门的研究成果，实现统一目标。

3. 产品市场条件的开发

产品市场条件的开发包括商标、广告、销售渠道、销售服务等。

二、新产品的开发程序

开发新产品的程序因企业的性质、产品的复杂程度、技术要求以及企业的研究与开发能力的差别而有所不同。一般产品开发大致经过如下阶段：

① 开发之前：开发概论、开发准备、新产品构思；

② 开发战略与组织：确定开发战略、建立开发组织；

③ 概念形成：构思筛选、概念测试、商业分析；

④ 实体开发：新产品设计、新产品试制、新产品鉴定；

⑤ 商品化：营销设计、商品化操作、试销、上市。

三、新产品设计开发的步骤

一般将开发过程分成几个步骤，其基本过程如下。

1. 新产品构思

新产品构思是指新产品的设想或新产品的创意，应从市场营销的观念出发。消费者需求是新产品构思的起点，企业应当有计划、有目的地通过对消费者的调查分析来了解消费者的基本要求。对竞争企业的密切关注，有利于新产品构思。

企业新产品设计开发机构的管理和科技人员是产生新产品构思的中坚力量，要制定开发战略和建立开发组织。新产品构思只有被这些人员所接受、理解，才能成为有效的新产品构思。这些人员一般都经过专业训练，具有相当的经验，在新产品构思方面具有一定的敏感性。但是，正是这种情况的存在，专业工作人员也往往会产生"盲点现象"，固执地排斥任何与他们的设想不符合的新构思，往往会导致许多有价值的构思夭折。

2. 构思筛选

将前一阶段收集的大量构思进行评估，研究其可行性，尽可能地发现和放弃错误的或不切实际的构思，以避免资金的浪费。一般分两步对构思进行筛选：第一步是初步筛选，首先根据企业目标和资源条件评价市场机会的大小，从而淘汰那些市场机会小或企业无力实现的构思；第二步是仔细筛选，即对剩下的构思利用加权平均评分等方法进行评价，筛选后得到企业所能接受的产品构思。

3. 新产品概念的形成

产品概念是指企业从消费者角度对产品构思所做的详尽描述。企业必须根据消费者对产品的要求，将形成的产品构思设计开发成产品概念。通常，一种产品构思可以转化为许多种产品概念。新产品设计开发人员需要逐一研究这些新产品概念，进行选择、改良，对每一个产品概念，都需要进行市场定位，分析它可能与现有的哪些产品产生竞争，以便从中挑选出最好的产品概念。

新产品概念是消费者对产品的期望。从逻辑学角度来看，产品构思与新产品概念的关系是一个种概念与属概念的关系，产品构思的抽象程度较高，从产品构思向新产品概念的转化是抽象概念向具体概念的转化过程。

4. 商业分析

它是指对新产品的销售额、成本和利润进行分析，如果能满足企业目标，那么该产品就可以进入开发阶段。商业分析实际上在新产品开发过程中要多次进行，其实质是确认新产品的商业价值。

当新产品概念已经形成，产品定位工作也已完成，新产品开发部门所掌握的材料进一步完善、具体，在此基础上，新产品开发部门应对新产品的销货量进行测算。此外，还需估算成本值，确定预期的损益平衡点、投资报酬以及未来的营销成本等。

5. 新产品设计与试制

新产品构思经过一系列可行性论证后，就可以把产品概念交给企业的研发部门进行研制、开发成实际的产品实体。实体样品的生产必须经过设计、试验、再设计、再试验的反复过程，定型的产品样品还须经过功能测试和消费者测试，以了解新产品的性能、消费者的接受程度等。最后，决定新产品的品牌、包装装潢以及营销方案。这一过程是把产品构思转化为在技术上和商业上可行的产品，需要投入大量的资金。

6. 试销

新产品开发出来后，一般要选择一定的目标市场进行试销，注意收集产品本身、消费者及中间商的有关信息，如新产品的目标市场情况、营销方案的合理性、产品设计和包装方面的缺陷、新产品销售趋势等，以便了解消费者对新产品的反应态度，并进一步估计市场，有针对性地改进产品，调整市场营销组合，并及早判断新产品的成效，使企业避免遭受损失。

值得注意的是，并不是所有的新产品都必须经过试销。通常是选择性大的新产品需要进行试销，选择性小的新产品不一定试销。

7. 商业化

如果新产品的试销成功，企业就可以将新产品大批量投产，推向市场。通过试销，最高管理层已掌握了足够的信息，产品也已进一步完善。企业最后决定产品的商业化问题，即确定产品的生产规模，决定产品的投放时间、投放区域、投放的目标市场、投放的方式（营销组合方案）等。这是新产品开发的最后一个阶段。如在这一阶段新产品遭到失败，会使企业蒙受重大损失。因此，普及、推广新产品设计开发程序知识是极其必要的。

（天津农学院　刘金福）

第三节　食品新产品设计与开发的设计方法

一、食品新产品设计与开发选题设计

选题在一定程度上决定着产品开发的成败。题目选得好，可以起到事半功倍的作用。特别是对于初涉研发工作的人来说，掌握产品设计与开发选题的方法是非常必要的。

1. 选题步骤

产品的设计与开发方向确定之后，要查找与所确定的研究方向有关的文献资料，经过加工筛选，寻找出在这些研究中还有哪些空白点和遗留问题有待解决。然后进行论证看其是否符合企业产品开发的基本方向，对创造性和可行性等进行论证，以确保选题的正确性。

2. 选题技巧

（1）替换设计与开发要素的方法　　在研究及开发实践中，有意识地替换原产品中的某一要素，就有可能找出具有理论意义和应用价值的新问题，这种选题方法称为研究要素替换法，又称旧题发挥法。例如，某企业生产蓝莓饮料系列产品，"蓝莓"、"饮料"等都是研究要素。只要替换其中一个或几个要素，都可能产生一个新的设计与开发题目：①替换要素"蓝莓"，则产生新题目，如小米饮料设计与开发、红小豆饮料设计与开发、绿豆饮料设计与开发等；②替换要素"饮料"，则产生新题目，如蓝莓酒设计与开发、蓝莓醋设计与开发、蓝莓奶设计与开发等。

（2）从不同学科方向的交叉处选题　　从不同学科、不同学科方向的交叉处选题，应敢于突破传统观念和思维方式的束缚，充分运用综合思维、发散思维、横向移植等多种创新思维方法，去激发灵感。例如，红枣酸奶的开发，就需要将红枣汁的制备技术与酸奶生产中的发酵、罐装等技术相结合。又如，将啤酒生产技术和保健食品生产技术结合，可生产出苦瓜保健啤酒等新产品。

（3）用知识移植的方法选题　他山之石，可以攻玉。所谓移植，是指把一个已知对象中的概念、原理、方法、内容或部件等运用或迁移到另一个待研究的对象中去，从而使得研究对象产生新的突破。

例如，把化工等学科中的纳米技术、微胶囊、超临界流体萃取、膜过滤技术、超微粉碎等应用于食品加工中，就增加了食品中的新技术含量，可以开发出相应的新产品。如，纳米技术可以赋予食品许多特殊的性能，与宏观状态下食品性质与功能相比，可提高某些成分的吸收率，减少生物活性和风味的丧失，并可以将食品输送到特定部位，提供给人类有效、准确、适宜的营养。通过微乳液将蜂胶制成纳米超微粉食品，其理化性质和作用发生惊人的变化。纳米化蜂胶可以促进蜂胶在水中的溶解性，增强其抗菌活性，而且口感好，可大大提高蜂胶的保健功效。

（4）从生产实践中遇到的机遇或问题中选题　日常科研工作中务必注意观察以往没有观察到的现象，发现以往没有发现的问题，外观现象的差异往往是事物内部矛盾的表现。及时抓住这些偶然出现的现象和问题，经过不断细心分析比较，就可能产生重要的原始意念。有了原始意念，就有可能提出科学问题，进而发展成为科研选题。如，通过钢印压在纸上形成的字迹，想到在干豆腐上印字或图案，研究开发印有生产企业名称或品牌图案的干豆腐。

（5）从已有产品延伸中选题　延伸性选题是根据已完成课题的范围和层次，从其广度和深度等方面再次挖掘产生新课题，开发出更有价值的新产品。如，某厂生产葡萄酒，葡萄籽则没有利用，于是在产品上延伸，设想从葡萄籽中提取多酚物质和葡萄籽油，研究开发具有保健功能的食品。

3. 选题原则

（1）科学性原则　设计与开发课题必须符合已为人们所认识到的科学理论和技术事实。科学性原则是衡量科研工作的首要标准，可以说科学性原则是科研选题和设计的生命。如，若将酸性食品的巴氏杀菌方法（低于 100℃）移植到中性食品中，这个选题就违背了科学性原则，肯定会因孢子的繁殖而导致食品败坏。常温保存的中性食品，为了杀死细菌孢子，需要 120℃以上的高温杀菌。科研实践证明，违背科学性原则的科研选题是不可能成功的。

（2）实用性原则　设计与开发选题要从社会发展、人民生活和科学技术等的需要出发，在食品的科研中，选择能改善食品的营养功能、感官功能、保健功能、方便功能的题目，选择易于产生经济效益和社会效益的题目。如，用菠菜、胡萝卜等开发饮料，因原料价廉易得，感官功能差，这些饮料对人们的吸引力很低，很难产生经济效益，缺乏实用性原则。又如，近年来出现的多种方便食品，则迎合了人们快节奏的生活方式，深受人们欢迎，具有较高的实用价值。

（3）创新性原则　创新是科研的灵魂。选题应该是前人尚未涉及或已经涉及但尚未完全解决的问题，通过研究，得到前人没有提供过或在别人成果的基础上有所发展的成果。

创新性原则对于应用技术研究的课题，则是要求能发明新技术、新产品、新工艺，其创新性可以从下面几个角度来体现：内容新、角度新、原料新、方法新、结果新、时效新、其他要素新。例如，市场上有了以小麦为原料的方便面，那么玉米方便面即属于内容新颖。市场上有八宝粥，那么用玉米、黑米、红小豆等为原料生产麦片状的即冲型八宝粥就是角度创新产品。采用喷雾干燥法生产蔬菜粉对于粉碎法来说就是方法创新。

（4）可行性原则　可行性原则是指研究者从自己所具有的主客观条件出发，全面考虑是否可能取得预期的成果，去恰当地选择研究题目。可行性主要包括以下三个方面的条件。

① 客观条件　是指研究所需要的资料、设备、经费、时间、技术、人力等，缺乏任何一个条件都有可能影响课题的完成。如食品纳米技术的研究，需要电子显微镜等检测设备，

如果本单位无该设备，或经费不足，不能够送外单检测，尽管该项目很有意义，也不能选择此类研究题目。

② 主观条件 即指研究人员本身所具有的知识、能力、经验、专长的基础，所掌握的有关该课题的材料等。研究者要具备所选课题的相关知识，具备邻近学科的相关知识，了解前人对该课题的研究成果。

③ 时机 这是指在选择科研课题时，要注意考虑当前本领域的重点、难点和热点，整体发展趋势和方向。如方便面、火腿肠的开发成功，就是把握了好的时机。它出现在人们生活水平提高的年代，符合了人们对生活方便性的要求，所以有很好的市场需求。这些食品若在 20 世纪 70 年代开发，那时人们尚未解决温饱问题，方便面、火腿肠就不会有今天的发展。

二、食品新产品配方设计

组成食品的主要原料、辅料等在食品中的最终含量或相对含量称为食品的配方。所谓配方设计，主要是根据产品的性能要求和工艺条件，通过试验、优化、评价，合理地选用原辅料，并确定各种原辅料的用量配比关系。配方设计包括以下几方面内容。

1. 主体指标设计

它包括主体风味指标设计和主体状态指标设计。

风味指标即食品的酸甜咸等指标，如大多数饮料、水果罐头等要求酸甜适口或微甜适口，干型果酒类要求微酸爽口，面包蛋糕等要求微甜或甜味，肉罐头、香肠类熟食制品、酱菜等要求咸味适度，酸辣白菜要酸辣适中，辣酱要辣味和咸味协调等。这些都是产品的主体风味，不能偏离了人们的饮食习惯。

状态指标即食品的组织状态，如澄清型饮料应该澄清透明；浑浊型饮料应该均匀一致不分层；白酒应该是无色透明；面包、蛋糕应该是柔软疏松的；果冻应该具有一定的弹性等。这些状态指标也要符合人们的心理习惯。

2. 主要配方成分设计

配方成分包括主体配方成分、辅助配方成分和特殊配方成分。

（1）主体配方成分 主要是主体风味指标的成分，如甜味、酸味、咸味、辣味等。这些风味成分多数都是人为加入到食品中赋予产品风味的。

（2）辅助配方成分 主要是有关食品的色、香、味的成分，这些成分有的是食品中本身具有的，无须添加，有的是因发生损失而需补加的，有的是这些风味淡薄需要人为添加的。这些成分大都是我们常说的食品添加剂，即色素、香精、味精等。当然味道的调配也包括主体成分指标的风味补充，例如补加甜味剂、酸味剂等，以降低生产成本。

（3）特殊配方成分 主要指品质改良所需的成分，食品保藏所需要的成分，功能食品的功能性成分，特殊人群食品所需要的特殊强化成分等。

如三聚磷酸钠盐系列作为品质改良剂可以使碳酸饮料的泡沫丰富持久；碳酸氢钠作为发泡剂可使发酵面制品松软可口；增稠稳定剂可使浑浊饮料口感稠厚、使冰激凌状态稳定等；苯甲酸钠和山梨酸钾等可以增加食品的保藏性。具有铁强化功能的食品要有铁成分的填充；婴儿配方奶粉尽可能模仿母乳的构成，调整蛋白质的构成及其他营养素含量，增加婴儿需要的牛磺酸和肉碱等。

（4）配方的表示 配方一般以各配料成分在最终食品总质量所占百分含量来表示，如饮料类、酒类等液体状态的产品，因为这些产品可以最后进行定容。但是也有一些产品配方是以各配料成分占食品主要原料总质量的百分比，如香肠、酱牛肉、面包、蛋糕、芝麻糊等，因为产品不能定容，一般以辅料占主料的百分比来表示。

若用实际重量来表示食品的配方，则必须有制造的食品的总量，即此配方是多少食品所需。如"每1000kg饮料用"、"配制1000kg饮料需"等。汤料产品的配方则应表明可冲饮的汤的量，固体饮料也要标明冲饮的倍数。

（5）配方实验　这是配方设计的关键，即通过实验来确定配方的成分。一般中小型食品企业多是由聘请的食品加工技术人员来完成，大型企业可以由研发部门组织技术部门来完成。常用实验方法如下。

① 单因素试验方法　例如，茶饮料加工中茶叶提取选择浸提时间分别为5min、10min、15min、20min、25min，浸提温度分别为60℃、70℃、80℃、90℃、100℃，茶叶与水的比例分别设定为1∶250、1∶200、1∶150、1∶100、1∶50，经过对不同组合实验得到的茶汁进行感官评定来确定茶叶浸提的最适浸提温度、最适浸提时间和最佳料水比。

② 正交试验方法　例如，沙棘果汁饮料加工中，以原汁含量、糖度、酸度、蜂蜜加量作为四个试验因素，其中原汁含量设8%、12%、16%三个水平，糖含量设10%、12%、14%三个水平，酸含量设0.28%、0.31%、0.34%三个水平，蜂蜜添加量设1%、2%、3%三个水平。采用$L_9(3^4)$正交试验设计，以所获得的饮料的感官评分作为评价标准，来确定最佳饮料配方。

3. 调色设计

食品讲究色、香、味。首先是色，调色设计是食品配方设计的重要组成部分之一。在食品调色中，食品的着色、保色、发色、褪色是食品加工者的重点研究内容。食品色泽影响人们的注意力、心理感受、食欲以及食品质量。在加工中，食品色泽的变化主要由酶促褐变、非酶促褐变引起，也可能受阳光、紫外线、高温、某些重金属等的影响，这些因素对色素具有破坏性作用，产生褪色现象。关于防止和控制酶促褐变、非酶促褐变和褪色的措施和护色方法请参考有关书籍。在此主要介绍着色剂或色素的使用。

（1）拼色　食品色素按来源可分为天然食用色素和人工合成食用色素两大类。人工合成色素具有色泽鲜艳、着色力强、稳定性好、无臭无味、易溶于水、调色、品质均一、成本低廉等特点，使用广泛。天然色素种类繁多，色泽自然，不少品种兼有营养价值，有的还具有药疗效果（如栀子黄、红花黄等），尤其是其安全性为人们所信赖，其使用范围和最大用量都超过了人工合成色素。

某些食品在加工过程中，由于天然色的不足或加工过程中色泽的变化和损失，需要通过添加色素进行人工着色。适宜的调色，首先考虑食品本身的天然色，如红葡萄酒多呈紫红色；其次根据现有的基本色素原料进行调色和着色。合成色素中，基础色有八种：红色四种、蓝色两种、黄色两种。由红、黄、蓝三种基础色可调配出不同的调配色：

（2）色素的使用　色素使用中常见的问题有：由于用量超过最大溶解度、化学反应、溶剂过少、温度过低、pH过低等造成色素沉淀、斑点；由于光照、金属离子、微生物、过热、氧化、还原剂、强酸或强碱、拼色所用色素配合不当等造成褪色现象等。食用色素进行调色设计时要注意以下问题。

① 要准确称量，以免形成色差。改用强度不同色素时，必须经折算和试验后确定新的添加量，以保证前后产品色调的一致性。

② 直接使用色素粉末，不易在食品中分布均匀，可能形成颜色斑点。所以最好用适当的溶剂溶解，将色素配制成溶液后使用。一般配制成 1％～10％ 的溶液，过浓的溶液难于使色均匀。

③ 配制合成色素溶液的用水，必须经过脱氯或去离子处理。因为现在自来水厂普遍采用漂白粉或次氯酸钠来净化水，直接使用会导致染料的褪色，而硬度高的水会造成色素溶解困难。

④ 溶解色素时，所用的容器宜用玻璃、陶器、搪瓷、不锈钢和塑料器具，以避免金属离子对色素稳定性的影响。

⑤ 各种合成色素溶解于不同溶剂中，可产生不同的色调和强度，尤其是在使用 2 种或数种合成色素拼色时，情况更为显著。例如一定比例的红、黄、蓝三色混合物，在水溶液中色度较黄，而在 50％ 酒精中色度较红。

⑥ 拼色时应考虑色素间和环境等的影响，如靛蓝和赤藓红混合使用时，靛蓝会使赤藓红更快地褪色。而柠檬黄与靛蓝拼色时，如受日光照射，靛蓝褪色较快，而柠檬黄则不易褪色。

⑦ 在有些食品生产中，为避免各种因素对合成色素的影响，色素的加入应尽可能地放在最后。

⑧ 水溶性色素因吸湿性强，宜贮存于干燥、阴凉处。长期保存时，应装于密封容器中，防止受潮变质。拆开包装后未用完的色素，必须重新密封，以防止空气氧化、污染和吸湿后造成色调的变化。

（3）调色结果评价　调色结果可以采用目视法或比色计法进行评价。

4. 调香设计

食品具有两方面的特性，一是基本属性，即营养和安全性；二是修饰性，包括食品的外观、组织和滋味，就是我们常说的色、香、味。食品的香气是由多种挥发性的气味物质表现出来的，种类很多，含量微量，配合得当，能散发出诱人的香味。食品的香气和滋味组成食品的风味。食品风味是食品的重要特征之一，是一种食品区别于另一种食品的质量特征，被誉为食品的灵魂。

调香，就是将芳香物质相互搭配在一起，由于各呈香成分的挥发性不同而呈阶段性挥发，香气类型不断变换，有次序地刺激嗅觉神经，使其处于兴奋状态，避免产生嗅觉疲劳，让人们长久地感受到香气美妙之所在。调香设计主要是起到香气辅助作用、赋香作用、香气的补充、稳定、替代以及矫味作用等。

（1）香味的体现过程　随着时间的推移，香味在不断地挥发，各种香料的挥发率不一样，也造成了不同时间段有不同的香味。这样就形成了一种金字塔式（或叫三阶式、三层式、经典式）的结构，也就是分前味的头香、中味的体香和后味的尾香三个基本的香味阶段。

① 头香　也称顶香，属于挥发度高、扩散力强的香料，在评香纸上的留香时间在 2h 以下，头香赋予人们最初的优美感。

② 体香　是紧随头香之后出现的香气，是香精的主体香，具有中等挥发程度，能在较长时间保持稳定和一致，是香精香气中最重要的组成部分。

③ 尾香　是香味最持久的部分，也就是挥发最慢的部分，留香持久使它成为整款香精的总结部分。

（2）香味的价值评价　对调香的结果可以从香气如何、是否为大多数人喜爱或符合某种特定要求、香气强度、留香时间等方面进行评价。

（3）调香步骤

① 确定所调香要解决何种问题。是解决产品香气不够丰满，还是解决杂味较重，还是余味问题。

② 确定调制香精用于哪个工艺环节，考虑挥发性问题。

③ 确定调制的香气类型。

④ 确定产品的档次，选择不同的香料。

⑤ 选择合适的香精、香料。

⑥ 拟定配方及实验过程。

⑦ 观察并评估效果。

（4）调香应注意的问题

① 产品主要原料的品质。调香是锦上添花，不能改变产品的本质。

② 香料种类的选择。根据工艺要求（如温度）、产品的状态，选择合适类型的香精。

③ 确定最适宜的用量。

④ 选择添加时机。

⑤ 注意添加的顺序。

⑥ 加香的密封熟成。

⑦ 香精和香辛料的和谐配比。

⑧ 包装的保香性。

5. 调味设计

"美食离不开美味"。味以酸、甜、苦、咸、鲜五原味为基础，加上香味、浓厚味、辛辣味，使食品呈现出鲜美可口的风味。调味设计是配方设计的重要组成部分。食品中的味是判断食品质量高低的重要依据，也是市场竞争的一个重要突破口。

（1）调味的基本原理　调味是将各种呈味物质在一定条件下进行组合，产生新味，其过程应遵循以下原理。

① 味强化原理　即一种味加入会使另一种味得到一定程度的增强。这两种味可以是相同的，也可以是不同的，而且同味强化的结果有时会远远大于两种味感的叠加。如 0.1% CMP（cytidine monophosphate，胞氨酸）水溶液并无明显鲜味，但加入等量的 1% MSG（monosodium glutamate，谷氨酸钠）水溶液后，则鲜味明显突出，而且大幅度地超过 1% MSG 水溶液原有的鲜度，若再加入少量的琥珀酸或柠檬酸，则效果更明显。又如在 100mL 水中加入 15g 的糖，再加入 17mg 的盐，会感到甜味比不加盐时要甜。

② 味掩盖原理　即一种味的加入，而使另一种味的强度减弱，乃至消失。如鲜味、甜味可以掩盖苦味，姜、葱味可以掩盖腥味等。味掩盖有时是无害有益的，如辛香料的应用；但掩盖不是相抵，在口味上虽然有相抵作用，但被"抵"物质仍然存在。

③ 味派生原理　即两种味的混合，会产生出第三种味。如豆腥味与焦苦味结合，能够产生肉鲜味。

④ 味干涉原理　即一种味的加入，会使另一种味失真。如菠萝或草莓味能使红茶变得苦涩。

⑤ 味反应原理　即食品的一些物理或化学状态还会使人们的味感发生变化。如食品黏稠度、醇厚度高能增强味感，细腻的食品可以美化口感，pH 小于 3 的食品鲜度会下降。这种反应有的是感受现象，原味的成分并未改变，例如：黏度高的食品是由于延长了食品在口腔内黏着的时间，以致舌上的味蕾对滋味的感觉持续时间也被延长，这样当前一口食品的呈味感受尚未消失时，后一口食品又触到味蕾，从而产生一个接近处于连续状态的美味感；醇厚是食品中的鲜味成分多，并含有肽类化合物及芳香类物质所形成的，从而可以留下良好的

厚味。

（2）调味方法 由于食品的种类不同，往往需要各自进行独特的调味，同时用量和使用方法也各不相同。因此只有调理得当，调味的效果才能充分发挥。

首先应确定复合调味品的风味特点，即调味品的主体味道轮廓。再根据原有作料的香味强度，并考虑加工过程产生香味的因素，在成本范围内确定出相应的使用量。这类原料包括主料和增强香味的辅料，故掩盖异味也能达到增强主体香味的效果。其次是确定香辛料组分的香味平衡。一般来说，主体香味越淡，需加的香辛料越少，并依据其香味强度、浓淡程度对主体香味进行修饰。

比如设计一种烧烤汁，它的风味特点是酱油和酱的香气与姜、蒜等辛辣味相配。既不能掩盖肉的美味，同时还要将这种美味进一步升华，增加味的厚度，消除肉腥，在此基础上，为尽可能地拓展味的宽度，还要根据使用对象即肉的种类做出不同选择，比如适度增加甜感或特殊风味等；另外，还要根据是烤前用还是烤后用在原料上做出调整，如系烤前用，则不必在味道的整体配合及其宽度上下工夫，只着重于加味及消除肉腥即可；如果是烤后用，则必须顾及味的整体效果。有了整体思路后，剩下的便是调味过程了。调味过程以及味的整体效果主要与所选用的原料有重要的关系，还与原料的搭配即配方和加工工艺有关。

因此说调味是一个非常复杂的过程，它是动态的，随着时间的延长，味还有变化；尽管如此，调味还是有规律可循的，只要了解了味的相加、味的相减、味的相乘、味的相除，并在调料中知道了它们的关系，再了解了原料的性能，然后运用调味公式就会调出成千上万的味汁。最终再通过实验确定配方。

① 味的增效作用 味的增效作用也可称味的突出，即民间所说的提味。是将两种以上不同味道的呈味物质，按悬殊比例混合使用，从而突出量大的那种呈味物质味道的调味方法。也就是说，由于使用了某种辅料，尽管用量极少，但能让味道变强或提高味道的表现力。如少量的盐加入鸡汤内，只要比例适当，鸡汤立即现出特别的鲜美。所以说要想调好味，就必须先将百味之主抓住，一切都迎刃而解了。

调味中咸味的恰当运用是一个关键。当食糖与食盐的比例大于 10：1 时可提高糖的甜味，当反过来的时候会发现不只是咸味，似乎会出现第三种味道。这个实验告诉我们，对此方式虽然是靠悬殊的比例将主味更突出，但这个悬殊的比例是有限的，究竟什么比例最合适，这要在实践中体会。

调味公式为：主味（母味）＋子味 A＋子味 B＋子味 C＝主味（母味）的完美。

② 味的增幅效应 味的增幅效应也称两味的相乘。是将两种以上同一味道物质混合使用导致这种味道进一步增强的调味方式。如姜有一种土腥气，同时又有类似柑橘那样的芳香，再加上它清爽的刺激味，常被用于提高清凉饮料的清凉感；桂皮与砂糖一同使用，能提高砂糖的甜度；5′肌苷酸与谷氨酸相互作用具有增幅效应，产生鲜味。

在调味时，要想提高主味，可以用多种原料的味扩大积数。如当你想让咸味更加完美时，你可以在盐以外加入与盐相吻合的调味料，如味精、鸡精等，这时主味会扩大到成倍的盐鲜。所以以适度的比例进行相乘方式的补味，可以提高调味效果。

调味公式为：主味（母味）×子味 A×子味 B＝主味积的扩大。

③ 味的抑制效应 味的抑制效应又称味的掩盖。是将两种以上味道明显不同的主味物质混合使用，导致各种品味物质的味均减弱的调味方式。如在豆奶饮料中加入可可或咖啡可明显地掩盖豆腥味和苦涩味，使豆奶变得香甜圆润；辣味食品，加上适量的糖、盐、味精等调味品，不仅缓解了辣味，味道也更丰富了。

调味公式为：主味＋子味 A＋主子味 A＝主味完善。

④ 味的转化　味的转化又称味的转变。是将多种味道不同的呈味物质混合使用，致使各种呈味物质的本味均发生转变的调味方式。如四川的怪味，就是将甜味、咸味、香味、酸味、辣味、鲜味调味品等，按相同的比例融合，最后导致什么味也不像，称之为怪味。

调味公式为：子味 A＋子味 B＋子味 C＋子味 D＝无主味。

总之，在调味过程中要认真研究每一种香精、香料或调味品的特性和使用方法，尤其是在复合味的应用中，按照复合的要求，使之有机结合，科学配伍，准确调味，防止滥用调味料，导致味的互相抵消，互相掩盖，互相压抑，造成味觉上的混乱。

6. 品质改良设计

品质改良设计是在主体指标设计的基础上进行的设计，目的是为了改变食品的质构。食品质构（texture）也称为食品的质地，它是食品的一个重要属性。美国食品科学学会规定，食品的质构是指眼睛、口中黏膜及肌肉所感觉到的食品性质，包括粗细、滑爽、颗粒感等。国际标准化组织（ISO）这样定义：食品质构是指用力学的、触觉的，可能的话还包括视觉的、听觉的方法能够感知的食品流变特性的综合感觉。食品的质构是食品除色、香、味之外的另一种重要性质，它是在食品加工中很难控制的因素，却是决定食品档次的最重要的关键指标之一。随着消费水平的提高，人们对质构的要求越来越高，所以对产品质构的改良设计变得越来越重要。

（1）食品的质构对食品的影响

① 食品的质构影响食品在食用时的口感质量。

② 食品的质构影响产品的加工过程。如黏度过小的产品填充在面包夹层中很难沉积在面包的表面，开发脂肪替代的低脂产品时，构建合适的黏度来获得合理的口感，但如果产品过黏，很难通过板式热交换器进行杀菌等。

③ 食品的质构影响产品的风味特性。一些亲水胶体、碳水化合物以及淀粉通过与风味成分的结合而影响风味成分的释放，现在许多研究都集中于怎样利用这种结合来使低脂食品的风味释放并与高脂食品相匹配，最终达到相似的口感。

④ 食品的质构与产品的稳定性有关。一个食品体系中，若发生相分离，则其质构一定很差，食用时的口感质量也很差。

⑤ 食品的质构影响产品的颜色和外观，虽然是间接的影响，但也确实影响产品的颜色、平滑度和光泽度等方面的性质。

（2）食品品质改良设计的主要内容　食品品质改良设计是通过生产工艺进行改良。再有是通过配方设计进行改良，是食品配方设计的主要内容之一。

① 增稠设计　增稠设计通过食品胶进行，食品胶具有增稠、胶凝、乳化、润滑、稳定泡沫等作用，在食品中添加量很少就能达到改善食品品质的目的。

② 乳化设计　乳化设计通过乳化剂进行，乳化剂是一类表面活性剂，分子内具有亲水基和亲油基，当乳化剂分散在介质表面时，形成薄膜或双电层，可使分散相带有电荷，阻止分散相互相凝结，形成稳定的乳浊液体系。

③ 水分保持设计　水分保持设计主要是指在食品中加入水分保持剂后可以提高产品的稳定性，保持食品内部的持水性，改善食品的形态、风味、色泽等。食品中常用的水分保持剂是磷酸盐类。

④ 膨松设计　膨松设计主要用于焙烤食品，是指在焙烤食品中添加膨松剂，膨松剂在加工过程中受热分解，产生气体，使面团发起，形成致密多孔组织，使制品具有膨松、柔软或酥脆感。常用的膨松剂有生物膨松剂和化学膨松剂。

⑤ 催化设计　催化设计主要是指在食品加工过程中采用酶制剂催化各种化学反应。常

用的酶制剂有 α-淀粉酶、木聚糖酶、葡萄糖氧化酶、蛋白酶等。

⑥ 其他设计 在食品加工改良设计过程中除了上述的几种设计之外，还有抗氧化设计、保湿设计、抗结设计等。

7. 功能性设计

功能性设计是在一般食品共性的基础上进行的特定功能设计，主要是指功能（保健）食品的设计与开发。功能食品的开发请参照相关专业书籍。

8. 防腐保鲜设计

食品配方设计在经过主体指标设计、色香味设计、品质改良设计后，整个产品设计就形成了，色、香、味、形都有了，但是这样设计的产品保质期短，不能实现商品化流通或不能实现经济效益最大化，因此，还需要进行防腐保鲜设计，即保质设计。食品的防腐保鲜主要是通过不同的加工工艺或贮藏、保藏方法来实现的，所以防腐保鲜设计也可以称作食品的工艺研发设计。

无论是植物性食品、动物性食品或人造食品，它们都会在原料、配料、加工、包装、贮存、销售、消费的过程中以一定的速度和方式丧失其原有品质。其原因可分物理、化学、酶和微生物四个方面。

从食品的三大营养成分来讲，通常将蛋白质的变质称为腐败，由于生成低级的硫化物或氮化物，主要特征是发臭；碳水化合物的变质称为发酵，由于产生低级醇、羧酸，所以特征表现是有醇或酸味；脂肪的变质称为酸败，由于产生低级的醛、酮类物质，所以特征表现为有哈败味。

防腐和保鲜是两个有区别而又互相关联的概念。防腐是针对有害微生物的，一是防止微生物造成食品的腐烂，二是防止产毒微生物的危害；保鲜是针对食品本身的品质。食品保藏的原理与方法如下所述。

（1）促生原理 又称生机原理，即保持被保藏食品的生命过程，利用生活着的动物的天然免疫性和植物的抗病性来对抗微生物活动的方法。这是一种维持食品最低生命活动的保藏方法，例如水果、蔬菜类原料的贮藏。

（2）假死原理 假死原理又称回生原理，即利用某些物理化学因素抑制所保藏的鲜食品的生命过程及其危害者——微生物的活动，使产品得到保藏的措施。以假死原理保存的食品，一旦抑制条件失去，微生物将重新开始活动而危害食品。具体包括以下几种。

① 冷冻回生 即将食品中的水分冷冻，微生物不能获得水分而不能活动，酶的作用也被抑制，产品得到保藏。速冻食品是根据这一原理发明的。

② 渗透回生 即采用高浓度的糖或盐使食品的渗透压提高，食品中的微生物因为发生反渗透而失去自身的水分被抑制，产品得到保藏。如腌制的咸菜、糖制的果脯等利用的就是渗透回生原理，散装产品就可以放置较长时间。

③ 干燥回生 即是将食品中的水分排除，微生物不能利用，其活动受到抑制而无法危害食品。如人们晒制的萝卜干、土豆干、豆角干等应用了这一原理。产品可以在常温下放置较长的时间。

（3）有效假死原理 又称不完整生机原理、发酵的原理。即用有益微生物代谢获得的产物来抑制食品中有害微生物的方法，所以也是运用发酵原理进行食品保藏的一种方法。

如酸奶是利用乳酸菌生长中产生的乳酸来抑制其他有害菌的生长。酸泡菜也是利用乳酸菌发酵产生的乳酸赋予产品酸味并抑制其他微生物的制品。各种发酵酒是利用酵母菌代谢产生的酒精来抑制有害微生物制得的各种酒类。正常情况，常温下该类食品可保藏 6～12 个月以上。

应用防腐剂保藏食品的方法，也是利用化学防腐剂杀死或防止食品中微生物的生长和繁殖，使食品得到保藏。但是大量使用化学防腐剂对人体有伤害，化学防腐剂不能单独用来保藏食品，只能和各种保藏原理组合在一起起辅助作用，而且应严格按照国家食品添加剂使用标准来使用，不能超标。

（4）制生原理　又称无生机原理，也叫无菌的原理，它是通过热处理、微波、辐射、过滤等工艺处理食品，使食品中的腐败菌数量减少或消灭到使食品长期保存所允许的最低限度，即停止所保藏食品中的任何生命活动，保证食品安全性的方法。

采用这一原理的如罐藏食品，就是我们常说的罐头，包括硬罐头和软罐头，是将食品经排气、密封、杀菌，保存在不受外界微生物污染的容器中的方法，一般可达到长期保存（1～3 年）的目的。例如，水果罐头、蔬菜罐头、肉罐头、鱼罐头、罐装果汁、袋装榨菜等。

参 考 文 献

[1]　文连奎，张俊艳. 食品新产品开发. 北京：化学工业出版社，2010.
[2]　王盼盼. 品质改良设计. 肉类研究，2009，(10).

（天津农学院　刘金福）

第二章　果蔬加工实验

实验一　糖水水果罐头的加工

一、实验原理

糖水水果的保藏原理是将水果原料经预处理后密封在容器中，通过杀菌工艺达到商业无菌的状态，在维持密闭和真空的条件下，得以在室温下长期保存的一种加工保藏方法。随着水果保鲜技术的进步，糖水水果直接消费量有所降低，但是糖水水果丁作为配料在酸乳制品中的应用显著增加。糖水水果加工中采用热烫和糖水抽空的方法抑制酶促褐变。

二、实验目的

本实验要求理解防止水果褐变的机理，掌握糖水水果罐头的加工工艺，对糖水果丁的加工技术有所了解。

三、实验材料和设备

1. 实验材料

原料：硬质梨、苹果、黄桃或其他适于罐藏加工的水果品种。

辅料：砂糖、柠檬酸、食盐、四旋瓶（包括配套的瓶盖）。

2. 实验设备

夹层锅、手持糖量计、不锈钢水果刀、台秤、天平、抽空罐、不锈钢盆、温度计、烧杯、汤勺、漏勺、手套、纱布、不锈钢锅、电磁炉等。

四、实验内容

1. 工艺流程

$$糖液配制$$

选料→清洗→去皮、切分、去心→烫漂(抽空)→装罐→排气→密封→杀菌→冷却→成品

$$空罐准备$$

2. 操作要点

（1）原料的选择　选用果心小，质地紧密和成熟度适宜的原料。

（2）去皮、切分、去心　手工去皮后，挖去损伤部分，将原料对半纵切，再用挖核器挖掉果心。用 0.5%～1% 柠檬酸或 1%～2% 食盐溶液护色。

（3）烫漂　用沸水烫漂 5～10min 至半透明。

（4）抽空　抽空糖液含量为 20%，温度 20～30℃，时间 5～10min，真空度 ≥ 600mmHg[❶]，破坏真空后，在糖水中浸渍 5min，以利糖水渗透。

（5）糖液配制　将烫漂用水过滤后用于配制糖液。装罐用糖液含量按下式计算：

$$Y(\%) = (W_3 Z - W_1 X)/W_2 \times 100 \tag{2-1}$$

式中，W_1 表示每罐装入果肉量，g；W_2 表示每罐装入糖水量，g；W_3 表示每罐净重，

---

❶ 1mmHg=133.322Pa。

g；X 表示装罐前果肉可溶性固形物含量，%；Y 表示装罐用糖水的含量，%；Z 表示要求开罐时糖液的含量，%。

根据所需开罐糖液含量（14%～18%）及用量直接称取砂糖和水，放入不锈钢容器中加热、搅拌、溶解，煮沸 5～15min 后趁热过滤，校正浓度后备用。测定糖液含量时，注意温度校正。为增进风味，根据原料中有机酸含量情况可在糖液中添加柠檬酸 0.1%～0.15%。

（6）空罐准备　四旋瓶用清水洗净，再以沸水消毒 30～60s 后倒置备用。

（7）装罐　装罐要保持适当的顶隙度（3～5mm），并保持每罐的果块大小、色泽形态基本一致，保证固形物达 55%～60%。

（8）排气　采用加热排气法，加热 10～15min，至果块下沉。排气后立即密封。

（9）杀菌　常压杀菌。采用水杀菌，沸腾下（100℃）保温 15min 后，产品分别在 65℃、45℃和凉水中逐步冷却到 37℃以下。

3. 成品评价

（1）感官指标　有原果风味；组织软硬适度；块形完整，允许有轻微毛边，同一罐内果块大小均匀。

（2）理化指标　每批产品平均净重应不低于标明重量；糖水含量开罐时按折射率计，为 14%～18%。

（3）评价方法　按照相应产品的《中华人民共和国行业标准》操作。

五、问题讨论

1. 糖水水果加工中变色的主要因素有哪些？变色机理是什么？

2. 热烫和抽空操作对于果块的质量有何影响？

3. 糖水水果生产中可以采用哪些护色措施？

参 考 文 献

[1] 赵征主编. 食品工艺学实验技术 [M]. 北京：化学工业出版社，2009.

[2] QB/T 1379—91，糖水梨罐头 [S].

[3] 赵晋府主编. 食品工艺学 [M]. 北京：中国轻工业出版社，1999.

（天津农学院　李昀）

实验二　蔬菜罐头的加工

一、实验原理和目的

蔬菜罐藏是将蔬菜原料经预处理后密封在容器或包装袋中，通过杀菌工艺杀灭大部分微生物的营养细胞，达到商业无菌状态，在维持密闭和真空的条件下，得以在室温下长期保存的加工保藏方法。本实验以蘑菇为原料进行罐头加工，针对蘑菇采收后极易褐变的特点，在工艺过程中强调护色处理，经过预煮、切片、装罐等工序后，采用高压杀菌，达到商业无菌状态，并利用罐藏容器的密封性达到长期保存的目的。

二、实验目的

本实验要求理解蔬菜罐藏的基本原理，掌握蔬菜罐头的加工工艺。

三、实验材料和设备

1. 实验材料

双孢蘑菇、食盐、柠檬酸、EDTA、四旋瓶（包括配套的瓶盖）。

2. 实验设备

夹层锅或不锈钢锅、高压蒸汽杀菌锅、电磁炉、天平、台秤、不锈钢刀、不锈钢盆、温度计、汤勺、漏勺等。

四、实验内容

1. 工艺流程

原料→检验→清洗→预煮→拣选、修整→称重→装罐→加盐水→排气→封口→杀菌→冷却→成品
　　　　　　　　　　　　　　　　　　↑
　　　　　　　　　　　　　　　空罐准备

2. 操作要点

(1) 原料　选用菌盖良好、菇色正常、无损伤、无病虫害、菌盖直径在 20～40mm 的蘑菇。

(2) 清洗　先在清水中浸泡 15min，切忌揉搓或上下搅动。

(3) 预煮　用 0.1％的柠檬酸液进行预煮。菇水比为 1∶1～1∶1.2。先在夹层锅内煮沸烫漂 2～3min，捞出后立即用清水冷却。

(4) 拣选、修整　去除杂质及碎屑，并按大小进行分级，修整菇柄，使其长度小于 8mm。

(5) 配盐水　预煮菇汤中加入 2.5％的盐、0.05％～0.06％的柠檬酸和 0.01％～0.015％的 EDTA，加热溶化后过滤。

(6) 空罐准备　四旋瓶用清水洗净，再以沸水消毒 30～60s 后倒置备用。

(7) 装罐　将整朵菇与块菇分别装罐，使每罐内容物形状、大小基本一致，装填量应达净重的 55％，然后装盐水，保持适当顶隙度（3～5mm）。

(8) 排气　采用加热排气法，使中心温度达到 75～90℃，然后立即封罐。

(9) 杀菌　10～30min/110℃。

(10) 冷却　杀菌后迅速分段冷却至 37℃。

3. 成品评价

(1) 感官指标　色泽呈淡黄色，汤汁清晰；具有鲜蘑菇加工的蘑菇罐头应有的滋味和气味，无异味；组织柔软而有弹性，菌径 18～35mm，同一瓶（罐）内菌径大小均匀，菌盖形态完整，无畸形菇和开伞菇，菌柄长度不超过 8mm，同一瓶（罐）内菌柄长度基本一致。

(2) 理化指标　固形物含量≥53.0％，氯化钠含量 0.6％～1.3％，pH 5.2～6.4。

(3) 评价方法　按照《中华人民共和国国家标准 蘑菇罐头 GB/T 14151—2006》操作。

五、问题讨论

1. 预煮液中添加柠檬酸的作用是什么？

2. 盐水中添加 EDTA 的作用是什么？

3. 在工业生产中，应选用什么设备？

参 考 文 献

[1] 中华人民共和国国家标准 蘑菇罐头 [S] GB/T 14151—2006.

[2] 赵征主编. 食品工艺学实验技术 [M]. 北京：化学工业出版社，2009.

[3] 余坚勇，李碧晴，王刚. 栅栏技术原理在蔬菜罐头中的应用 [J]. 粮油加工与食品机械，2002，(10)：44-45.

（天津农学院　李昀）

实验三　果酱罐头的加工

一、实验原理

果酱是一种以食糖的保藏作用为基础，同时利用果胶的凝胶作用的加工保藏法。利用高糖溶液的高渗透压作用、降低水分活度作用、抗氧化作用来抑制微生物生长发育，提高维生素的保存率，改善制品色泽和风味。原料本身含有的和加工中添加的果胶成分起到凝胶剂的作用，糖发挥脱水剂的作用，酸则起消除果胶分子中负电荷的作用而形成果胶-糖-酸凝胶。

传统果酱为高糖食品，总可溶性固形物含量在 65% 以上，但从当前消费需求来看，制作低热值食品已势在必行。低糖果酱含糖 30%～35%，含总可溶性固形物 35%～40%，含酸 0.4%～0.6%，是含糖低的中酸性食品。因含糖的降低，而使得成品出现黏稠度较差，酱体与汁液分离的现象。为克服这一问题，可加入一定量的增稠剂，使其产品呈现良好的半流动态。

二、实验目的

本实验要求理解果酱制作的基本原理，熟悉果酱制作的工艺流程，掌握果酱加工技术。

三、实验材料和设备

1. 实验材料

原料：苹果、山楂。

辅料：柠檬酸、白砂糖、食盐、四旋瓶。

2. 实验设备

手持糖量计、打浆机或小型食品加工机、不锈钢锅、电磁炉、过滤筛、不锈钢刀、台秤、天平等。

四、实验内容

1. 工艺流程

原料 → 预处理 { 苹果酱：清洗 → 去皮 → 切分去心 / 山楂酱：清洗 → 去核 } → 预煮 → 打浆 → 浓缩 → 装罐（空罐准备）→ 封盖 → 杀菌 → 冷却 → 成品

2. 参考配方

如表 2-1 所示。

表 2-1　果酱产品参考配方

产品名称	原料/g	白砂糖/g	柠檬酸/g	果胶/g
苹果酱	2000	2400～3000	5	5
山楂酱	2000	3000	—	—

3. 操作要点

（1）原料　选用成熟度适宜，含果胶、酸较多，芳香味浓，无病虫害的果实。

（2）清洗　将果实用清水洗涤干净，并除去果实中夹带的杂物。

（3）去皮、切分、挖核　将洗干净的果实用不锈钢刀去掉果梗、花萼，去心（核）。苹果因为果皮坚韧，还要削去果皮，且去皮后要注意护色。护色液可用 1% 食盐溶液、0.5%～1% 柠檬酸溶液或 0.1% $NaHSO_3$ 溶液。

（4）预煮、打浆　在不锈钢锅内加入果块质量 50%～80% 的水，加热软化 15～20min，以便于打浆为准，预煮时软化升温要快，打浆使用小型食品加工机。若使用打浆机进行打浆操作则山楂清洗后可直接进行软化。果实软化后，趁热用筛板孔径为 0.8～1.0mm 的打浆机进行打浆 1～2 次，除去果梗、核、皮等杂质，即得山楂泥。山楂核较坚硬，打浆时加料要均匀，并调节好刮板与筛网之间的距离，防止损坏筛网。

（5）浓缩　按果浆：白砂糖＝1：（0.8～1）的质量比配料。先将白砂糖配成 75% 的浓糖液，煮沸后过滤备用。然后将糖液与果浆混合入锅。常压下迅速加热浓缩，并不断搅拌，防止焦煳。浓缩终点可以根据以下情况判断：浓缩至果酱的可溶性固形物达 65% 以上，或用木板挑起果酱呈片状下落时，或果酱中心温度达 105～106℃ 时即可出锅。如果果酱酸度不够，可在临出锅前加入柠檬酸进行调整。在苹果酱生产中如果原料本身果胶含量不够高，可在临出锅前加入果胶进行调整。需要注意的是，果胶粉要先与糖粉混合后再用温水溶解成果胶溶液才能进行添加。

（6）装罐、封盖　将瓶盖、玻璃瓶先用清水洗干净，然后用沸水消毒 3～5min，沥干水分备用。果酱出锅后，迅速装罐，装罐时酱体温度保持在 85℃ 以上，并注意防止果酱沾染瓶口。若瓶口黏附有果酱，应用干净纱布迅速擦净，避免贮藏期间瓶口发霉。装罐后迅速拧紧瓶盖，并应逐瓶检查封口是否严密。

（7）杀菌、冷却　采用水浴杀菌，升温时间 5min，沸腾下保温 15min；然后产品分别在 75℃、55℃ 水中逐步冷却至 37℃ 左右，得成品。

4. 成品评价

（1）感官指标　依据原料本身的色泽分别为酱红色或琥珀色（苹果酱），以及红色或红褐色（山楂酱）；组织状态均匀一致，酱体呈胶黏状，不流散，不分泌汁液，无糖晶析；酸甜适口，具有适宜的原果风味，无异味，无杂质。

（2）理化指标　可溶性固形物含量 65%～70%；总含糖量 ≥50%。

（3）评价方法　按照 SB/T 10059—92《山楂酱》进行评价。

五、问题讨论

1. 果酱产品若发生汁液分离是何原因？如何防止？
2. 为何果酱装罐时酱体温度要保持在 85℃ 以上？
3. 预煮软化时为何要求升温时间要短？

参 考 文 献

[1]　中华人民共和国行业标准. 山楂酱. SB/T 10059—92.
[2]　赵征主编. 食品工艺学实验技术 [M]. 北京：化学工业出版社，2009.

（天津农学院　李昀）

实验四　膨化果蔬脆片的加工

一、实验原理

1. 果蔬变温压差膨化干燥原理

果蔬变温压差膨化干燥属于食品干燥技术，是一种新型、环保、节能的膨化干燥技术，又称爆炸膨化干燥、气流膨化干燥、微膨化干燥等。其基本原理是：将经过预处理并除去部分水分的果蔬原料，放在相对低温（80～135℃）、高压（0.1～0.5MPa）的压力罐中升温加压，使物料处于相对高温高压状态，保温一段时间后瞬间泄压，随着罐内压力瞬间达到真空状态（−0.1MPa），物料内部水分瞬间汽化蒸发，并在真空状态下维持加热脱水一段时间，直至物料达到安全含水量（7%）以下，从而使果蔬干燥物料形成均匀的蜂窝状膨化结构，进而生产出口感酥脆、色香味良好的新型天然果蔬膨化食品。

2. 果蔬膨化产品特点

果蔬膨化产品具有以下特点：一是绿色天然，果蔬膨化产品一般都是直接进行烘干、膨化制成，加工中不添加色素和其他添加剂等；二是品质优良，膨化果蔬产品有很好的酥脆性，口感好；三是营养丰富，果蔬膨化产品保留并浓缩了鲜果的多种营养成分，如维生素、纤维素、矿物质等；四是食用方便，易于贮存，膨化果蔬产品的含水量一般在7%以下，可以长期保存。

3. 果蔬变温压差膨化干燥技术在食品加工中的应用

生产膨化果蔬脆片的原料来源非常广泛，果品如苹果、柑橘、桑葚、枸杞、葡萄、梨、香蕉、菠萝、猕猴桃、哈密瓜、草莓、桃、杏、枣等，蔬菜如胡萝卜、马铃薯、甘薯、芹菜、黄瓜、芸豆、番茄、菠菜、食用菌、大蒜等。膨化果蔬被国际食品界誉为"二十一世纪食品"，膨化果蔬加工技术具有广阔的应用前景，可以生产新型、天然的绿色膨化休闲食品、新型果蔬营养粉，以及作为生产方便食品的调料或新型保健食品的原料。

二、实验目的

学习和掌握变温压差膨化干燥原理；苹果脆片的制作过程及操作要点。

三、实验材料与设备

1. 实验材料

苹果、维生素 C、$NaHSO_3$ 等。

2. 实验设备

切片机、变温压差膨化干燥设备、恒温干燥箱等。

四、实验内容

1. 工艺流程

原料选择→清洗→去皮去心→切片→护色→预干燥→均湿→变温压差膨化干燥→冷却→分级→包装→成品

2. 操作要点

（1）原料选择　苹果选择国光或富士，成熟度适中。

（2）清洗　除去原料表面泥土和污染物，苹果重点清洗表面污染物，可采用专用的清洗机械，用流动的清水冲洗。

（3）去皮、去心　苹果去皮可采用专用去皮机，去心可采用专用或自制的一些设备。

（4）切片　几种果蔬原料切分状态不同。苹果可切成 8mm×8mm×8mm、8mm×8mm×30mm 等丁状、条状或 3mm 厚的片状。切分可采用专用的切片机进行。

（5）护色　可采用 0.01% 的 $NaHSO_3$ 浸泡 15min，或采用维生素 C（≥0.2%）溶液浸泡 15min，取出后用冷水漂洗 3～5 次，冷却沥干即可。

（6）预干燥　预干燥是膨化的关键工艺，预干燥产品的含水量和产品品质对最终产品质量影响很大。确定苹果最佳含水量为 30%（湿基）左右，对于 5mm 厚度的苹果片，可采用 80℃烘干 2～3h。

（7）均湿　均湿前原料一般要进行密封，可采用食用塑料密封袋密封。苹果预膨化原料切成 3～5mm 的薄片，一般均湿条件为 10℃以下 24～36h。

（8）变温压差膨化干燥 取经过预干燥的果蔬样品，均匀摆放于钢丝盘上，装到膨化罐里密封，先通过空气压缩机加压达到不同初压，再通过蒸汽管道通入热蒸汽，使温度慢慢升至膨化温度，在此之前将真空罐的真空度降至 0.098～0.01MPa，原料到达膨化温度保持一段时间后，开启泄压阀，原料瞬间膨胀并被抽真空，同时关闭蒸汽进汽管道，并将蒸汽管道中通入冷却水，将温度降至适当，在此温度下抽空不同时间，然后关闭泄压阀，停止抽空，通入冷却水将温度降至 20～25℃，维持 5～10min 后，打开通气阀门，恢复常压后开罐取出样品。苹果膨化条件为：膨化温度 105℃、停滞时间 5min、压力差 0.3MPa、抽空温度 85℃、抽空时间 0.8h。

（9）冷却 原料从罐中取出后，尽快使原料内外温度均降至室温。此操作可在低温、干燥、洁净的环境中进行，必要时可采用降温设备。

（10）分级 将膨化产品根据色泽、膨化度、完整度进行分级，剔除破碎、未干燥、焦糊产品，分级后，迅速称重包装。分级最好在低温、干燥环境中进行。

（11）包装 包装果蔬脆片不适合含空气包装，更不适宜真空包装，建议采用真空充氮包装。包装可采用专用的真空充氮包装机进行。可采用塑料软包装，也可采用金属罐密封包装。为防止产品吸湿回潮，包装容器中要加入适量干燥剂。膨化产品要求贮藏在低温干燥的条件下。贮藏环境最好相对湿度低于 75%，温度低于 25℃。

五、成品评价
1. 感官指标
见表 2-2。

表 2-2 苹果脆片感官指标

项 目	指 标	项 目	指 标
形状	半个完整的圆环状	滋味、气味	具有苹果膨化后的香味,无异味,咀嚼后没有残渣感
杂质	不得检出	不完善粒	≤3.0%
色泽	深黄色	无使用价值粒	不允许有
组织	内部呈多孔状	杂质	无外来杂质

2. 理化指标
见表 2-3。

表 2-3 苹果脆片理化指标

项 目	指 标	项 目	指 标
水分/%	≤7.0	硫含量(以 SO_2 计)/(g/kg)	≤0.1

六、问题讨论
1. $NaHSO_3$ 的护色机理是什么？
2. 如何控制膨化产品中硫含量不超标？

参 考 文 献

[1] 毕金峰，魏益民. 果蔬变温压差膨化干燥技术研究进展 [J]. 农业工程学报，2008，24（6）：308-312.
[2] 石启龙，张培正. 苹果气流膨化干燥工艺研究 [J]. 食品科学，2001，23（12）：32-34.

（天津农学院 何新益）

实验五　脱水蔬菜的加工

一、实验原理

脱水蔬菜是经过人工加热脱去蔬菜中大部分水分后而制成的一种干菜。通过脱水干燥，将蔬菜中的水分减少到一定限度，水分活度相应也降低，使制品中可溶性物质的浓度提高，从而抑制微生物的生长。同时，由于水分含量减少和水分活度降低，蔬菜本身所含酶的活性也受到抑制，可以达到延长制品保质期的目的。脱水蔬菜具有体积小、重量轻、入水便会复原、携带方便以及较易贮藏运输等特点，备受消费者的青睐。

二、实验目的

通过实验要求掌握蔬菜干制的基本原理，熟悉蔬菜干制工艺流程，掌握热风干制技术。

三、实验材料和设备

1. 实验材料

甘蓝、胡萝卜、洋葱等蔬菜，NaOH、NaHSO₃等。

2. 实验设备

不锈钢刀、案板、热风干燥箱等。

四、实验内容

1. 工艺流程

原料→清洗→去皮→切分→护色→干制→包装

2. 操作要点

（1）原料选择　豆角、黄瓜、芹菜、青辣椒、蒜薹、萝卜、生姜、青刀豆、马铃薯、甘蓝、胡萝卜、洋葱、竹笋、黄花菜、食用菌等肉质肥厚、组织致密、粗纤维少的新鲜饱满蔬菜，都可以用来加工脱水蔬菜。

（2）清洗、去皮、切分　将选好的原料除瓜类去籽、瓤外，其他类蔬菜必须用清水冲洗干净，并除去柄和干叶。然后用锋利的刀具将萝卜、马铃薯、洋葱等根茎切成片状、丁状或条状，其余的分类捆把，做到整齐一致，便于烫漂。马铃薯及胡萝卜等，还要去除表皮，方法是：用1%～2%氢氧化钠溶液浸泡。碱液处理后的原料必须立即在冷水中浸泡、清洗，反复换水。

（3）护色　常采用热水烫漂法进行护色处理，温度95～100℃。烫漂温度和时间根据原料的品种、形状、大小和切分的程度进行适当调整。一般整形蔬菜（竹笋、豆角、豌豆等）为3～5min；经切分的蔬菜组织或叶菜类时间较短，为1～3min，有的数十秒即可。甘蓝一类的绿叶蔬菜护色用0.2%NaHSO₃溶液浸泡2～3min，而后沥干水分即可。热烫后为防止原料组织软烂，应迅速用冷水冷却。

（4）干制　采用热风干燥法进行干制。鉴于各种原料的含水量、组织致密度等不同，其干制工艺略有区别，并需进行倒盘和翻动，使物料受热均匀，干燥程度一致。

甘蓝：装载量3.0～3.5kg/m²，干燥温度55～60℃，完成干燥需6～9h。

胡萝卜：装载量5～6kg/m²，干燥温度65～75℃，完成干燥需6～7h。

洋葱：装载量4kg/m²，干燥温度55～60℃，完成干燥需6～8h。

（5）包装　脱水蔬菜经检验达到食品卫生要求，即可分装在塑料袋内，并进行密封、装箱。

五、成品评价

1. 感官指标

依原料本身颜色呈现相应色泽，无褐变，无焦煳。

2. 理化指标

见表 2-4。

表 2-4　理化指标

项　目	指　标
水分/(g/100g)	≤6.0(粉状)、≤8.0(其他)
总灰分/(g/100g)	≤5.8
复水性	95℃热水浸泡 2min,基本恢复脱水前的状态

3. 卫生指标

见表 2-5。

表 2-5　卫生指标

项　目	指　标	项　目	指　标
砷(以 As 计)/(mg/kg)	≤1.0	大肠菌群/(MPN/100g)	≤30
铅(以 Pb 计)/(mg/kg)	≤0.5	致病菌(沙门菌、志贺菌、金黄色葡萄球菌、	不得检出
亚硝酸盐(以 $NaNO_2$ 计)/(mg/kg)	≤4	溶血性链球菌)	
菌落总数/(cfu/g)	≤100000		

六、问题讨论

1. 影响干燥速率的主要因素是哪些?

2. 烫漂的作用是什么?

参 考 文 献

[1] 郝利平主编. 园艺产品贮藏加工学 [M]. 北京:中国农业出版社，2008.

[2] 夏文水主编. 食品工艺学 [M]. 北京:中国轻工业出版社，2009.

(天津农学院　梁丽雅)

实验六　果脯的加工

一、实验原理

果脯是以食糖的保藏作用为基础的加工保藏法。利用高糖溶液的高糖渗透压作用、降低水分活度作用、抗氧化作用来抑制微生物生长发育，提高维生素的保存率，改善制品色泽和风味。

二、实验目的

通过本实验理解果脯制作的基本原理，熟悉果脯制作的工艺流程，掌握果脯加工技术。

三、实验材料和设备

1. 实验材料

苹果、柠檬酸、白砂糖、亚硫酸氢钠、氯化钙。

2. 实验设备

手持糖量计、热风干燥箱、不锈钢锅、电磁炉、挖核器、不锈钢刀、台秤、天平等。

四、实验内容

1. 工艺流程

原料选择→去皮→切分→去心→硫处理和硬化→糖煮→糖渍→烘干→包装→成品

2. 操作要点

（1）原料的选择　选用果形圆整，果心小，质地紧密和成熟度适宜的原料。

（2）去皮、切分、去心　手工去皮后，挖去损伤部分，将苹果对半纵切，再用挖核器挖掉果心。工序间护色用 0.5%～1% 的柠檬酸。

（3）硫处理和硬化　将果块放入 0.1% 的氯化钙和 0.2%～0.3% 的亚硫酸氢钠混合液中浸泡 4～8h，进行硬化和硫处理（或直接使用亚硫酸氢钙），若肉质较致密则只需进行硫处理。浸泡液以能淹没原料为准，浸泡时上压重物，防止上浮。浸后捞出，用清水漂洗 2～3 次备用。

（4）糖煮　在锅内配成与果块等重的 40% 的糖液，加热沸腾后倒入果块，以旺火煮沸后，保持微沸状态至糖液渗透均匀。加糖，提高糖含量 10%，煮沸后保持微沸状态至糖液再次渗透均匀，重复此操作，使糖液含量缓慢增高至 60%～65%，果实呈肥厚发亮透明时即可停火。在煮制过程中注意糖液要保持微沸状态，以防果实煮烂。

（5）糖渍　趁热起锅，将果块连同糖液倒入容器中浸渍 24～48h。

（6）烘干　将果块捞出，沥干糖液，摆放在烘盘上，送入干燥箱，在 60～66℃ 的温度下干燥至不粘手为度，大约需要烘烤 24h。

（7）整形和包装　烘干后用手捏成扁圆形，剔除黑点、斑疤等，装入食品袋或纸盒。

3. 成品评价

（1）感官指标　色泽：浅黄色至金黄色，具有透明感；组织与形态：呈碗状或块状，组织饱满，有韧性，不返砂，不流糖；风味：甜酸适度，具有原果风味，无异味；无外来杂质。

（2）理化指标　总糖含量 60%～65%；水分含量 16%～20%；硫残留量（以二氧化硫计）≤0.5g/g。

（3）微生物指标　细菌总数≤100 个/g；大肠菌群≤30 个/g；致病菌不得检出。

（4）评价方法　按照《中华人民共和国国家标准 蜜饯通则 GB/T 10782—2006》操作。

五、问题讨论

1. 果脯能够长期保存的原理是什么？

2. 生产低糖果脯可采取哪些降低水分活度的方法？

3. 生产低糖果脯时怎样保证成品饱满的组织状态？

参 考 文 献

[1] 中华人民共和国行业标准. 苹果脯 SB/T 10085—92.

[2] 中华人民共和国国家标准. 蜜饯通则 GB/T 10782—2006.

[3] 赵征主编. 食品工艺学实验技术 [M]. 北京：化学工业出版社，2009.

（天津农学院　李昀）

实验七　果丹皮的加工

一、实验原理

果丹皮是在果泥中加糖经搅拌、刮片、烘干等工序而制成的呈皮状的果酱类糖制品，是利用果胶、糖和酸在一定比例条件下形成的凝胶产品。高浓度糖液具有高渗透压、降低制品水分活度和抗氧化作用，可以很好地抑制微生物的生长繁殖，也有利于产品色泽、风味和维生素 C 的保存。

二、实验目的

通过实验要求熟悉果丹皮的加工工艺，掌握糖煮工艺方法，理解食糖的保藏作用。

三、实验材料和设备

1. 实验材料

山楂 100kg、白砂糖 60kg，水适量。

2. 实验设备

不锈钢刀、案板、不锈钢夹层锅、玻璃板、木框、打浆机、手持式糖量计、热风干燥箱等。

四、实验内容

1. 工艺流程

原料选择→清洗→预煮→打浆→浓缩→刮片→烘干→起片→包装→成品

2. 操作要点

（1）原料选择、清洗　选用果胶含量高的新鲜山楂果实为原料，除去病虫果及杂质，用清水洗净。

（2）预煮　将山楂挖去蒂把，用清水洗净放入锅中，加入适量清水，用大火煮沸 20～30min，使山楂果肉充分软化，然后将煮好的山楂捞出，捣烂，倒入适量煮过山楂果的水中，搅拌均匀。

（3）打浆　将软化后的山楂连同煮制用的部分液汁加入打浆机内进行打浆。最好用双道打浆机。打浆机第一道筛孔径为 3～4mm，第二道筛孔径为 0.6mm。用细筛子过滤山楂浆，筛除残余的果皮、种子等杂物，并搅拌果浆，使之成为细腻的糊状物。

（4）浓缩　将果浆倒入夹层锅中熬煮，分次加入白砂糖，不断搅拌，避免粘锅；当白砂糖全部溶化，果浆浓缩成稠泥状后，停火降温，使其成为果丹皮的坯料。浓缩后固形物含量应在 60% 以上。

（5）刮片　将木框模子（长 45cm，宽 40cm，边厚 4mm）放在厚度为 6mm 的钢化玻璃板上，倒入果浆后，摊开刮平成厚度为 0.5cm 的薄层。

（6）烘干　将成型的薄片连同玻璃板送入烘房，在 50～60℃ 的温度下烘 12～16h，至果浆变成具有韧性的皮状时取出。

（7）起片　用小刀将薄片从平板上缓缓铲起、揭下，卷成卷，或一层一层放置。

（8）包装　切制成一定规格和形状的果丹皮，然后用玻璃纸进行包装后装入纸箱，即可投放市场销售。

五、成品评价

成品浅红色或浅棕色，具有山楂固有的风味，酸甜适口，无异味，质地细腻，有韧性，水分 15% 以下，总糖 60%～65%，总酸 0.6%～0.8%。

六、问题讨论

试述食糖的保藏作用是什么？

参 考 文 献

[1]　郝利平主编. 园艺产品贮藏加工学［M］. 北京：中国农业出版社，2008.

[2] 夏文水主编. 食品工艺学 [M]. 北京：中国轻工业出版社，2009.

（天津农学院　梁丽雅）

实验八　果冻的加工

一、实验原理

果冻属于果酱类制品，是以含果胶丰富的果品为原料，经软化、榨汁过滤后，加糖、酸和果胶，加热浓缩而制成的。利用果实中的高甲氧基果胶来分散高度水合化的果胶束，因脱水及电性中和而形成胶凝体，果胶胶束在一般溶液中带负电荷，当溶液 pH 低于 3.5，脱水剂含量达 50% 以上时，果胶即脱水并因电性中和而胶凝。在胶凝过程中酸起到消除果胶分子中负电荷的作用，使果胶分子因氢键吸附而相连成网状结构，构成凝胶体的骨架。糖除了起脱水作用外，还作为填充物使凝胶体达到一定强度。根据果冻的形态，分为凝胶果冻和可吸果冻。凝胶果冻是指内容物从包装容器倒出后，能保持原有形态，呈凝胶状；可吸果冻是指内容物从包装容器倒出后，呈不定形状，凝胶不流散，无破裂，可用吸管直接吸食。本实验是凝胶果冻的加工。

二、实验目的

本实验要求理解果冻制作的基本原理，熟悉果冻制作的工艺流程，掌握果冻加工技术。

三、实验材料和设备

1. 实验材料

原料：山楂、苹果、杏、梨。

辅料：柠檬酸、白砂糖、明胶、抗坏血酸。

2. 实验设备

手持式糖量计、组织捣碎机、不锈钢锅、电磁炉、过滤筛、不锈钢刀、台秤、天平等。

四、实验内容

1. 工艺流程

```
                白砂糖→溶解→过滤
                          ↓
原料选择→预处理→预煮→榨汁→熬煮→调配→灌装→杀菌→冷却→成品
                          ↑
                明胶→溶解→过滤  柠檬酸
```

2. 操作要点

（1）原料选择　要选含果胶和有机酸丰富，无虫害的水果品种，要求果实八九成熟。

（2）预处理　先将果实用流动清水冲洗干净，并用不锈钢刀除去果实中夹带的杂物如果皮、果梗、果核等，然后将果肉切成 3～5cm 厚的小块，易褐变的果实去皮切分后要用 0.1% 抗坏血酸进行护色处理。

（3）预煮、榨汁　将原料倒入不锈钢锅中，加入原料量 1～2 倍的水，加热软化 20～30min。以果肉煮软，易于榨汁为度。软化后用打浆机进行打浆处理，充分打浆后采用 100 目滤网过滤备用。

（4）辅料处理　将白砂糖用适量水使之溶解、过滤备用。加糖量为 10%。取 2% 明胶用适量水加热溶解过滤备用。柠檬酸用适量水溶解备用。

（5）熬煮　将糖和胶混合后，倒入果汁搅拌均匀。

（6）调配　为尽量减少柠檬酸对胶体的影响，在工艺操作时应在糖液冷却至 70℃ 左右时再加入，搅拌均匀，以免造成局部酸度偏高。调至 pH 为 3.1～3.3。

（7）灌装杀菌　将调好的溶液装入果冻杯中，封口。在沸腾水浴中保温杀菌 15min。

（8）冷却　罐藏或自然冷却成型，得成品。

3. 成品评价

（1）感官指标　成冻，具有弹性，韧性好，表面光滑，质地均匀，无明显杂质与沉淀。口感光滑、细腻爽滑、酸甜适口，具有适宜的原果风味，无异味，无杂质。

（2）理化指标　可溶性固形物＞15％，pH 为 3.3，重金属含量符合国家标准。

（3）微生物指标　细菌总数≤100/g，大肠杆菌≤3 个/g，致病菌未检出。

五、问题讨论

1. 果冻凝胶形成的基本原理是什么？

2. 保证果冻质量的关键步骤是什么？

参 考 文 献

[1] 夏文水. 食品工艺学 [M]. 北京：中国轻工业出版社，2009.

[2] 胡文智，姜莉，严静等. 营养型番茄果冻的加工工艺研究 [J]. 安徽农业科学，2008，36（7）：2926-2927，2974.

[3] 崔福顺，周丽萍. 苹果梨果冻的加工工艺 [J]. 食品与机械，2006，（4）.

（长江大学　马静）

实验九　方便榨菜的加工

一、实验原理

蔬菜腌制的原理主要是利用食盐的防腐保藏作用、微生物的发酵作用、蛋白质的分解作用以及其他的生物化学作用，抑制有害微生物活动和增加产品的色、香、味。其变化过程复杂而缓慢。

榨菜作为我国腌制菜的一个重要品种，是以茎用芥菜膨大的茎（青菜头）为原料，经去皮、切分、脱水、盐腌、拌料装坛（或入池）、后熟等工艺加工而成，由于脱水方法不同，又有四川榨菜（川式榨菜）与浙江榨菜（浙式榨菜）之分。前者为自然晾晒（风干）脱水，后者为食盐脱水，形成了两种榨菜品质上的差异。

二、实验目的

通过本实验熟悉榨菜加工的工艺流程，理解蔬菜腌制原理，掌握方便榨菜的加工方法。

三、实验材料和设备

1. 实验材料

原料：茎用芥菜——青菜头要求基部膨大、质地细密、粗纤维少。

辅料：食盐、辣椒粉、花椒、八角、山奈、生姜、肉桂、甘草、白胡椒、砂果。

包装袋：三层复合袋（PET/AC/PP），氧气和空气透过率为 0，袋口表面平整、光洁。

2. 实验设备

夹层锅、真空封口机、台秤、天平、腌菜缸等。

四、实验内容（以川式榨菜为例）

1. 工艺流程

　　　　　　　　　　　食盐　　　　　　菜卤　　辣椒粉、花椒
　　　　　　　　　　　　↘　　　　　　↓　　　　↓
茎用芥菜→划块→晾晒→剥皮→初腌→复腌→修剪→整形→淘洗→脱水→配料→装坛→后熟→榨菜原料→
　　　　　　　　　　　　　　　　　　　　　　　　　↑
　　　　　　　　　　　　　　　　　　　　混合香料粉 红盐

切分→称重→装袋→封口→杀菌→冷却→检验→成品

2. 参考配方（按 10kg 榨菜成品的耗用量计算）

鲜青菜头 32kg，食盐 1.624kg，辣椒粉 0.11kg，花椒 1.5g，混合香料 5.3g（其中：八角占 55%、山奈占 10%、干姜占 15%、砂头占 4%、肉桂占 8%、胡椒粉占 5%、甘草占 3%），红盐 24g（其中：食盐 19.2g、辣椒粉 4.8g）。

3. 操作要点

（1）分类划块　依原料重量进行分级，并进行划块，使块型大小均匀，老嫩兼顾。

（2）晾晒　先将菜块的粗皮老筋剥掉，然后按菜块大小，分别穿串，挂于特制的晒架上晾晒至菜块表面皱缩，周身柔软，无硬心。

（3）剥皮　将晾晒好的菜块剥去全部老皮并修整。

（4）初腌　每 12.16kg 脱水菜块用盐 0.547kg。按层菜层盐，逐层压实的操作方法，至缸（池）满。撒上盖面盐，压紧腌渍 72h。

（5）翻菜　菜块盐渍后捞出，上囤、压紧、压榨。经 24h 后，收得初腌咸坯。

（6）复腌　初腌咸坯计量入缸（池），每 11.15kg 初腌菜坯用食盐 0.557kg，按一层菜一层盐，逐层压实的操作方法，至缸（池）满，撒盖面盐，压紧。24h 后，早、晚压菜各一次，7 天后捞出上囤，再压实，压榨。收得复腌咸坯。

（7）修剪　复腌菜坯上囤 24h 后，散囤。用剪刀修去老皮，挑出老筋，剪掉菜耳，除去斑点，使菜坯光滑整齐。

（8）整形分等　经过改刀整形，使菜块大小均匀，形状美观。

（9）淘洗　用盐渍菜卤的澄清液，将修剪整形菜块反复淘洗三次，洗净泥沙杂物。

（10）压榨脱水　经淘洗后的菜块，立即上囤，踩实压紧。靠自重压力脱水 24h。

（11）配料　将淘洗上囤的菜块，按每 9.45kg 压榨脱水菜坯加盐 0.52kg，再加入辣椒粉 0.11kg、花椒 1.5g 及混合香料粉 5.3g，拌合均匀。

（12）装坛　将拌好辅料的菜坯分五层装入坛内，层层用木棒捣实，按每坛装配料菜块 2.5kg 计，每坛在坛口撒上红盐 6g，再用苞谷壳 2～3 层，交错盖好。最后用经盐渍拌合香料的长梗菜叶或苞谷壳扎好坛口，转入发酵后熟。

（13）发酵后熟　将装好菜坯的菜坛置阴凉干燥处，经 2 个月后熟，即为成品。后熟其间，在 20 天左右时，应打开坛口检查，发现菜块下落，要立即添加同级的新菜坯；发现生霉要立即挖出，另换新菜坯。

（14）切分　将腌制好的榨菜原料按成品要求切分为片状、丝状或颗粒状。

（15）装袋　按 100g±2% 进行装料，装料结束，用干净抹布擦净袋口油迹及水分。

（16）封口　0.09～0.10MPa 的真空度下，4～5s 抽空封口，热合带宽度应大于 8mm，封口不良的袋，拆开重封。

（17）杀菌　封口后及时进行杀菌，采用 85℃、8min 蒸汽杀菌。

（18）冷却　杀菌后立即投入水中进行冷却，以尽量减轻加热所带来的不良影响。

4. 成品评价

（1）感官指标　味鲜、微辣、咸淡适口、回味返甜、无异味；质地嫩脆、无老筋；丝状，大小基本一致。

（2）理化指标　水分≤86%；含盐量≤10%；含酸量（以乳酸计）≤1.0%。

（3）评价方法　按照《中华人民共和国供销合作行业标准 方便榨菜 GH/T 1012—2007》操作。

五、问题讨论

1. 榨菜香气与滋味的形成途径有哪些？

2. 比较川式榨菜与浙式榨菜工艺上的区别，并以此来分析两种榨菜品质上的差异。

3. 生产上要提高方便榨菜的保藏性可从哪几方面采取哪些措施？

参 考 文 献

[1] 半干态盐渍菜生产工艺通用规程 榨菜（风脱水）ZBX 10050—86.

[2] GH/T 1012—2007，中华人民共和国供销合作行业标准 . 方便榨菜 [S].

（天津农学院　李昀）

实验十　低盐酱菜的加工

一、实验原理

蔬菜的酱制是取用经盐腌保藏的咸坯菜，经去咸排卤后进行酱渍。在酱渍过程中，酱料中的各种营养成分、风味成分和色素，通过渗透、吸附作用进入蔬菜组织内，从而制成滋味鲜甜、质地脆嫩的酱菜。

随着人们保健意识的不断增强，传统酱菜也正向着低盐方向发展。低盐酱菜是以大头菜等盐腌半成品经过脱盐处理、配料、酱渍、用复合袋抽真空包装而成。通过装袋、杀菌等工艺改善其卫生质量，从而提高其保藏性，同时保证了携带与食用的方便性，以适应消费者需求，提高产品附加值。

二、实验目的

通过本实验了解酱菜加工的工艺流程，理解酱菜类腌制原理，掌握低盐酱菜的加工方法。

三、实验材料和设备

1. 实验材料

半成品腌菜坯：大头菜、萝卜等均可。

辅料：花生米、生姜、酱油、白砂糖、味精、辣椒粉。

包装袋：三层复合袋（PET/AC/PP），氧气和空气透过率为0，袋口表面平整、光洁。

2. 实验设备

夹层锅、恒温鼓风干燥箱、真空封口机、台秤、天平、温度计、腌器（使用陶瓷缸、搪瓷桶或不锈钢桶）、不锈钢锅、不锈钢刀及菜板等。

四、实验内容

1. 工艺流程

半成品腌菜坯→切丝→脱盐→沥水→烘干→配料→酱制→称重→装袋→封口→杀菌→冷却→检验擦袋→入库

2. 参考配方 （按 10kg 半成品腌菜坯计算）

花生米 2kg、姜丝 0.6kg、酱油 12kg、白砂糖 0.8kg、味精 60g、辣椒粉根据口味适量添加。本配方如果加适量的熟花生油为油香低盐酱菜。

3. 操作要点

（1）原料验收及处理　根据不同原料的验收标准严格进行挑选分级，不合格者禁止使用。生姜去皮后切成丝，花生米用清水浸泡 5～6h，手工去皮，并分成两瓣。二者均需漂洗备用。半成品腌菜坯切成丝或丁。

（2）脱盐　将切好的菜坯丝与冷开水（或无菌水）以 1∶（3～4）重量比混合，对菜丝进行 5～6h 浸泡，捞出后再用冷开水（或无菌水）漂洗两次以除去部分盐分，然后沥干水分，用烘箱进行鼓风干燥，去掉表面明水后和花生米及姜丝掺合均匀备用。

（3）酱液的配制　将优质酱油倒入不锈钢锅或双层锅中加热至90℃时加入白糖溶化至沸，立即起锅加入味精，采用人工降温法将其降到28℃以下。

（4）酱制　将处理好的原料入桶，桶事先要洗净消毒，再将冷却好的酱液倒入其中，密封保存，夏天2～3d、春秋4～5d、冬天5～7d，即可完成酱制阶段。酱制期间搅拌一次，以利腌制均匀。

（5）装袋　按100g±2g进行装料，装料结束，用干净抹布擦净袋口污迹及水分。

（6）封口　0.09～0.10MPa的真空度下，4～5s抽空封口，热合带宽度应大于8mm，封口不良的袋，拆开重封。

（7）杀菌冷却　封口后及时进行杀菌，采用90℃、8min蒸汽杀菌。杀菌后立即投入水中进行冷却，以尽量减轻加热所带来的不良影响。

4. 成品评价

（1）感官指标　依原料不同呈现相应的颜色，无黑杂物；有酱腌菜所特有的甜香气味，风味鲜美，咸淡适口，无异味；质地脆嫩；大小基本一致。

（2）理化指标　食盐含量（以NaCl计）≤6%；水分≤75%。

（3）评价方法　按照GB 2714—2003酱腌菜卫生标准要求。

五、问题讨论

1. 半成品腌菜坯为何要进行切分处理？
2. 生产上要提高低盐酱菜的保藏性可采取哪些措施？
3. 简述酱菜色香味的形成途径。

参 考 文 献

[1]　戴桂芝. 速成低盐酱菜的工艺配方研究 [J]. 食品工业科技，2007，28（4）：139-142.
[2]　GB 2714—2003，酱腌菜卫生标准要求 [S].
[3]　SB/T 10439—2007，酱腌菜 [S].

（天津农学院　李昀）

实验十一　糖蒜的加工

一、实验原理

糖蒜是将蒜头经加盐腌制进行乳酸发酵，再经糖液浸渍而成的蔬菜加工制品。在糖蒜的腌制过程中，由于食盐溶液的高渗透压作用、细胞内外的浓度差，引起细胞液向盐液大量渗透。蒜内呈辛味的丙烯硫化物随着大量细胞液流出，加入的糖料渗入蒜内，蒜的香辣刺激程度逐渐减弱，形成了酸甜可口、香气浓郁的糖蒜。

二、实验目的

本实验要求掌握糖蒜的加工原理与方法，理解腌制过程中的物理化学变化。

三、实验材料和设备

新鲜大蒜、白砂糖、精盐、白醋、坛子等。

四、实验内容

1. 工艺流程

原料选择→去皮→腌渍→晾晒→糖水→腌制后熟→封缸→贮存

2. 参考配方

大蒜 5kg，精盐 500g，白砂糖 1750g，白醋 1600mL。

3. 操作要点

（1）原料选择　蒜皮洁白，鳞茎肥大，蒜头高 4cm 左右，横径 4～5cm，每个蒜头有蒜瓣 7～8 个，结瓣完整，质地脆嫩新鲜，不干瘪，不发芽。

（2）去皮　先切去根部和基部，剥去包在外面的粗老外衣 2～3 层，清水洗净沥干。

（3）腌渍　取洁净坛子，放入蒜头和盐，按一层蒜一层盐装好。以后每日将蒜上下倒个，15d 后成为咸蒜头。

（4）晾晒　将腌渍后的蒜从坛子捞出，晾晒减重 1/3 即可。

（5）糖醋水　将干咸蒜头重量 35% 的白醋加热至 80℃，再倒入干咸蒜头重量 32% 的白砂糖，溶解。为增加香味，也可加入少许山柰、八角等香料。

（6）腌制后熟　把处理好的干蒜头装入清洁后的坛子中，稍用力压紧，装至 3/4 时，倒入配制好的糖醋液，加满为止。用三合泥封口，后熟三个月，便可开坛食用；或装袋封口等处理。

4. 成品评价

皮肉均为乳白色，有晶莹感；具有糖蒜特有的香气；甜味纯正，辛辣味减轻，蒜臭味基本消失，鲜脆；蒜头结构完整，饱满新鲜；质地脆嫩，无杂质。

五、问题讨论

1. 糖蒜的腌制后期为什么要封口？

2. 糖蒜腌制过程中色泽变黄的主要原因是什么？

3. 如何通过调控腌制条件来控制糖蒜变黄？

参　考　文　献

[1] 叶兴乾. 果品蔬菜加工工艺学 [M]. 北京：中国农业出版社，2002.

[2] 乜瑛. 加工条件的控制对糖蒜品质的影响 [J]. 食品工业，1998，(5)：35-36.

[3] 薛勇. 桂花糖蒜的加工方法 [J]. 安徽农业杂志，2000，(1)：32.

（天津农学院　李晓雁）

实验十二　泡菜的加工

一、实验原理

利用泡菜坛造成的坛内嫌气状态，配制适宜乳酸菌发酵的低含量盐水（6%～8%），对新鲜蔬菜进行腌制。由于乳酸的大量生成，降低了制品及盐水的 pH 值，抑制了有害微生物的生长，提高了制品的保藏性。同时由于发酵过程中大量乳酸、少量乙醇及微量醋酸的生成，给制品带来爽口的酸味和乙醇的香气，同时各种有机酸又可与乙醇生成具有芳香气味的酯，加之添加配料的味道，都给泡菜增添了特有的香气和滋味。

二、实验目的

通过实验要求熟悉泡菜加工的工艺流程，掌握泡菜加工技术，了解泡菜加工中发生的一系列变化。

三、实验材料和设备

1. 实验材料

新鲜蔬菜：苦瓜、嫩姜、甘蓝、萝卜、大蒜、青辣椒、胡萝卜、嫩黄瓜等组织紧密、质地脆嫩、肉质肥厚而不易软化的蔬菜种类均可。食盐、白酒、黄酒、红糖或白糖、干红辣椒、草果、八角茴香、花椒、胡椒、陈皮、甘草等。

2. 实验设备

泡菜坛子、不锈钢刀、案板、小布袋（用以包裹香料）等。

四、实验内容

1. 工艺流程

蔬菜原料→整理→清洗→切分→晾晒→入坛泡制→发酵→成品

2. 盐水参考配方（以水的重量计）

食盐 6%～8%、白酒 2.5%、黄酒 2.5%、红糖或白糖 2%、干红辣椒 3%、草果 0.05%、八角茴香 0.01%、花椒 0.05%、胡椒 0.08%、陈皮 0.01%。若泡制白色泡菜（嫩姜、白萝卜、大蒜头）时，应选用白糖，不可加入红糖及有色香料，以免影响泡菜的色泽。

3. 操作要点

（1）原料选择　泡菜原料根据其产品的耐贮性可分为三类：①可泡一年以上的原料，如干姜、大蒜、苦瓜、菊芋等；②可泡 3～6 个月的原料，如萝卜、胡萝卜、青菜头、草食蚕、四季豆、辣椒等；③随泡随吃的原料，如黄瓜、茎用莴苣、甘蓝等。绿叶菜类中的菠菜、苋菜、小白菜等，由于叶片薄，质地柔嫩，易软化，一般不适宜做泡菜。

（2）原料的预处理　新鲜原料经过充分洗涤后，应进行整理，不宜食用的部分均应一一剔除干净，体形过大者应进行适当切分。晾晒去掉原料表面的明水后即可入坛泡制。有的晾晒时间长一些，原料表面萎蔫后再入坛泡制。

（3）盐水的配制　为保证泡菜成品的脆性，腌制泡菜的盐水要求使用硬度在 5.7mmol/L 以上的硬水，一般用井水或自来水，腌制泡菜的盐水含盐 6%～8%，一般用精盐。可酌加少量钙盐。此外，为了增加成品泡菜的香气和滋味，各种香料最好先磨成细粉后再用布包裹。

（4）入坛泡制　泡菜坛子用前洗涤干净，沥干后即可将预处理的蔬菜原料装入坛内，装到一半时将香料袋放入，再装入其他原料，离坛口 6～8cm 时，用竹片将原料卡住，以免原料浮于盐水之上。随即注入所配制的盐水淹没原料，至盐水能将蔬菜淹没。盐水加到液面距坛口 3～5cm 为止。将坛口用小碟盖上，并在水槽中加注清水。将坛置于阴凉处任其自然发酵。

（5）泡菜的管理

① 入坛泡制 1～2 天后，由于食盐的渗透作用原料体积缩小，盐水下落，此时应再适当添加原料和盐水，保持其装满至坛口下 3～5cm 为止。

② 注意水槽：要经常检查，水少时必须及时添加，保持水满状态，为安全起见，可在水槽内加盐，使水槽水含盐量达 15%～20%。

③ 泡菜的成熟期限：泡菜的成熟期随所泡蔬菜的种类及当时的气温而异，一般新配制的盐水在夏天时约需 5～7 天即可成熟，冬天则需 12～16 天才可成熟。叶类菜如甘蓝需时较短，根类菜及茎菜类则需时较长一些。

五、成品评价

1. 感官指标

色泽：依原料种类呈现相应颜色，无霉斑。香气滋味：滋味可口，酸咸适宜，无异味。体态：形态大小基本一致，液汁清亮，组织致密、质地脆嫩，无肉眼可见外来杂质。

2. 理化指标

见表 2-6。

表 2-6 理化指标

项 目	指 标	
	泡渍类	调味类、其他类
固形物含量/%	≥50.0	—
水分/%	—	≤90.0
食盐(以 NaCl 计)/%	≤10.0	≤9.0
总酸(以乳酸计)/%	≤1.5	≤1.5
总砷(以 As 计)/(mg/kg)	≤0.5	
铅(以 Pb 计)/(mg/kg)	≤1.0	
亚硝酸盐(以 NaNO$_2$ 计)/(mg/kg)	≤10.0	

3. 卫生指标

见表 2-7。

表 2-7 卫生指标

项 目	指 标
大肠菌群/(MPN/100g)	≤30
致病菌(沙门菌、志贺菌、金黄色葡萄球菌)	不得检出

六、问题讨论

1. 影响乳酸发酵的因素有哪些?
2. 在入坛泡制发酵过程中应注意什么?

参 考 文 献

[1] 郝利平主编. 园艺产品贮藏加工学 [M]. 北京:中国农业出版社,2008.
[2] 夏文水主编. 食品工艺学 [M]. 北京:中国轻工业出版社,2009.
[3] 四川省质量技术监督局. 四川泡菜. DB51/T 975—2009.

(天津农学院 梁丽雅)

实验十三 植物多糖的提取

一、实验原理

多糖具有复杂的生物活性和功能,多糖中的水溶性多糖是人们研究最多,也是活性较大的组分。一般植物多糖需在提取前进行专门的破细胞操作,包括机械破碎(研磨法、组织捣碎法、超声波法、压榨法、冻融法)、溶胀和自胀、化学处理和生物酶降解,因此常用的提取方法有:热水浸提法、酸浸提法、碱浸提法和酶法、超声波、微波等技术辅助提取等。多糖粗提物中,常会有无机盐、蛋白质、色素及其他小分子有机物等杂质,必须分别除去。多糖的纯化就是将粗多糖中的杂质去除而获得单一多糖组分。一般是先脱除非多糖组分,再对多糖组分进行分级。多糖的纯化有分级醇沉法、离子交换柱法、聚酰胺色谱法等多种方法。常用的除蛋白质的方法有 Sevage 法、三氯乙酸法、三氟三氯乙烷法、酶法等,Sevage 法脱蛋白效果较好。多糖的分级纯化可按分子大小和形状分级(如分级沉淀、超滤、分子筛、色谱分离等），也可按分子所带基团的性质分级（如按电荷性质分级的电泳、离子交换色谱等）。

二、实验目的

本实验要求掌握植物多糖（以枣多糖为例）的提取原理与方法，理解植物多糖的纯化方法及原理。

三、实验材料和设备

1. 实验材料

枣、95％的乙醇、氯仿、正丁醇、无水乙醇、半透膜等。

2. 实验设备

电子天平、烧杯、水浴锅、搅拌器、可见分光光度计、干燥器、真空旋转蒸发器、离心机、恒温振荡器等。

四、实验内容

1. 工艺流程

原料处理(称重→去核→破碎)→热水浸提→提取液浓缩→浓缩液醇沉→静置→沉淀水溶→除蛋白→浓缩→透析→醇沉→过滤→沉淀干燥→枣多糖

2. 操作要点

（1）原料处理　选用新鲜小枣称重，去核，加1倍体积的蒸馏水，用打浆机破碎。

（2）热水浸提　将打浆后的枣原料按1∶10的料水比加入蒸馏水，设置水浴锅温度80℃，提取2h。过滤后将滤渣再重复提取2次，提取时间分别为30min，合并提取液，用真空旋转蒸发器浓缩至原体积的1/2。

（3）醇沉　将浓缩液冷却后缓慢地加入3倍体积（温度为5℃预冷）95％的乙醇，5℃静置3h以上。转速3000r/min下离心15min后收集沉淀，上清液继续回收乙醇，沉淀用1倍体积去离子水溶解，混匀静置得粗多糖溶液。

（4）去除蛋白　将粗多糖溶液加入Sevage试剂（氯仿∶正丁醇＝4∶1混合摇匀）后置恒温振荡器中振荡过夜，使蛋白质充分沉淀，离心（3000r/min）分离，去除蛋白质。

（5）浓缩、透析、醇沉　将上述离心后的液体浓缩至原体积的一半后，透析，加入4倍体积的乙醇沉淀多糖，醇含量70％以上，静置过夜。将沉淀抽滤，依次用95％乙醇、无水乙醇洗涤沉淀。将沉淀烘干或冷冻干燥，得枣多糖。

3. 成品评价

（1）检测枣多糖提取率和纯度

$$多糖含量＝总糖含量－还原糖含量 \tag{2-2}$$

总糖含量的测定：采用浓硫酸-蒽酮比色法测定。

还原糖含量的测定：采用3,5-二硝基水杨酸比色法。

$$提取率＝\frac{产品中多糖质量}{原料质量（鲜重）}×100\% \tag{2-3}$$

$$纯度＝\frac{产品中多糖质量}{产品质量}×100\% \tag{2-4}$$

（2）成品质量指标　枣多糖纯度大于30％，色泽为浅黄色，易溶于水，不溶于高浓度的乙醇、丙酮、正丁醇等有机溶剂。

五、问题讨论

1. 热水浸提多糖的关键条件有哪些？
2. 乙醇沉淀法提取多糖的关键条件及原理是什么？
3. 多糖提纯中除蛋白的方法有哪些？

4. 多糖进一步分级纯化的方法有哪些？

5. 枣多糖含量的测定方法有什么不足之处？

参 考 文 献

[1]　初敏，齐锡祥，朱飞等. 多糖研究概述 [J]. 中药研究与信息，2003，5（4）：18-20.

[2]　张平平，李黎，张东东，刘金福. 金丝新 4 号枣果中黄酮类物质提取及纯化工艺的研究 [J]. 食品与机械，2009，25（6）：75-79.

[3]　李进伟，丁霄霖. 金丝小枣多糖的提取及脱色研究 [J]. 食品科学，2006，27（4）：150-154.

[4]　韩惠，张平平. 植物皂甙、多糖和类黄酮的应用与开发 [J]. 天津农学院学报，2005，12（3）：58-61.

（天津农学院　张平平）

实验十四　植物皂苷的提取

一、实验原理

皂苷是广泛存在于天然植物中的一种生物活性物质，因其水溶液可形成持久泡沫，像肥皂一样而得名。研究表明，植物中的皂苷具有很好的应用价值和应用前景。目前，对苦瓜皂苷、绞股蓝皂苷、人参皂苷、大豆皂苷及酸枣仁皂苷的提取分离工艺及药理作用进行了大量的研究，表明皂苷类物质具有很好的降血糖、抗癌、调节免疫功能、防治心血管疾病等多种生理功能。皂苷的提取方法有化学沉淀法、柱色谱法（硅胶柱色谱、聚酰胺柱色谱、凝胶柱色谱、氧化铝柱色谱和活性炭柱色谱等）、超滤法、大孔吸附树脂法等。大孔树脂吸附作用是依靠它和被吸附的分子（吸附质）之间的范德华引力，通过其巨大的比表面进行物理吸附，从水溶液中有选择地吸附有机物质，使有机化合物根据吸附力及其分子量大小在大孔树脂上经一定溶剂洗脱分开而达到分离、纯化、除杂、浓缩等目的。

二、实验目的

本实验要求掌握植物皂苷（以苦瓜皂苷为例）的提取原理与方法，理解植物皂苷的纯化方法及原理。

三、实验材料和设备

1. 实验材料

苦瓜、AB-8 型大孔吸附树脂等。

2. 实验设备

低速离心机、紫外检测仪、色谱装置、可见分光光度计、旋转蒸发仪、膜过滤组件等。

四、实验内容

1. 工艺流程

原料处理（鲜苦瓜称重→洗净→去籽→切片→破碎）→热水提取→提取液→膜过滤（微滤→滤液→超滤→透过液）→浓缩→大孔吸附树脂柱色谱（用乙醇水溶液洗脱→收集洗脱液）→干燥→苦瓜皂苷

2. 操作要点

（1）热水提取　向破碎的苦瓜中加 5 倍重量的蒸馏水，浸提温度 70℃，时间 3h，过滤，滤渣重复提取一次，离心（3500r/min 的速度离心 20min），合并提取液。

（2）膜过滤　将提取液过 0.2μm 的微滤膜（0.05MPa，室温），将透过液过截留分子量 6000 的超滤膜（0.02MPa，室温），得透过液。将透过液浓缩（0.07MPa，70℃真空浓缩）至原体积的十分之一。

（3）柱色谱分离　将上述浓缩液上大孔吸附树脂进行柱色谱，用80%乙醇水溶液洗脱，收集洗脱液，冷冻干燥得苦瓜皂苷。

3. 成品评价

（1）成品测定　苦瓜皂苷含量测定采用香草醛-高氯酸分光光度法。皂苷在强氧化性酸的作用下脱氢，氧化后再与香草醛发生加成反应，香草醛-高氯酸能与皂苷反应形成特征的紫红色，然后在468nm处测吸光度。

标准曲线的绘制：精密称取干燥至恒重的人参皂苷 A 5mg，加甲醇溶解定容至 5mL，摇匀，作为对照品溶液。分别精密吸取对照品溶液 30μL、60μL、90μL、120μL、150μL、180μL 于具塞试管中，水浴挥发去溶剂，加入新配制的 5%香草醛-冰醋酸 0.2mL、高氯酸 0.8mL，60℃水浴加热 15min，流水冷却，加冰醋酸 5mL，摇匀，放置 15min 至不褪色，在波长 468nm 处测定吸光度，甲醇溶液随行做空白对照。以吸光度值为纵坐标，皂苷含量为横坐标，绘制标准曲线。

样品含量的测定：精密称取待测品适量溶于3mL甲醇（若是液体，先挥发去溶剂后再加入 3mL 甲醇），取 0.1mL 此溶液水浴挥发去溶剂，加入新配制的 5%香草醛-冰醋酸溶液 0.2mL，按照标准曲线的绘制方法操作，计算待测样品中苦瓜皂苷的含量。

$$提取率 = \frac{产品中皂苷质量}{原料质量（鲜重）} \times 100\% \qquad (2\text{-}5)$$

$$纯度 = \frac{产品中皂苷质量}{产品质量} \times 100\% \qquad (2\text{-}6)$$

（2）苦瓜皂苷 HPLC 分析　将上述苦瓜皂苷溶于重蒸水，配成 5mg/mL 的水溶液，用 0.45μm 滤膜过滤，用 HPLC 分析，在 192nm 检测，色谱条件为：色谱柱 C_{18}；10μm；7.8mm ID×150mm；流动相乙腈：水=35：65；梯度洗脱；流速 2mL/min。

五、问题讨论

1. 膜过滤提纯皂苷的原理是什么？
2. 大孔树脂预处理及再生的方法有哪些？
3. 植物皂苷纯化的方法有哪些？

参 考 文 献

[1]　侣丽红，赵余庆. 苦瓜中降血糖活性成分的提取、分离与鉴定 [J]. 中药材，2004，27（12）：922-923.

[2]　董英，徐斌，陆琪等. 水提苦瓜多糖的分离纯化及组成性质研究 [J]. 食品科学，2005，26（11）：115-119.

[3]　张平平，刘金福，韩慧. 水溶性苦瓜皂甙和苦瓜多糖提取方法的研究 [J]. 食品研究与开发，2007，（6）：12-15.

[4]　张卫军，刘金福，张平平等. 大孔吸附树脂对苦瓜皂甙吸附特性的研究 [J]. 食品研究与开发，2008，（2）：5-7.

（天津农学院　张平平）

实验十五　山楂果胶的提取

一、实验原理

果胶广泛存在于各类水果和蔬菜中。例如苹果中果胶含量为 0.7%～1.5%，蔬菜南瓜中的果胶含量最多，达到7%～17%。其用途是用作酸性食品的胶凝剂、增稠剂等。

果胶是以 α-1,4-糖苷键结合的半乳糖醛酸为基本结构的链状聚合物，平均相对分子质量大约在50000～180000之间。其分子结构如图2-1所示。

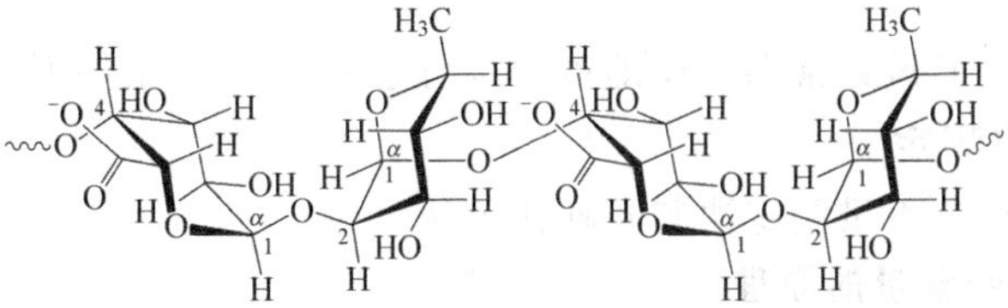

图 2-1 果胶分子结构图

在聚半乳糖醛酸中，部分羧基被甲酯化。根据果胶的甲酯化程度不同，可以把果胶分为酯化度＞50%的高甲氧基果胶（HMP）和酯化度＜50%的低甲氧基果胶（LMP）。对于果胶而言，最重要的作用就是凝胶性，研究发现，酯化度越高，凝胶作用越强。在HMP的水溶液中调节合适的糖浓度和pH值就可以形成凝胶。HMP形成凝胶的网状结构如图2-2所示。

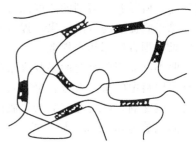

LMP通过多价金属离子与果胶的羧基之间结合形成离子键，形如"蛋壳"式三维网状结构，其胶凝性只与金属离子的种类、浓度及温度有关。

图 2-2 HMP 凝胶结构图

原果胶不溶于水，主要存在于初生细胞壁中，在一定温度经稀酸长时间加热条件下，果皮层细胞壁的原果胶发生水解，由于结构中甲酯化程度降低及部分（糖）苷键断裂而转变成水溶性果胶。

水溶性果胶经脱水干制有利于保藏和运输，果胶干制有直接干燥和沉淀脱水两种方法。直接干燥通常是把浓缩的果胶水溶液通过喷雾干燥获得。沉淀脱水则是根据果胶不溶于高浓度乙醇的特性，采用乙醇沉淀提取。乙醇沉淀提取果胶，控制乙醇浓度极为关键，浓度太高或太低都是不利的，浓度过高等于水分减少，水溶性的非胶物质没有机会溶解在水中，会随果胶一起沉淀出来，使果胶纯度降低；反之如果乙醇浓度太低，水分含量过高，果胶沉淀不完全。果胶溶液中存在有微量电解质时，加入乙醇果胶将以海绵絮状沉淀析出，反之不易聚集析出。

二、实验目的

了解果胶的性质和提取原理；掌握果胶的提取工艺；了解果胶在食品工业中的用途。

三、实验材料和设备

1. 实验材料

山楂、无水乙醇、半乳糖醛酸、咔唑、浓硫酸、盐酸、活性炭等。

2. 实验设备

低速离心机、可见分光光度计、鼓风干燥箱等。

四、实验步骤

（1）提取　选取新鲜山楂20g破碎、去核（或是干粉10g），加入蒸馏水，以适度浸没果实为宜，加热至90℃，加热过程中充分搅拌，煮60min，趁热用四层纱布过滤。

（2）脱色　在滤液中加入0.5%～1.0%的活性炭，于60℃加热20min，进行脱色和除异味，趁热抽滤。

（3）沉淀　待提取液冷却后，边搅拌边缓慢加入 2 倍体积的 95％乙醇，于室温下静置，离心（4000r/min）10min，回收沉淀。所得沉淀再加入无水乙醇进一步脱水，离心，回收沉淀。

（4）烘干　沉淀于通风处常温干燥即可，也可于 60～70℃条件下干燥，即为果胶。

五、果胶含量的测定

果胶含量的测定包括重量测定法和咔唑比色法。

1. 重量法测定果胶含量的原理

果胶沉淀剂可分为电解质沉淀剂（如氯化钠、氯化钙等）和有机溶剂沉淀剂（如酒精、丙酮等）两类。前者适用于低酯化度（20％～50％）果胶的沉淀，沉淀前还需以 0.1mol/L NaOH 溶液对果胶进行皂化；后者适用于高酯化度（50％以上）果胶的沉淀，并随着酯化度升高，所需有机溶剂的浓度加大。

总果胶提取与水溶性果胶提取的区别是：总果胶需用酸水解提取，再沉淀全部果胶；水溶性果胶则直接用热水提取。

两类沉淀剂所沉淀的果胶含量的计算方法分别是：经沉淀所得的果胶，干燥后称重，再计算出原料中的果胶百分含量。若以有机溶剂作沉淀剂，产品主要为高酯化度的果胶；若以钙盐作沉淀剂，则沉淀产品为果胶酸钙，计算时需换算成果胶酸含量，由果胶酸钙换算成果胶酸的系数为 0.9233，如下式：

$$果胶酸含量（\%）=\frac{0.9233m}{W}\times100 \tag{2-7}$$

式中，m 表示果胶酸钙的质量，g；W 表示提取用原料质量，g；0.9233 表示果胶酸钙换算成果胶酸的系数，其依据为果胶酸钙的实验式 $C_{17}H_{22}O_{16}Ca$，式中 Ca 含量为 7.67％，果胶酸含量为 92.33％。

2. 咔唑比色法测定果胶含量

（1）原理　果胶经水解，其产物半乳糖醛酸可在强酸环境下与咔唑试剂发生缩合反应，生成紫红色化合物，其呈色深浅与半乳糖醛酸含量成正比，由此可在 530nm 波长下比色测定。

（2）试剂　乙醇、乙醚、0.05mol/L HCl、0.15％咔唑乙醇溶液、半乳糖醛酸标准液、硫酸（优级纯）。

① 精制乙醇的制备　取无水乙醇或 95％乙醇 1000mL，加入锌粉 4g，硫酸（1∶1）4mL，在水浴中回流 10h，用全玻璃仪器蒸馏，馏出液每 1000mL 加锌粉和氢氧化钾各 4g，重新蒸馏一次。

② 0.15％咔唑乙醇溶液的配制　称取化学纯咔唑 0.150g，溶解于精制乙醇中并定容到 100mL。咔唑溶解缓慢，需加以搅拌。

③ 半乳糖醛酸标准溶液　称取半乳糖醛酸 100mg，溶于蒸馏水中并定容至 100mL。用此液配制一组浓度为 10～70μg/mL 的半乳糖醛酸标准溶液。

（3）操作步骤

① 标准曲线的制作　取 8 支 50mL 比色管，各加入 12mL 浓硫酸，置冰浴中，边冷冻边缓慢地依次加入浓度为 0、10μg/mL、20μg/mL、30μg/mL、40μg/mL、50μg/mL、60μg/mL、70μg/mL 的半乳糖醛酸溶液 2mL，充分混合后，再置冰浴中冷却。然后在沸水浴中准确加热 10min，用流水速冷至室温，各加入 0.15％咔唑试剂 1mL，充分混合，置室温下放置 30min，以 0 号管为空白在 530nm 波长下测定吸光度，绘制标准工作曲线。

② 样品果胶含量的测定　取果胶提取液，用水稀释至适当浓度（在标准曲线浓度范围内）。取 2mL 稀释液于 50mL 比色管中，按标准曲线制作方法操作，测定吸光度。对照标准曲线，求出稀释的果胶提取液中半乳糖醛酸含量（$c\mu g/mL$）。

③ 结果计算

$$果胶物质（以半乳糖醛酸计，\%）=\frac{c\times V\times K}{W\times 10^6}\times 100$$

式中，c 表示对照标准曲线求得的果胶提取稀释液的果胶含量，$\mu g/mL$；V 表示果胶提取液原液体积，mL；K 表示果胶提取液稀释倍数；W 表示样品质量，g；10^6 表示质量单位换算系数。

④ 注意事项

a. 中性糖分存在会干扰咔唑的呈色反应，使结果偏高，故提取果胶前需充分地洗涤除去糖分。

b. 硫酸浓度直接关系到显色反应，应保证标准曲线、样品测定中所用硫酸浓度一致。

c. 硫酸与半乳糖醛酸混合液在加热条件下已形成呈色反应所必需的中间产物，随后与咔唑试剂反应，显色迅速、稳定。

参 考 文 献

[1] 詹晓北，王卫平，朱莉. 食用胶的生产、性能与应用 [M]. 北京：中国轻工业出版社，2003.
[2] 胡国华. 功能性食品胶 [M]. 北京：化学工业出版社，2004.
[3] 姚焕章. 食品添加剂 [M]. 北京：中国物资出版社，2001.
[4] 鲁蕾. 烟梗果胶的制备及其性质的研究 [D]. 四川大学，2004.
[5] 王娜，张陈云，戚雨姐等. 山楂果胶的提取及其食品化学特性 [J]. 食品工业科技，2007，11（28）：87-89.

（天津农学院　王娜）

第三章　粮油产品加工实验

实验一　面包的制作

一、实验原理

面包是以小麦粉为主要原料，加以酵母、水、蔗糖、食盐、鸡蛋、食品添加剂等辅料，经过面团调制、发酵、醒发、整形、烘烤等工序加工而成。面团在一定的温度下经发酵，其中的酵母利用糖和含氮化合物迅速繁殖，同时产生大量二氧化碳，使面团体积增大，结构酥松、多孔且质地柔软。

二、实验目的

了解并掌握面包制作的基本原理及操作方法，通过试验了解糖、食盐、水等各种食品添加剂对面包质量的影响。

三、实验材料与设备

1. 实验材料

高筋粉、砂糖、植物油、活性干酵母、盐、鸡蛋、面包改良剂等。

2. 仪器设备

和面机、醒发箱、烤箱、烤盘、台秤、面盆、刷子、烧杯等。

四、实验内容

- 一次发酵法

1. 参考配方（主食面包，单位：g）

高筋粉 2000，活性干酵母 40，砂糖 80，食盐 20，黄油 200，奶粉 60，鸡蛋 6 个，蛋糕油 20，水 800～900。

2. 工艺流程

原辅料→调粉→发酵→切块揉圆→成型→醒发→烘烤→冷却→成品

3. 操作要点

（1）原辅料预处理　按实际用量称量各原辅料，并进行一定处理。用适量打粉水将酵母溶解，面粉需过筛，糖、盐必须用打粉水事先溶化，固体油脂需在电炉上熔化。

（2）调粉　将除油脂以外的所有原料放入和面机中先低速搅拌 4～5min，成团后将油脂加入，加油后中速搅拌 7～8min，调至面团成熟。

（3）发酵　调好的面团在恒温恒湿发酵箱内进行发酵，发酵条件为温度 28～30℃、相对湿度 80％～85％，发酵时间 1～2h，发酵至成熟。

（4）整形、醒发　将发酵好的面团分块，滚圆，成型，然后放入醒发箱中醒发 50～80min，温度 38～40℃，相对湿度 85％。

（5）烘烤　烘烤温度 180～200℃，时间 15～30min。

（6）冷却　将烤熟的面包从烤箱中取出，自然冷却后包装。

- 二次发酵法

1. 参考配方（甜面包，g）

面种：高筋粉 1000，干酵母 20，砂糖 50，全蛋 350，蛋黄 100，改良剂 30，水 200。

主面：高筋粉 1000，砂糖 250，食盐 20，蜂蜜 100，酥油 300，奶粉 60，水 450，蛋糕油 20。

2. 工艺流程

原辅料→第一次调粉→发酵→第二次调粉→发酵→成型→醒发→烘烤→冷却

3. 操作要点

（1）种子面团的调制 按实际用量称量各原辅料，并进行一定处理。用适量水将酵母、糖溶解。将面粉倒入立式和面机中先低速搅拌，打松面粉，加入酵母、糖液，搅拌，加全蛋液，搅拌调制成面团。

（2）种子面团的发酵 调好的面团放入面盆内，用保鲜膜盖好，在发酵箱内进行第一次发酵，发酵条件为温度 27～30℃，相对湿度 70%，发酵时间约 1.5h，发至成熟。

（3）主面团的调制 按实际用量称量各原辅料，并进行一定处理。先把蜂蜜、糖、部分水混合均匀后待用。把面粉、奶粉在和面机中搅打混匀，加入溶解好的糖液，再补齐水量，加入种子面团，进行第二次面团调制。先低速搅拌，再高速，成团后将酥油、蛋糕油加入，调至面团成熟，加入色拉油搅拌片刻以防粘连，取出面团。

（4）搓圆、发酵 将发酵好的面团切块，搓条，分块，搓圆，放入盘中，然后放入醒发箱中发酵 35～45min，温度 27～30℃，相对湿度 85%。

（5）成型 可加入各种馅料，进行各种造型，摆盘，盘事先涂好油。

（6）醒发 在温度 30～40℃，相对湿度 85% 的条件下最后发酵 2h。

（7）烘烤 将醒发好的面团放入烤箱中，温度 180～190℃，时间 10～15min。

（8）冷却 将烤熟的面包从烤箱中取出，自然冷却后包装。

五、成品评价

1. 感官指标

（1）形态 完整，无缺损、龟裂、凹坑，表面光洁，无白粉和斑点。

（2）色泽 表面呈金黄色和淡棕色，均匀一致，无烤焦、发白现象。

（3）气味 应具有烘烤和发酵后的面包香味，并具有经调配的芳香风味，无异味。

（4）口感 松软适口，不粘，不牙碜，无异味，无未熔化的糖、盐粗粒。

（5）组织 细腻，有弹性；切面气孔大小均匀，纹理均匀清晰，呈海绵状，无明显大孔洞和局部过硬；切片后不断裂，并无明显掉渣。

2. 质量评定

（1）面包含水率

$$面包含水率＝（成品面包水分含量/面包质量）×100\%　　　　　（3-1）$$

$$成品面包水分含量＝总加入水的量－水分蒸发量　　　　　（3-2）$$

$$水分蒸发量＝烘烤前面包面团质量－烘烤后面包质量$$

（2）容量

$$容量（比容积）＝（成品面包的容积/面包成品质量）×100\%　　　　　（3-3）$$

主食面包标准含水量：35.0%；比容积在 4.20～4.59 为最好；硬度测定：50～60g。

六、问题讨论

1. 面包醒发时，温度和湿度过高或过低会对产品产生什么影响？

2. 面包坯在烘烤中发生了哪些物理变化、微生物变化以及生化变化？

3. 根据面包质量，总结实验成败的原因。

参 考 文 献

[1] 李新华，董海洲主编. 粮油加工学 [M]. 北京：中国农业大学，2002.

[2] 赵晋府主编. 食品工艺学 [M]. 北京：中国轻工业出版社，2002.

[3] 李楠等编著. 面包制作 116 款 [M]. 北京：中国轻工业出版社，2007.

（天津农学院　郭梅）

实验二　蛋糕的制作

一、实验原理

蛋糕是以鸡蛋、面粉、油脂、白糖等为原料，经打蛋、调糊、注模、焙烤（或蒸制）而成的组织松软、细腻并有均匀的小蜂窝，富有弹性，入口绵软，较易消化的制品。

二、实验目的

了解并掌握蛋糕的制作原理及方法。

三、实验材料与设备

1. 实验材料

面粉、鸡蛋、牛奶、白糖、植物油、泡打粉等。

2. 仪器设备

不锈钢容器、打蛋机、小铁皮模、刷子、烤盘、烤箱等。

四、实验方法

1. 参考配方（海绵蛋糕）

全蛋 1000g，细砂糖 400g，食盐 10g，速发蛋糕油 90g，低筋粉 400g，鲜牛奶 100g，色拉油 100g。

2. 工艺流程

配料→打蛋→拌粉→注模→烘烤→冷却→成品

3. 操作要点

（1）原料搅拌混合　将鸡蛋、盐、糖放入打蛋机中，慢速搅拌，将糖溶解，加蛋糕油，再快速搅打至体积增大；换中速将面粉搅拌均匀，将牛奶、色拉油倒入，慢速转，使油和水混合均匀，停机出面。

（2）倒盘　将面糊倒入事先铺纸的烤盘内，下面可先撒些葡萄干，刮平。

（3）烘烤　炉温在 180～190℃，烘烤约 20～30min 至完全熟透为止（用牙签插入蛋糕坯内，拔出无黏附物即可出炉）。

（4）冷却　将蛋糕从烤箱中取出，可切块或卷蛋糕卷，包装。

五、成品评价

1. 感官指标

形态：外形完整；块形整齐，大小一致；底面平整；无破损，无粘连，无塌陷，无收缩。

色泽：外表金黄至棕红色，无焦斑，剖面淡黄，色泽均匀。

组织：松软有弹性；剖面蜂窝状小气孔分布较均匀；无糖粒，无粉块，无杂质。

滋味气味：爽口，甜度适中；有蛋香味及该品种应有的风味；无异味。

杂质：外表和内部均无肉眼可见的杂质。

2. 理化指标

水分 15％～30％；总糖≥25.0％；蛋白质≥6.0％。

六、问题讨论

根据所做蛋糕分析其用料和操作过程中的问题。

参 考 文 献

[1] 李新华，董海洲主编. 粮油加工学 [M]. 北京：中国农业大学，2002.

[2] 赵晋府主编. 食品工艺学 [M]. 北京：中国轻工业出版社，2002.

[3] 刘宝家，李素梅等. 食品加工技术工艺和配方大全 [M]. 北京：科学技术文献出版社，1996.

[4] 吴文通主编. 中西面包蛋糕制作 [M]. 广州：广东科技出版社，2004.

（天津农学院　郭梅）

实验三　韧性饼干的制作

一、实验原理

面粉在其蛋白质充分水化的条件下调制面团，经辊轧受机械作用形成具有较强延伸性，适度的弹性，柔软而光滑，并且有一定的可塑性的面带，经成型、烘烤后得到产品。

二、实验目的

了解并掌握韧性饼干制作的基本原理及操作方法。

三、实验材料与设备

1. 实验材料

面粉、白砂糖、食用油、奶粉、食盐、香兰素、碳酸氢钠、碳酸氢铵或泡打粉。

2. 仪器设备

饼干模、烤箱、和面机、烤盘、台秤、烧杯等。

四、实验方法

（1）溶解辅料　将糖 600g、奶粉 200g、食盐 20g、香兰素 5g、碳酸氢钠和碳酸氢铵各 20g，加水 800mL 溶解。

（2）调粉　将面粉 4000g、辅料溶液、食用油 400mL、水 200mL 倒入和面机中，和至面团手握柔软适中，表面光滑油润，有一定可塑性不粘手即可。

（3）辊轧　将和好后的面团放入辊轧机，多次反复折叠并旋转 90°辊轧，至面带表面光泽形态完整。

（4）成型　用饼干模将面带成型。

（5）烘烤　将饼干放入刷好油的烤盘中，入烤箱 250℃烘烤。

（6）冷却　将烤熟的饼干从烤箱中取出，冷却后包装。

五、成品评价

1. 感官指标

形态：外形完整、花纹清晰，厚薄基本均匀，不收缩，不变形，不起泡，不得有较大或较多的凹底。特殊加工品种表面允许有砂糖颗粒存在。

色泽：呈棕黄色或金黄色或该品种应有的色泽，色泽基本均匀，表面略带光泽，无白粉，不应有过焦、过白的现象。

滋味与口感：具有该品种应有的香味，无异味。口感松脆细腻，不粘牙。

组织：断面结构有层次或呈多孔状，无大孔洞。

杂质：无油污，无异物。

2. 理化指标

水分≤6%，碱度（以碳酸钠计）≤0.4%。

六、问题讨论

1. 面团调制时需要注意什么问题？

2. 根据饼干质量，总结实验成败的原因。

参 考 文 献

[1] 李新华，董海洲主编. 粮油加工学 [M]. 北京：中国农业大学出版社，2002.

[2] 天津轻工业学院. 食品工艺实验 [M]. 天津：院内教材，2000.

[3] 赵晋府主编. 食品工艺学 [M]. 北京：中国轻工业出版社，2002.

[4] 李学红，王静主编. 现代中西式糕点制作技术 [M]. 北京：中国轻工业出版社，2008.

（天津农学院　郭梅）

实验四　面点的制作

一、实验原理

面点是以面粉、蔗糖、油脂为主要原料，配以蛋品、乳品、干果等辅料，经过面团的调制、成型、装饰等工序加工而成。

二、实验目的

了解并掌握面点制作的基本原理及操作方法，通过试验了解各种原料对面点质量的影响。

三、实验材料与设备

1. 实验材料

低筋粉、砂糖粉或绵白糖、起酥油、植物油、葡萄干、干果、盐、泡打粉等。

2. 仪器设备

和面机、烤箱、烤盘、台秤、面盆、刷子、烧杯等。

四、实验内容

1. 参考配方（g）

低筋粉450～500，葡萄干300（或其他果料），起酥油280（加色拉油，少量，5），糖粉160，食盐5，泡打粉少量。

2. 工艺流程

原辅料预处理→搓油酥→和面→分块→加果料→成型→涂蛋液→烘烤→冷却→包装

3. 操作要点

（1）搓油酥　将起酥油放在案上，加色拉油，揉搓均匀，再加糖粉，反复揉搓，搓到颜色有些发白，毛绒状，结构细腻。

（2）和面　将面粉加到搋好的油酥中，翻面混合，手法与搋油酥不同，或放到和面机中用片状器搅拌，罐内不要有水，中速搅拌成面团即可。

（3）分块加果料　取出面团，可根据品种分成几份，再分别加入事先处理好的葡萄干，（葡萄干事先用温水洗，稍晾干）、熟碎核桃仁、熟花生碎、熟瓜籽仁等品种，加入果料可视成型情况，和面成团即可，用保鲜膜包好面包，静置 10min，使面团松弛。

（4）成型　葡萄面团分成 20g/个或 30g/个的小团，用手揉圆，拍成圆饼状，要求大小、厚度基本一致，均匀摆盘。涂蛋液或粘芝麻。

花生面团分成 15g/个的小团，用手搓成圆柱状，约 2cm 长，要求大小、长短基本一致，均匀摆盘，上面涂蛋黄。

核桃面团分成 8g/个的小团，用手搓成圆球，均匀摆盘。表面也可滚芝麻成麻球。

（5）涂蛋液　取蛋黄，用刷子在表面涂一层蛋黄液，稍干后再刷一层。

（6）烘烤　将烤盘放入烤箱中，温度 160～170℃，时间约 15～20min，视形状而定。

（7）冷却　自然冷却至室温，包装。

五、成品评价

评价样品的感官质量：面点形状完整、无缺损、表面呈金黄色、均匀一致，无烤焦、口感酥松。

主食面包标准含水量：35.0%；比容积在 4.20～4.59 为最好；硬度测定：50～60g。

六、问题讨论

1. 面点的制作为什么选用低筋粉？

2. 面点制作时为什么不能加水？

3. 面点烘烤时应注意什么？

参 考 文 献

[1]　李新华，董海洲主编. 粮油加工学［M］. 北京：中国农业大学出版社，2002.

[2]　赵晋府主编. 食品工艺学［M］. 北京：中国轻工业出版社，2002.

[3]　李学红，王静主编. 现代中西式糕点制作技术［M］. 北京：中国轻工业出版社，2008.

（天津农学院　郭梅）

实验五　方便面的制作

一、实验原理

将各种原辅料放入和面机内充分揉和均匀，静置熟化后将散碎的面团通过两个大直径的滚筒压成约 1cm 厚的面片，再经轧薄辊连续压延面片 6～8 道，使之达到所要求的厚度（1～2mm），之后进行切条成型，切条后经过一种特制的波纹成型机形成连续的波纹面，然后在蒸汽压力 1.5～2kgf/cm² 的条件下蒸煮 60～90s，使淀粉糊化度达 80% 左右，再经定量切块后用热风或油炸方式使其迅速脱水干燥而加深糊化程度，保持了糊化淀粉的稳定性，防止糊化的淀粉重新老化，最后经冷却包装后即为成品。

---

❶ 1kgf/cm²＝98.0665kPa。

二、实验目的

了解并掌握方便面生产的工艺流程和操作要点。

三、实验材料与设备

1. 实验材料

面粉、精制盐、碱水（无水碳酸钾 30%、无水碳酸钠 57%、无水正磷酸钠 7%、无水焦磷酸钠 4%、次磷酸钠 2%）、增黏剂［瓜尔豆胶、（羧甲基纤维素）CMC］、棕榈油等。

2. 实验设备

和面机、搅拌机、压面机（5 道辊或 7 道辊）、切面机、波浪形成型导箱、蒸面机、油炸锅等。

四、实验内容

1. 面饼参考配方

小麦粉 25kg、精制盐 0.35kg、碱水（换算成固体）0.035kg、增黏剂 0.05kg、水 0.25kg。

2. 汤料配方

不同的汤料有不同的制作工艺，此处略。

3. 工艺流程

小麦面粉、水、盐、碱、增黏剂→和面→熟化→复合→压延→切条折花→蒸面→切断成型→油炸干燥→冷却、汤料→包装

4. 操作要点

(1) 和面　配料加水搅拌 15min，加水温度一般为 20℃ 左右，搅拌桨线速度 2～3r/s。

(2) 熟化　送熟化机内进行，时间 15～20min，搅拌桨线速度 0.6r/s。

(3) 压片　5～7 道辊压，最大压薄率不超过 40%，最后压薄率在 9%～10%。

(4) 蒸面　蒸面的温度和时间必须严格掌握，小麦粉的糊化温度是 65～67.5℃，蒸面控制为 1.8～2.0kgf/cm² 时，蒸面时间以 60～95s 为宜，温度必须在 70℃ 以上。

(5) 油炸干燥　将蒸熟的面块放入 140～150℃ 棕榈油中，油炸时间约 60～70s。

五、成品评价

1. 感官质量

色泽正常、均匀一致，气味正常、无霉味及其他异味，煮（泡）3～5min 后不夹生，不牙碜，无明显断条现象，无虫害、无污染。

2. 理化指标

水分 10.0% 以下，酸值 1.8，α 度 85%，复水时间 3min，盐分 2%，含油 20%～22%，过氧化值＜0.25%。

六、问题讨论

详述油炸方便面的工艺流程，并思考各操作单元的影响因素。

参 考 文 献

[1] 李新华，董海洲主编. 粮油加工学 [M]. 北京：中国农业大学出版社，2002.

[2] 赵晋府主编. 食品工艺学 [M]. 北京：中国轻工业出版社，2002.

（天津农学院　郭梅）

实验六 脱水方便米饭的制作

一、实验原理

脱水方便米饭又称速煮米饭。脱水方便米饭的加工是以淀粉的糊化和回生现象为基础的。大米成分中 70％以上是淀粉，在水分含量适宜的情况下，当加热到一定温度时，淀粉会发生糊化（熟化）而变性，淀粉糊化的程度主要由水分和温度控制。糊化后的米粒要快速脱水，以固定糊化淀粉的分子结构，防止淀粉的老化回生。回生后的淀粉将给制品以僵硬、呆滞的外观和类似夹生米饭的口感，而且人体内的淀粉酶类很难作用于回生的淀粉，从而使米饭的消化利用率大大降低。

脱水方便米饭食用方便，不需蒸煮，仅用热水或冷水浸泡就可成饭。评价脱水方便米饭的质量主要是看它的复水时间、复水性。复水时间越短越好。复水后的米饭都要具有松软较干的口感，米粒互相分离不粘连，有典型的米饭风味，不粘牙，没有夹生现象。

二、实验目的

学习和掌握方便米饭的制作原理和过程，了解不同因素对脱水方便米饭品质的影响。

三、实验材料与设备

1. 实验材料

精白米（粳米）、大豆色拉油、单甘酯、甘油等。

2. 实验设备

煮饭锅、天平、量筒、不锈钢盆、不锈钢网盘、热风干燥箱、封口机等。

四、实验内容

1. 工艺流程

精白米→淘洗→加水浸泡→加抗黏剂→搅拌→蒸煮→冷却→离散→装盘→干燥→冷却卸料→筛理→定量包装→成品

2. 操作要点

（1）选料 大米品种对脱水米饭的质量影响很大。如选用直链淀粉含量较高的籼米为原料，制成的成品复水后，质地较干、口感不佳；若用支链淀粉含量较高的糯米为原料，又因加工时黏度大，米粒易黏结成块、不易分散，从而影响制品质量。因此，生产脱水米饭常选用粳米为佳。

（2）淘洗 备专用淘米盆先快速冲洗两遍，再轻轻搓揉三遍，沥干。

（3）加水浸泡 浸泡的目的是使大米吸收适量的水分，大米吸水率与大米支链淀粉含量有关。支链淀粉含量越高，其吸水率越高。米水比按 1：（1.1～1.3），于常温下浸泡大米30min 以上，上下搅动。

（4）加抗黏剂 大米经蒸煮后，因表面也发生糊化，米粒之间常常相互粘边甚至结块，影响米粒的均匀干燥和颗粒分散，导致成品复水性降低。为此，在蒸煮前应添加单甘酯与甘油的混合物（1：1），添加量为大米质量的 1％～3％，并不时搅拌。

（5）蒸煮 蒸煮是将浸泡后的大米进行加热熟化的过程。在蒸煮过程中，大米在有充足水分的条件下加热，吸收一定的水分，使淀粉糊化、蛋白质变性，并将大米煮熟。米粒中淀粉糊化度大小反映米饭熟透度的高低，它对米饭的品质和口感有较大的影响。糊化度＞85％的米饭即为熟透。蒸煮时间与糊化度密切相关，蒸煮时间越长，糊化度越高。蒸煮30min 时，米饭的糊化度达 87.5％。应用电饭锅煮饭直接启动电饭锅电源，待自动断电后，暂不开锅，继续闷蒸 10～15min，即可。

（6）离散　经蒸煮的米饭，水分可达 65%～70%，虽然蒸煮前加抗黏剂，但由于米粒表面糊化层的影响仍会粘连。为使米饭能均匀地干燥，必须使结团的米饭离散。将蒸煮后的米饭用冷水冷却并洗涤 1～2min，以除去溶出的淀粉，就可达到离散的目的。

（7）装盘　离散后的米粒均匀地置于不锈钢网盘中，装盘的厚度、厚薄是否均匀对于米粒的糊化度、干燥时间以及产品质量均有影响。应尽量使米粒分布均匀、厚薄一致，以保证干燥均匀。然后置于热风干燥箱中。

（8）干燥　将充分糊化的大米用 90～100℃热风干燥，干燥至使成品水分降至 9% 以下。

（9）冷却卸料　干燥结束后，自然冷却，待干燥箱的米温降至 40℃ 以下方可从盘中取出，卸料。

（10）筛理、包装　将已冷却的黏结在一起的脱水米饭用手搓散分开，然后用筛网将碎屑和小饭团分离，按每份 100g 进行装袋、封口、包装，即成脱水方便米饭。

五、成品评价

1. 感官指标

见表 3-1。

表 3-1　脱水方便米饭感官指标

项目	指　　标	项目	指　　标
色泽	白色或略带微黄色，有光泽	形态	米粒完整，整粒率＞90%，粉末率＜2%
香气与滋味	具有米饭的特有气味，无异味	杂质	无肉眼可见杂物
口感	滑润，有一定筋力，无夹生、硬皮及粗糙感		

2. 理化指标

见表 3-2。

表 3-2　脱水方便米饭理化指标

项　　目	理化指标
水分含量/%	≤6.0
糊化度/%	≤90
复水时间/min	≤8

六、问题讨论

1. 影响脱水方便米饭品质的因素是什么？
2. 试分析食用油脂可否作为抗黏剂，对脱水方便米饭品质有何影响？

参　考　文　献

[1]　沈群. 粮食加工技术 [M]. 北京：中国轻工业出版社，2008.
[2]　李新华，董海洲主编. 粮油加工学 [M]. 北京：中国农业大学出版社，2002.

（天津农学院　何新益）

实验七　方便米粉的制作

一、实验原理

方便米粉是利用淀粉的 α 化原理及 α-淀粉的特点，在加工时，将粉碎的大米生粉加入适量水，通过初蒸、机械挤压、复蒸等工序，使大米淀粉充分 α 化，然后迅速脱水干燥，防止淀粉 β 化而制成的米粉。

二、实验目的

本实验要求掌握米粉的加工原理与方法，掌握方便食品调味料包的加工技术，理解淀粉的 α 化和 β 化原理以及螺杆挤压原理。

三、实验材料和设备

1. 实验材料

精大米、玉米淀粉、甘薯淀粉、单甘酯、牛肉、胡椒、胡萝卜、葱、姜、蒜、味精、棕榈油。

2. 实验设备

洗米机、磨浆机、粉碎机、混合机、螺杆挤压机、复蒸器、夹层锅、烘干机、包装机、水分活度测定仪、温度计、pH 计、秤、天平等。

四、实验内容

1. 工艺流程

大米→洗米浸泡→磨浆（粉碎）→过筛→混合→自熟挤丝→切断→凝胶化→复蒸→烘干→包装→米粉成品

油脂、香辛料→煸炒
↓
原料→清洗→粉碎→搅拌→加热→搅拌→冷却→包装→酱包成品
原料→称取→烘干→杀菌→冷却→混合→包装→菜包成品 ⎬→包装→成品
原料→烘干→准确称量→粉碎→过筛→混合→包装→粉包成品

2. 参考配方（单位：g）

米粉配方：精大米 1000，玉米淀粉 100，甘薯淀粉 50，单甘酯 4。

酱包配方：牛肉 100，牛油 25，棕榈油 20，砂糖 48，味精 32，番茄酱 80，甜面酱 120，水 80，盐 10，酱油 24，料酒 3.2，葱 4，姜 6，蒜 8，花椒粉 1.2，胡椒粉 1.2，辣椒粉 1.2，大料粉 1.2，肉豆蔻 0.2，山楂片 0.4，砂仁 0.2，桂皮粉 8.5，丁香 0.8，山梨酸钾 0.12（分装成 40 包）。

脱水菜包配方：胡萝卜 100，脱水香葱 60（分装成 40 包）。

粉包配方：盐 100，黑胡椒 16，豆蔻 20，花椒 4，辣椒 10，味精 20，I+G［5′-肌苷酸钠（IMP）和 5′-鸟苷酸钠（GMP）］5，丁香 2，八角 2，姜粉 8，大蒜粉 4，小茴香 4，肉桂 4，糖 50，月桂叶 2（分装成 40 包）。

3. 操作要点

（1）米粉加工要点

① 大米的分选　剔除大米中的砂、稗和谷粒，以免影响米粉质量。

② 洗米　挑选后的大米放入洗米机中，一般清洗 10～20min，除去漂浮在水面上的泡沫、糠皮、糠粉等轻杂。

③ 浸米　浸米目的是使米粒外层吸收的水分继续向中心渗透，使米粒结构疏松，里外水分均匀，浸米时间为 6～8h，夏短冬长，中间结合洗米并换水 1 次。

④ 磨浆（粉碎）　将浸泡后的大米粉碎，过 50 目筛。

⑤ 脱水　经筛理后的米浆，加入真空脱水机内脱水，脱水后的米浆含水量一般在 40% 左右。

⑥ 混合　将配方中其余辅料加入，搅拌均匀。

⑦ 自熟挤丝　在料斗中加一定量的热水，让机体预热。将米粉从投料口加入，最初只

能少量加入，以防卡机；待机器正常运转后，将大米粉堆放于投料斗中，稍加水，让大米粉自动下落喂料，一步成型为米粉，从机头成型板孔匀速排出。

⑧ 切断　挤出来的米粉丝通过风冷，按照一定长度切断。

⑨ 凝胶化　将切断后的米粉放入密闭的容器中，室温下放置 4～10h。

⑩ 复蒸　在 100℃ 条件下复蒸 10～15min。

⑪ 烘干　将复蒸后的米粉放入 50℃ 的烘箱中，干燥时间一般为 3～5h。

（2）酱包加工要点

① 预处理　将葱、蒜剥皮、清洗，葱切成 1cm 左右的段，蒜剁成蒜蓉，姜切成薄片，与砂仁、豆蔻、山楂片一起用纱布包住。

② 油炸　棕榈油加温至 180℃，倒入甜面酱油炸，油炸时要不停搅拌以防煳锅，炸制好的甜面酱色泽由原来的红褐色变成棕褐色，由半流体变成膏体。

③ 制馅　选用肥瘦适中的牛肉，用绞肉机制成肉粒直径为 0.4cm 左右的肉馅。

④ 煮制　将牛肉馅放入不锈钢锅中加入冷水，然后进行搅拌使牛肉颗粒均匀分散在水中，再加热升温。沸腾后要撇去表面的血污，加入准备好的纱布包，按配方加入酱油、料酒、花椒粉、大料粉、辣椒粉、胡椒粉、丁香粉和调料包，以微沸状态炖煮 2.5～3h。

⑤ 过滤　将葱段和调料包捞出，用笊篱或滤眼较大的滤布进行过滤，把牛肉颗粒分离出来，滤液备用。

⑥ 油炸　将过滤出的牛肉粒在油温 140℃ 的棕榈油中油炸 70～80s，进行脱水和杀菌。

⑦ 混合与浓缩杀菌　向滤液中按配方加入蒜蓉、味精、食盐、番茄酱、炸制好的面酱、砂糖，同时加入油炸过的牛肉颗粒，边搅拌边以中火加热，在排除水分增加酱体浓度的同时进行杀菌，经过 1～1.5h 的浓缩杀菌，酱体变得相当黏稠，停止加热。

⑧ 冷却与包装　将酱体冷却至室温或稍高，即可用酱体自动包装机进行包装，每袋重约 15g。

（3）菜包加工要点

① 胡萝卜、香葱用水清洗干净，胡萝卜切成 0.5cm 左右的方块，葱切成 0.5cm 左右长的小段。

② 将切分后的胡萝卜、葱段放入烘箱在 60℃ 左右条件下干燥脱水，使水分在 5% 以下，干燥期间应注意翻动几次。

③ 将干燥后的脱水产品按配方比例混合均匀、包装，每袋重约 10g。

（4）粉包加工要点

① 原料预处理　将配方中的香辛料放入烘箱中进行干燥，使各种原料的水分保持一致以利于后面的粉碎加工。

② 粉碎　烘干后的香辛料要粉碎成粉状，以利于混合、包装，提高冲泡时的溶解性。

③ 混合　按配方称取各原料混合均匀。混合温度一般不超过 35℃，时间一般为 15min左右，转速控制在 30～40r/min。

④ 包装　混合后的调味料在包装前应先密封在大塑料袋中，以防止吸潮，并使调味料在静置期圆熟，用自动包装机进行包装，每袋重约 15g。

4. 成品评价

① 评价样品的感官质量　条形均匀、完整，排列整齐，无外来杂质；有大米自然色泽，有湿润透明感，色泽一致，无明显糠皮斑点及返生变白的现象；煮熟后不煳、不浑汤、不粘牙。

② 测定样品的破粉率、烹调损失、断条率和复水时间。

五、问题讨论

1. 原料大米对米粉的质量有何影响？

2. 玉米淀粉对米粉的产品质量有何影响？

3. 挤压过程中淀粉发生哪些变化，这些变化与米粉的质量有何关系？

参 考 文 献

[1] 孙庆杰主编. 米粉加工原理与技术 [M]. 北京：中国轻工业出版社，2006.

[2] 王如福，李汴生主编. 食品工艺学概论 [M]. 北京：中国轻工业出版社，2006.

[3] 叶敏，章焰，谭汝成. 方便湿米粉的加工工艺研究 [J]. 粮食与饲料工业，2005，11.15-17

[4] 涂瑾，陈伟平等. 胡萝卜汁方便米粉的研制 [J]. 食品工业科技，2003，12：55-57.

（天津农学院 黄宗海）

实验八 内酯豆腐的制作

一、实验原理

内酯豆腐是采用新型凝固剂 δ-葡萄糖酸内酯制作而成的。内酯豆腐的生产除利用了蛋白质的胶凝性之外，还利用了 δ-葡萄糖酸内酯的水解特性。葡萄糖酸内酯并不能使蛋白质胶凝，只有其水解后生成的葡萄糖酸才有此作用。葡萄糖酸内酯遇水会水解，但在室温下（30℃以下）进行得很缓慢，而加热之后则会迅速水解。

内酯豆腐的生产过程中，煮浆使蛋白质形成前凝胶，为蛋白质的胶凝创造了条件，熟豆浆冷却后，为混合、灌装、封口等工艺创造了条件，混有葡萄糖酸内酯的冷熟豆浆，经加热后，即可在包装内形成具有一定弹性和形状的凝胶体——内酯豆腐。

二、实验目的

本实验旨在掌握内酯豆腐制作工艺。

三、实验材料与设备

1. 实验材料

大豆、δ-葡萄糖酸内酯。

2. 实验设备

加热锅、磨浆机（或组织捣碎机）、水浴锅、折光仪、容器（玻璃瓶或内酯豆腐塑料盒）、电炉、过滤筛（80目左右）等。

四、实验方法

1. 参考配方（g）

大豆1000，水约6000，葡萄糖酸内酯0.25%～0.3%。

2. 工艺流程

原料→浸泡→水洗→磨制分离→煮浆→冷却→混合→灌装→加热成型→冷却→成品

3. 操作要点

（1）浸泡 按1∶4添加泡豆水，水温17～25℃，pH在6.5以上，时间为6～8h，浸泡好的大豆表面比较光亮，没有皱皮，豆瓣易被手指掐断。

（2）水洗 用自来水清洗浸泡的大豆，去除浮皮和杂质，降低泡豆的酸度。

（3）磨制 用磨浆机磨制水洗的泡豆，磨制时每千克原料豆加入50～55℃的热水3000mL。

（4）煮浆　煮浆使蛋白质发生热变性，煮浆温度要求达到95～98℃，保持2min；豆浆的含量为10%～11%。

（5）冷却　葡萄糖酸内酯在30℃以下不发生凝固作用，为使它能与豆浆均匀混合，把豆浆冷却至30℃。

（6）混合　葡萄糖酸内酯的加入量为豆浆的0.25%～0.3%，先与少量凉豆浆混合溶化后加入混匀，混匀后立即灌装。

（7）灌装　把混合好的豆浆注入包装盒内，每袋重250g，封口。

（8）加热凝固　把灌装的豆浆盒放入锅中加热，当温度超过50℃后，葡萄糖酸内酯开始发挥凝固作用，使盒内的豆浆逐渐形成豆脑。加热的水温为85～100℃，加热时间为20～30min，到时后立即冷却，以保持豆腐的形状。

五、成品评价

豆腐的感官质量标准是白色或淡黄色，具有豆腐特有的香气和滋味，块型完整、硬度适中，质地细嫩，有弹性，无杂质。

六、问题讨论

1. 加热对于大豆蛋白由溶胶转变为凝胶有何作用？
2. 制作内酯豆腐的两次加热各有什么作用？

参 考 文 献

[1] 李新华，董海洲主编. 粮油加工学 [M]. 北京：中国农业大学出版社，2002.
[2] 天津轻工业学院. 食品工艺实验 [M]. 天津：院内教材，2000.
[3] 石彦国，任莉编著. 大豆制品工艺学 [M]. 北京：中国轻工业出版社，1998.

（天津农学院　郭梅）

实验九　植物油脂的制取与精炼

一、实验原理

脂类是油、脂肪和类脂的总称。食物中的油脂主要是油和脂肪，一般把常温下是液体的称作油，常温下是固体的称作脂肪。脂肪所含的化学元素主要是 C、H、O。脂肪是由甘油和脂肪酸组成的三酰甘油酯，其中甘油的分子比较简单，而脂肪酸的种类和长短却不相同。因此脂肪的种类和特点主要取决于脂肪酸，不同食物中的脂肪所含有的脂肪酸种类和含量不一样。自然界有40多种脂肪酸，因此可形成多种脂肪酸甘油三酯。脂肪酸一般由4～24个碳原子组成。脂肪酸分三大类：饱和脂肪酸、单不饱和脂肪酸、多不饱和脂肪酸。脂肪可溶于多数有机溶剂，但不溶于水。

压榨或浸出法制取的油脂中，含有的胶体杂质主要为磷脂，当油中水分很少时，其中的磷脂呈内盐状态，极性很弱，溶于油脂，当油中加入适量水后，磷脂吸水浸润，磷脂的成盐原子团与水结合，磷脂的分子结构由内盐式转变为水化式，带有较强的亲水基团，磷脂更易吸水水化，随着吸水量增加，絮凝的临界温度提高，磷脂体积膨胀，比重增加，从而自油中析出，通过适当的分离手段，便能从油中分离出来。

二、实验目的

掌握大豆中油脂的索氏提取方法，同时掌握大豆油的水化脱胶的原理及方法。

三、实验材料与设备

1. 实验材料

大豆、过滤除杂后的浸出豆油。

2. 实验设备

电子天平、电热恒温箱、粉碎机、索氏抽提器、电热恒温水浴锅、数显搅拌恒温电热套、搅拌器、离心机、温度计、电炉、干燥器等。

3. 试剂

无水乙醚、食盐、蒸馏水。

四、实验内容

1. 工艺流程

（1）浸出工艺

大豆→清理→破碎→筛分→软化→抽提→烘干→粗脂肪

（2）大豆油的脱胶

毛油→预热→加水水化→静置沉淀→分离→脱水→冷却→水化净油

2. 操作要点

（1）大豆油浸出工艺操作要点

① 样品的制备　取除去杂质的大豆30～50g，磨碎通过直径为1.0mm的圆孔筛，装入磨口广口瓶内备用。

② 软化　从备用的样品中用烘盒称取2～5g试样，置105℃烘箱中烘30min，趁热倒入研钵中，加入约2g脱脂细沙，一同研磨，将试样和细沙研磨到出油状后，无损转入滤纸筒内。

③ 抽提与烘干　将盛有试样的滤纸筒置于抽提筒内，滤纸筒高度不能超过抽提筒虹吸管的高度，注入无水乙醚至虹吸管高度以上，待乙醚虹吸流净后，再加入无水乙醚至虹吸管高度2/3处，将冷凝器与抽提筒连接好，用少许脱脂棉塞在冷凝器上口，打开连接冷凝器进水管的水龙头，开始加热抽提，加热温度使乙醚每小时回流7次以上，抽提时间一般在8h以上，抽提至抽提筒内乙醚用玻璃片检查无油迹为止。抽净脂肪后，用长柄镊子取出滤纸筒，再加热，至溶剂界面接近虹吸管顶端，小心取下烧瓶，换上备用烧瓶，倾斜抽提器，使溶剂液面高于虹吸管顶端，回收溶剂，再换上抽提用烧瓶，直至烧瓶中乙醚基本蒸完，取下冷凝器、抽提筒，加热除去烧瓶中残余乙醚，用脱脂棉蘸乙醚擦净烧瓶外部，然后置于105℃烘箱，先烘90min，再烘20min，烘至恒重。烧瓶增加的质量即为粗脂肪质量。

（2）大豆油脱胶工艺操作要点

① 预热　用天平称取毛油200g置于500mL烧杯中，将其放入数显搅拌恒温电热套中，并将搅拌器的搅拌翅放入油中（搅拌器浸入油中2/3处）。

② 水化　接通电源，在慢速搅拌下加热油样，根据各组所定工艺，自行确定水化温度及加水量等操作条件，见表3-3。

表3-3　水化温度及加水量

工　艺	温度/℃	加水量
低温水化	20～30	$W=(0.5～1)X$
中温水化	60～65	$W=(2～3)X$
高温水化	85～95	$W=(3～3.5)X$

注：X 为油中磷脂含量。

加热至所定温度后，适当调快搅拌速度，将量好的水溶液用小滴管缓慢加入油中，保持恒定温度搅拌 20～30min。

③ 静置沉淀　水化反应后，降低搅拌速度，促使胶体絮凝，待胶体杂质与油呈明显分离状态时，停止搅拌，静置沉淀。

④ 分离　将水化油样转入离心管，平衡后，在 4000r/min 离心 15～20min。取出离心管，将上层水化油移入已知重量的 500mL 烧杯中。

⑤ 脱水、冷却　将上述盛水化油的 500mL 烧杯置于电炉上，加热搅拌，进行脱水，先升温至 100℃左右，脱水 10～15min，再升温至 125℃，脱水 10min，然后置于干燥器中冷却，观察透明度，一般油冷却到 20℃以下，油样仍然保持澄清透明则为合格，确认合格后称量。

⑥ 加热试验　取水化后的油样约 30g，置于 50mL 烧杯中，做 280℃加热试验，需在 10～15min 内将油温升至 280℃，然后观察有无析出物。

3. 结果计算

$$粗脂肪（湿基）=\frac{W_1}{W}\times100\% \qquad (3\text{-}4)$$

$$粗脂肪（干基）=\frac{W_1}{W(100-M)}\times100\%$$

式中，W_1 为粗脂肪质量，g；W 为试样质量，g；M 为试样水分含量，%。

$$精炼率=\frac{净油重}{毛油重}\times100\% \qquad (3\text{-}5)$$

4. 成品评价

见表 3-4。

表 3-4　浸出成品大豆油的质量指标

指　标	等　级			
	一级	二级	三级	四级
色泽　罗维朋比色槽 25.4mm	—	—	黄 70 红 4.0	黄 70 红 6.0
罗维朋比色槽 133.4mm	黄 20 红 2.0	黄 35 红 4.0	—	—
气味、滋味	无气味、口感好	气味、口感良好	具有大豆固有的气味和滋味，无异味	具有大豆固有的气味和滋味，无异味
透明度	澄清、透明	澄清、透明		
水分及挥发性物质/%	≤0.05	≤0.05	≤0.10	≤0.20
不溶性杂质/%	≤0.05	≤0.05	≤0.05	≤0.05
酸值/(mgKOH/g)	≤0.20	≤0.30	≤1.0	≤3.0
过氧化值/(mmol/kg)	≤5.0	≤5.0	≤6.0	≤6.0
加热试验(280℃)			无析出物，罗维朋比色黄色值不变，红色值增加小于 0.4	微量析出物，罗维朋比色黄色值不变，红色值增加小于 0.4，蓝色值增加小于 0.5
含皂量/%	—	—	≤0.03	—
烟点/℃	≥215	≥205	—	—
冷冻试验(0℃贮存 5.5h)	澄清、透明	—	—	—
溶剂残留量/(mg/kg)	不得检出	不得检出	≤50	≤50

五、问题讨论

1. 如何提高大豆油脂的提取率？
2. 影响脂肪抽提的因素有哪些？
3. 水化过程中造成乳化的原因有哪些？如何排除？
4. 脱胶在油脂精炼中的作用是什么？除了脱胶之外，油脂精炼还包括哪些步骤？

参 考 文 献

［1］　曾洁等. 粮油加工实验技术［M］. 北京：中国农业大学出版社，2009.
［2］　马莺等. 粮油检验与储藏［M］. 哈尔滨：黑龙江科学技术出版社，2009.
［3］　贾友苏，张武平. 食用植物油制取及加工技术进展［J］. 农产品加工学刊，2008（7）：77-81.

（天津农学院　苗颖）

实验十　膨化休闲食品的制作

一、实验原理

膨化食品是 20 世纪 60 年代末出现的一种新型食品，国外又称挤压食品、喷爆食品、轻便食品等。它以含水分较少的谷类、薯类、豆类等作为主要原料，经过加压、加热处理后使物料中水分呈过热状态，物料本身变得柔软，当到达一定高压而启开膨化器盖时，高压迅速变成常压，这时粮粒内呈过热状态的水分便一下子在瞬间汽化而发生强烈爆炸，水分子可膨胀约 2000 倍，巨大的膨胀压力不仅破坏了物料的外部形态，而且也拉断了物料内在的分子结构，将不溶性长链淀粉切短成水溶性短链淀粉、糊精和糖，于是膨化食品中的不溶性物质减少、水溶性物质增多。这类食品的组织结构多孔蓬松，口感香脆、酥甜，具有一定的营养价值，易于消化，特别适合老年人和儿童食用。

二、实验目的

学习和掌握挤压膨化的工作原理，以及膨化休闲食品的制作过程。

三、实验材料与设备

1. 实验材料

大米粉、玉米粉、调味香精（如番茄味、鸡肉味、奶油味等）。

2. 实验设备

混合机、拌粉机、单（双）螺杆挤出机、切割机和烘烤炉等设备。

四、实验内容

1. 工艺流程

谷物粉→混合→调理→挤压、膨化→切割→烘烤→调味→冷却包装→成品

2. 操作要点

（1）原料　由谷物制成的全粉（如大米粉、玉米粉等）。

（2）混合　原料与适量的水混合并搅拌均匀，水分含量达 30% 左右。

（3）调配、挤出　将混合好的原料送入挤出机，经挤压、膨化后，成为半成品。

（4）切割、烘烤　将膨化好的半成品按要求切割，并送入烘烤炉，在 200～300℃ 烘烤 2～3min。

（5）冷却，包装　将烤好的产品冷却后按一定质量包装。

五、成品评价

挤压膨化休闲产品外观匀整，口感酥脆。成品的水分要求在 7%～9%，卫生标准符合国家标准。

六、问题讨论

1. 挤压物料水分含量过高或过低会对膨化产品品质产生何种影响？
2. 挤压膨化处理对食物中营养素组成及含量有何影响？

参 考 文 献

[1] 李新华，董海洲. 粮油加工学 [M]. 北京：中国农业大学出版社，2002.
[2] 沈群. 粮食加工技术 [M]. 北京：中国轻工业出版社，2008.
[3] 张裕中，王景. 食品挤压加工技术与应用 [M]. 北京：中国轻工业出版社，1998.

（天津农学院　何新益）

实验十一　辣椒味口香糖的制作

一、实验原理

口香糖是以天然树胶或甘油树脂为胶体的基础，加入糖浆、薄荷、甜味剂等调和压制而成的一种供人们放入口中嚼咬的糖，是很受世界人民喜爱的一种糖类。在一定程度上口香糖可以起到化解疲劳、振奋精神的作用。

二、实验目的

学习和掌握辣椒味口香糖的制作过程。

三、实验材料与设备

1. 实验材料

胶基、辣椒精、食用乙醇、山梨醇、甘油、卵磷脂、柠檬酸、薄荷粉以及香精等。

2. 实验设备

恒温干燥箱、挤出机、压片切割机等。

四、实验内容

1. 工艺流程

胶基→软化

辣椒精＋辅料→混合→混合搅拌→60℃保温→冷却→挤压→压延→切割→包装

2. 辣椒口香糖参考配方

见表 3-5。

表 3-5　辣椒口香糖参考配方

原　料	比例/%	原　料	比例/%	原　料	比例/%
胶基	30	薄荷脑	0.5	蓝莓香精	0.01
山梨醇	20	卵磷脂	1.5	山梨酸钾	0.05
木糖醇	30	甘油	3.0	辣椒素	0.014
微晶纤维素	12	柠檬酸	0.5	甘油	3.0

3. 操作要点

（1）原辅料混合　辣椒精用适量乙醇溶解，然后与山梨醇、甘油、卵磷脂、柠檬酸、薄荷粉以及香精调和混匀。

（2）胶基软化 胶基混合前应先在 60℃ 条件下预热软化 1h。胶基的活化过程为：于 60℃ 下保湿软化 0.5h 时取用。软化时一直要保持湿润，软化后应及时取用，否则胶基又会硬化。

（3）保温 胶基糖的搅拌温度控制在 60℃，在组织中几乎不发生原料相互间的热融化，若搅拌时间过长而使温度超过 60℃，会引起部分糖熔融，使胶基变硬、香味逸散而减弱。胶基边搅拌边加入木糖醇粉以及微晶纤维素。

（4）压延、成型 将胶基糖坯置于挤出机进行挤压，再进入压片机压延切割成型，在成型、包装过程中挑拣出来的糖头，可作回料，在下次搅拌时加入，但加入量不宜超过 10%。片型口香糖的辊压最终厚度为 (2.00±0.01)mm。

（5）包装 包装的糖片要软硬适中，横、直切口垂直、光洁。

五、成品评价

1. 感官指标

见表 3-6。

表 3-6 辣椒味口香糖的感官指标

项 目	指 标
色泽	乳黄,有光泽
滋味与气味	辣味突出,但辣味适中,带蓝莓香味
杂质	表面光滑,无粗糙感

2. 理化指标

见表 3-7。

表 3-7 辣椒味口香糖的理化指标

项 目	指 标	项 目	指 标
辣椒素/(g/kg)	0.05～0.25	砷(以 As 计)/(mg/kg)	≤0.3
干燥失重物质/%	≤7	铅(以 Pb 计)/(mg/kg)	≤1.0
灰分/(g/kg)	≤0.08		

六、问题讨论

1. 试分析辣椒味口香糖配方中各种成分的主要作用。
2. 辣椒味口香糖的风味特点是什么？

参 考 文 献

[1] 李书国. 新型糖果加工工艺与配方（上）[M]. 北京：科学技术文献出版社，2002.
[2] 李敬华. 荷叶金银花保健口香糖的研制 [J]. 食品科学，2004，25 (5)：210-213.

（天津农学院 何新益）

第四章　乳品加工实验

实验一　生乳的品质评定

一、实验原理

生乳（raw milk）是指从符合国家有关要求的健康奶畜乳房中挤出的无任何成分改变的常乳。产犊后七天的初乳、应用抗生素期间和休药期间的乳汁、变质乳不应用作生乳。生鲜牛乳挤出后若不及时冷却，污染的微生物会迅速繁殖，使乳中细菌数增多，酸度增加，新鲜度下降，影响原料乳的品质和加工利用。目前对生乳品质进行评定多是在感官检验的基础上，再配合酒精试验、煮沸试验、刃天青试验和酸度等理化指标及微生物指标，对生乳进行检验和评级，并在此基础上进行收购以及加工。

二、实验目的

本实验要求掌握生乳验收的常规检测手段，能独立评定生乳的品质。掌握测定酒精稳定性和酸度的原理和方法，了解测定酒精稳定性和酸度的实际意义。

三、实验内容及方法

1. 乳的感官检验

（1）检验方法　取适量试样置于 50mL 烧杯中，在自然光下观察色泽和组织状态。闻其气味，用温开水漱口，品尝滋味。

（2）检验指标及标准　正常牛乳色泽为乳白色或微黄色，具有乳固有的香味、无异味，组织状态呈均匀一致液体，无凝块和沉淀，无正常视力可见异物。

2. 酸度的测度

（1）原理　在牛乳存放过程中，由于微生物水解乳糖产生乳酸，使乳的酸度升高。所以测定乳的酸度是判定生乳新鲜度的重要指标。乳的酸度常用吉尔涅尔度（°T）表示。吉尔涅尔度（°T）是以中和 100mL 牛乳中的酸所需 0.1mol/L NaOH 标准溶液的体积（mL）来表示，此为滴定酸度。正常牛乳的酸度因乳牛品种、饲料种类、泌乳期等的不同有差异。新鲜牛乳的酸度一般为 16～18°T。如果牛乳存放时间过长，细菌繁殖会致使牛乳的酸度明显增高。乳牛健康状况不佳，如患乳房炎等，则可使牛乳酸度降低。因此，牛乳的酸度是反映牛乳质量的一项重要指标。

（2）仪器及试剂　25mL 或 50mL 碱式滴定管 1 支，1mL 及 10mL 吸管 1 支，20mL 量筒 1 只，150mL 三角瓶 3 只，0.1mol/L NaOH 标准溶液，0.5％酚酞指示剂（取 1g 酚酞溶于 110mL 95％乙醇中，加入 80mL 蒸馏水，用 0.1mol/L NaOH 溶液一滴一滴地加入，直至溶液呈淡红色为止，再加入蒸馏水稀释至 200mL 即可）；不同新鲜度的乳样 2～3 个。

（3）操作方法　称取 10g（精确到 0.001g）已混匀的试样，置于 150mL 三角瓶中，加 20mL 新煮沸并冷却至室温的蒸馏水，混匀，加入 2.0mL 酚酞指示液，混匀后用已标定的 0.1mol/L NaOH 标准溶液滴定至微红色，并在 30s 内不褪色，记录消耗的 0.1mol/L NaOH 标准滴定溶液体积（mL），滴定酸度按下式计算：

$$\text{滴定酸度}(°T) = \frac{c_2 \times V_2 \times 100}{m_2 \times 0.1} \times 100\% \qquad (4\text{-}1)$$

式中，c_2 表示氢氧化钠标准溶液的浓度，mol/L；V_2 表示滴定时消耗氢氧化钠标准溶液体积，mL；m_2 表示试样质量，g；0.1 表示氢氧化钠的浓度，mol/L。

结果以在重复性条件下获得的两次独立测定结果的算术平均值表示，保留三位有效数字。

（4）注意事项

① 使用的 0.1mol/L NaOH 应经精确标定后使用，其中不应含有 Na_2CO_3，故所用蒸馏水应先经煮沸冷却，以驱除 CO_2。

② 温度对乳的 pH 值有影响，最好在（20±5）℃时滴定为宜。控制好滴定速度，最好在 20～30s 内完成滴定。

③ 要求在重复性条件下获得的两次独立测定结果的绝对差值不得超过 1.0°T。

3. 酒精稳定性测定

（1）原理　新鲜乳中的酪蛋白微粒以稳定的胶粒悬浮状态分散于乳中。当乳的新鲜度下降、酸度增高时，酪蛋白所带的电荷会发生变化。当 pH 值达 4.6 时（即酪蛋白的等电点），酪蛋白胶粒便形成数量相等的正负电荷，胶粒极易聚合成大胶粒而被沉淀出来。此外，加入强亲水物质如酒精、丙酮等，能夺取酪蛋白胶粒表面的结合水层，也使胶粒易被沉淀出来。酒精试验就是借助于不同酸度的乳加入酒精后，酪蛋白凝结的情况不同，从而判断乳的新鲜程度。新鲜牛乳对酒精的作用表现出相对稳定；而不新鲜的牛乳，其中酪蛋白胶粒已呈不稳定状态，当受到酒精的脱水作用时，则加速其聚沉。此法可验出鲜乳的酸度，以及盐类平衡不良乳、初乳、末乳和乳房炎乳等。酒精试验与酒精浓度有关，一般以 72%（体积分数）的中性酒精与原料乳等量混合摇匀，无凝块出现为标准，正常牛乳的滴定酸度不高于 18°T，不会出现凝块。

（2）仪器及试剂　20mL 试管 6 支，2mL 刻度吸管 3 支，200mL 烧杯 2 只，68%、70%、72%中性酒精溶液，不同新鲜度的牛乳样 2～3 个。

（3）操作方法　取乳样 2mL 于清洁试管中，然后分别加入等量的 68%、70%、72%的酒精溶液，迅速轻轻摇动使其充分混合，观察有无白色絮片生成。如无絮片出现，则表明为新鲜乳，其酸度不高于 20°T，称为酒精阴性乳。出现絮片的乳，为酸度较高的不新鲜乳，称为酒精阳性乳。根据产生絮片的特征，可大致判断乳的酸度。牛乳不同酸度被 68%酒精凝结的特征如表 4-1。用不同浓度的酒精判断乳的酸度的依据如表 4-2 所示。

表 4-1　不同酸度的牛乳与酒精反应的凝结特征

牛乳酸度/°T	凝结特征	牛乳酸度/°T	凝结特征
18～20	不出现絮片	25～26	中型的絮片
21～22	很细小的絮片	27～28	大型的絮片
23～24	细小的絮片	29～30	很大的絮片

表 4-2　牛乳酸度与酒精浓度关系表

酒精含量/%	界限酸度(不产生絮片的酸度)
68	20°T 以下
70	19°T 以下
72	18°T 以下

（4）注意事项

① 非脂乳固体较高的水牛乳、牦牛乳和羊乳，酒精试验呈阳性反应，但热稳定性不一定差，乳不一定不新鲜。因此对这些乳进行酒精试验，应选用低于 68％的酒精溶液。

② 冰冻处理的牛乳也会形成酒精阳性乳，但这种乳热稳定性较高，可作为乳制品原料。

③ 酒精要纯且 pH 必须调至中性。

④ 试验温度以 20℃为标准，不同温度需进行校正。

4. 煮沸试验

（1）原理　牛乳的新鲜度越差，酸度越高，热稳定性越差，加热时越易发生凝固。根据乳中蛋白质在不同温度时凝固的特征，可判断乳的新鲜度。一般此法不常用，仅在生产前乳酸度较高时，作为补充试验用，以确定乳能否使用，以免杀菌时凝固。

（2）仪器及试剂　20mL 试管 3 支，5mL 刻度吸管 3 支，酒精灯 1 只，水浴锅 1 台，不同新鲜度的牛乳样 2～3 个。

（3）操作方法　取 5mL 乳样于清洁试管中，在酒精灯上加热煮沸 1min，或在沸水浴中保持 5min，然后进行观察。如果产生絮片或发生凝固，则表示乳已经不新鲜，酸度在 20°T 以上或混有初乳。牛乳的酸度与凝固温度的关系如表 4-3 所示。

表 4-3　牛乳的酸度与凝固温度的关系

酸度/°T	凝固的条件	酸度/°T	凝固的条件
18	煮沸时不凝固	40	加热至 65℃时凝固
22	煮沸时不凝固	50	加热至 40℃时凝固
26	煮沸时能凝固	60	22℃时自行凝固
30	加热至 77℃时凝固	65	16℃时自行凝固

5. 生乳相对密度的测定

（1）原理　相对密度是物质的重要物理常数之一。液体食品的相对密度，可以反应食品的浓度和纯度。在正常情况下各种食品都有一定的相对密度范围。当液体食品中出现掺假、脱脂、浓度改变等变化时，均可出现相对密度的变化。因此，测定相对密度可初步判断液体食品质量是否正常及其纯净程度。乳的密度系指乳在 20℃一定体积的质量与 4℃同体积水的质量之比。乳的相对密度系指乳在 15℃一定体积的质量与同温同体积水的质量之比。牛乳相对密度用乳稠计测定，乳稠计有 20℃/4℃（密度计）和 15℃/15℃（比重计）两种。因为测定的温度不同，乳的密度较相对密度小 0.002。在乳品工业中可用此数来进行乳相对密度和密度的换算，如乳的密度为 1.030 时，其相对密度即为 1.032(1.030＋0.002)。

（2）仪器　乳稠计（密度计或比重计），温度表，100～200mL 量筒，200～300mL 烧杯。

（3）操作方法

① 取混匀并调节温度为 10～25℃的乳样，小心地沿着量筒壁注入量筒中，勿使其产生泡沫而影响读数，加至量筒容积的 3/4 处。

② 将乳稠计小心地放入乳样中，使其沉到 1.030 刻度处，然后放手使其在乳中自由浮动（注意防止乳稠计与量筒壁接触），静置 2～3min 后，眼睛平视生乳液面的高度，读取数值。

③ 用温度计测定乳温。

④ 测定值的校正（乳的密度随温度升高而减小，随温度降低而增大）。

根据牛乳温度和乳稠计的读数，查牛乳温度换算表，将乳稠计读数换算成 15℃/15℃时的读数。温度每升高或降低 1℃，乳的密度在乳稠计刻度上减少或增加 0.0002（即 0.2℃）。

如乳温 16℃，密度计读数为 1.034，求乳的密度和相对密度。

$$密度 = 1.034 - [0.0002 \times (20-18)] = 1.0336$$
$$相对密度 = 1.0336 + 0.002 = 1.0356$$

6. 刃天青（利色唑林）试验

（1）原理　刃天青为氧化还原反应的指示剂，加入到正常乳中时呈青蓝色。如果乳中有细菌活动时能使刃天青还原，发生如下色变：青蓝色→紫色→红色→白色。故可根据变色程度和变到一定颜色所需时间，推断乳中细菌数，进而判定乳的质量。

（2）仪器及试剂

仪器：20mL 灭菌有塞刻度试管 2 支；1mL 及 10mL 灭菌吸管各 1 支；恒温水浴锅 1 台（调到 37℃）；100℃温度计 1 支。

刃天青基础液：取 100mL 分析纯刃天青于烧杯中，用少量煮沸过的蒸馏水溶解后移入 200mL 容量瓶中，加水至标线，贮于冰箱中备用。此液含刃天青 0.05%。

刃天青工作液：以 1 份基础液加 10 份经煮沸后的蒸馏水混合均匀即可，贮于茶色瓶中避光保存。

乳样：不同新鲜度的乳样 2～3 个。

（3）操作方法

① 吸取 10mL 乳样于刻度试管中，加刃天青工作液 1mL，混匀，用灭菌胶塞塞好，但不要塞严。

② 将试管置于（37±0.5）℃的恒温水浴锅中水浴加热。当试管内混合物加热到 37℃时（用只加奶的对照试管测温），将管口塞紧，开始记时，慢慢转动试管（不振荡），使受热均匀，于 20min 时第一次观察试管内容物的颜色变化，记录；水浴到 60min 时进行第二次观察，记录结果。

③ 根据两次观察结果，按表 4-4 项目判定乳的等级质量。

表 4-4　乳的等级

级别	乳的质量	乳的颜色		每毫升乳中的细菌数(60min)
		经过 20min	经过 60min	
1	良好	—	青蓝色	100 万以下
2	合格	青蓝色	蓝紫色	100 万～200 万
3	不好	蓝紫色	粉红色	200 万以上
4	很坏	白色	—	

四、问题讨论

1. 感官评定乳时应注意哪些事项？
2. 对牛乳进行酒精实验的原理和目的是什么？
3. 分析原料乳蛋白质稳定性的方法有哪些？
4. 评定原料乳品质的指标主要有哪些？

参 考 文 献

[1]　蒋爱民主编. 乳制品工艺及进展 [M]. 西安：陕西科学技术出版社，1996.

[2] 张和平主编. 现代乳品工业手册 [M]. 北京: 中国轻工业出版社, 2005.

[3] Fox P F, McSWEENEY P L H. Dairy Chemistry and Biochemistry. Blackie Academic & Professional, 1998.

[4] GB 19301—2010, 《生乳》食品安全国家标准.

[5] GB 5413.34—2010, 《乳和乳制品酸度的测定》食品安全国家标准.

[6] GB 5413.33—2010, 《生乳相对密度的测定》食品安全国家标准.

（中国农业大学　毛学英）

实验二　乳的分离

一、实验原理

1. 沉降的概念

沉降是指靠沉降技术把一种物质从另外一种物质中分离出来的过程。沉降是指在某种力的作用下，利用分散物质与分散介质的密度差，使之发生相对运动而分离的操作。

2. 沉降的条件

① 要处理的必须是非均相物系，而对于两种或两种以上相的混合物，其中一种应为连续相。

② 被分离的物系是相互不溶解的。

③ 要分离的相必须具有不同密度。

3. 沉降和上浮速度

黏性介质中，在重力作用下运动的固体颗粒或液滴最终会获得一稳定的速度，这个速度被称为沉降速度。如果颗粒的密度比液体介质的密度低，这个速度称为上浮速度。

4. 离心分离

在离心力作用下产生了离心力加速度 a，a 不是一个常数，它随着距传动轴的距离（半径 r）和旋转速度（用角速度 ω 表示）的增加而增加。

（1）净化　在离心净乳机中，牛乳在碟片组的外侧边缘进入分离通道并快速地流过通向转轴的通道，并由一上部出口排出，流经碟片组的途中固体杂质被分离出来并沿着碟片的下侧被甩到离心钵的周围，并集中到沉渣空间，由于牛乳沿着碟片的半径宽度通过，所以流经所用的时间足够，非常小的颗粒被分离。

（2）分离　在离心分离机中，碟片组带有垂直的分布孔，稀奶油（即脂肪球）比脱脂乳的密度小，因此在通道内朝着转动轴的方向运动，稀奶油通过轴口连续排出。脱脂乳向外流动到碟片组的空间，进而通过最上部的碟片与分离钵锥罩之间的通道而排出。

二、实验目的

掌握牛乳离心分离技术的一般原理，熟悉牛乳分离的一般操作过程。

三、实验材料和设备

1. 实验材料

鲜牛乳。

2. 实验设备

D5-RZ/TD5-RZ 型乳脂分离机、水浴锅、不锈钢锅、天平、烧杯等。

四、实验内容

1. 工艺流程

鲜牛乳→预热→离心分离→稀奶油和脱脂乳→分别进行计量

2. 操作要点

（1）原料乳　必须用鲜奶，不能用已经均质后的包装奶。

（2）预热　取 10kg 鲜奶放入不锈钢锅，在水浴锅中加热到 40℃。

（3）离心分离　将牛乳缓慢均匀地倒入乳脂分离机中，开始分离。

（4）计量　分离结束后，分别对稀奶油和脱脂乳进行称量。

3. 使用离心分离机时的注意事项

① 选择分离机时，根据实际情况考虑，生产能力要适当，以提高设备利用率。

② 工作时分离机高速转动，要有坚实的地基。转动主轴要垂直于水平面，各部件应精确地安装，有必要时在地脚上配置橡皮圈，能起缓冲作用。对于转动部分，必须定期更换新油，清除污油，防止杂质混入。

③ 开机前必须检查传动机械与紧固件，观察转动方向是否符合要求，不允许倒转，以防止机件损坏。观察电动机和水平轴的离心离合器是否同心灵活，必要时进行空车试转，听其是否有不正常的杂音。

④ 封闭压力式分离机启动和停止时，都要由水代替牛乳，并且在启动后 2～3min 内就应取样分析鉴定分离效果。

⑤ 连续作业时间应视物料的物理性质以及杂质含量而定，一般为 2～4h 即需停车清洗。

⑥ 对封闭压力式分离机而言，因具备一定压力，故用体积型旋转泵或特殊的离心泵，尽力防止泵的脉动使物料流量不均匀。

⑦ 注意并经常检查泵对吸料管的轴封等处是否严密，防止空气混入。

⑧ 操作结束后，立即拆洗干净，以备下次使用。

五、实验结果

1. 分离条件的确定

牛乳温度为 45℃。分离机转速为 3000r/min。

2. 计算

$$稀奶油 = \frac{稀奶油}{牛乳} \times 100\%$$ （4-2）

六、问题讨论

1. 影响分离效果的因素有哪些？

2. 离心分离机在乳制品生产中还有哪些应用？

参 考 文 献

[1] 曾寿瀛等. 现代乳与乳制品加工技术 [M]. 北京：中国农业出版社，2003.

[2] 周光宏等. 畜产品加工学 [M]. 北京：中国农业大学出版社，2002.

[3] 骆承庠等. 畜产品加工学 [M]. 北京：中国农业出版社，1990.

（天津农学院　王浩田）

实验三　巴氏杀菌乳的加工

一、实验原理

巴氏杀菌乳（pasteurised milk）简称巴氏乳，是以生牛乳（羊乳）为原料，经过离心净乳、标准化、均质、巴氏杀菌、冷却灌装,直接供给消费者饮用的商品乳。可以分为全脂巴氏杀菌乳、部分脱脂巴氏杀菌乳或脱脂巴氏杀菌乳。巴氏杀菌是杀死引起人类疾病的所有病原微生物及最大限度破坏腐败菌和乳中酶的一种加热方法,以确保产品的安全性,同时能最大限度地保存营养物质和纯正口感。

巴氏杀菌效果评价采用碱性磷酸酶试验进行,其原理是生牛乳中含有的磷酸酶能分解有机磷酸化合物成为磷酸及原来与磷酸相结合的有机单体。经巴氏杀菌后,牛乳中的磷酸酶失活。利用苯基磷酸双钠在碱性缓冲溶液中被磷酸酶分解产生苯酚,苯酚再与2,6-双溴醌氯酰胺起作用显蓝色,蓝色深浅与苯酚含量成正比,即与杀菌完全与否成反比。

二、实验目的

本实验要求掌握巴氏杀菌乳的加工原理与工艺操作方法,以及巴氏杀菌的作用及效果检验。

三、实验材料与设备

1. 材料与试剂

原料乳、中性丁醇、吉勃氏酚试剂(称取 0.04g 2,6-双溴醌氯酰胺溶于 10mL 乙醇中,置棕色瓶中于冰箱内保存,临用时配制)、硼酸盐缓冲液(称 28.472g 硼酸钠溶于 900mL 水中,加 3.27g 氢氧化钠,加水稀释至 1000mL)、缓冲基质溶液(称取 0.05g 苯基磷酸双钠结晶,溶于 10mL 磷酸盐缓冲溶液中,加水稀释至 100mL,临用时配制)。

2. 实验设备

净乳机、配料缸、平衡槽、板式换热器或水浴锅、高压灭菌锅、分离机、均质机、灌装机、电炉等。

四、实验内容

1. 工艺流程

原料乳验收→过滤净化、分离→预热(65℃)→均质→巴氏杀菌→冷却→灌装→冷贮

2. 操作要点

(1)预处理 预处理即过滤净化。称量计量经检验合格的乳,用多层纱布过滤净化,将乳加热至 35~40℃后用分离机进行乳脂分离。

(2)预热均质 预热至 60~65℃为宜,均质压力为 10~20MPa,一般分两段进行。均质是巴氏杀菌乳生产中的重要工艺,通过均质可减小脂肪球直径,不但可以防止脂肪上浮,还利于牛奶中营养成分的吸收。

(3)巴氏杀菌 这是关键工序,巴氏杀菌的温度和持续时间是影响产品质量和保存期的重要因素。一般采用加热的方法杀菌,加热杀菌形式很多,可用低温长时巴氏杀菌(LTLT法)或高温短时巴氏杀菌(HTST法)。一般牛奶高温短时巴氏杀菌的温度通常为 75℃,持续 15~20s;或 80~85℃,持续 10~15s。如果巴氏杀菌太强烈,则产品有蒸煮和焦糊味,稀奶油也会产生结块或聚合。

(4)冷却、灌装 巴氏杀菌虽然可以杀死绝大部分微生物,但是在以后各项操作中仍有被污染的可能。为了抑制牛乳中细菌的增殖,延长产品保存期,仍需及时进行冷却,通常将乳冷却至 4~6℃后灌装。

3. 巴氏杀菌效果评价(碱性磷酸酶试验)

吸取 0.50mL 样品,置于带塞试管中,加 5mL 缓冲基质溶液,稍振摇后置 36~44℃水浴或孵箱中 10min,然后加 6 滴吉勃氏酚试剂,立即摇匀,静置 5min,有蓝色出现表示巴氏杀菌处理强度不够。

4. 产品评价

（1）感官评价　取适量试样置于 50mL 烧杯中，在自然光下观察色泽和组织状态。闻其气味，用温开水漱口，品尝滋味。产品应该呈均匀一致的乳白色或微黄色；具有乳固有的滋味和气味、无异味；呈均匀一致液体，无凝块、无沉淀、无正常视力可见异物。

（2）理化指标及其他　成品脂肪含量≥3.1g/100g（全脂巴氏杀菌乳），按照 GB 5413.3 方法进行检验；蛋白质含量≥2.9g/100g（牛乳）或 2.8g/100g（羊乳），按照 GB 5009.5 方法进行检验；非脂乳固体含量≥8.1g/100g，按照 GB 5413.39 方法进行检验；酸度 12～18°T（牛乳）或 6～13°T（羊乳），按照 GB 5413.34 方法进行检验。微生物指标应该符合 GB 19645—2010《巴氏杀菌乳》食品安全国家标准。

五、问题讨论

1. 为什么要进行原料乳的过滤和杀菌？
2. 原料乳均质的目的是什么？
3. 影响巴氏杀菌乳品质的因素有哪些？
4. 巴氏杀菌乳加工过程中需要注意的事项有哪些？

参 考 文 献

[1]　Pieter Walstra，Jan T M Wouters，Tom J Geurts. Dairy Science and Technology. Second edition. Taylor and Francis，2005.

[2]　张兰威主编. 乳与乳制品工艺学 [M]. 北京：中国农业出版社，2005.

[3]　张和平主编. 现代乳品工业手册 [M]. 北京：中国轻工业出版社，2005.

[4]　Fox P F，McSWEENEY P L H. Dairy Chemistry and Biochemistry [J]. Blackie Academic & Professional，1998.

[5]　GB 19645—2010《巴氏杀菌乳》食品安全国家标准.

（中国农业大学　毛学英）

实验四　牛奶的浓缩和喷雾干燥

一、实验原理

1. 真空浓缩

真空浓缩即在真空状态下，使水的沸点降低，从而使水在较低温度下即达沸腾状态，产生水蒸气从食品中逸出，从而达到浓缩食品的目的。

2. 喷雾干燥

将浓缩的乳通过雾化器，使之被分散成雾状的乳滴，在干燥室中与热风接触，浓乳表面的水分在 0.01～0.04s 内瞬间蒸发完毕，干燥成的粉粒落入干燥室的底部。水分以蒸汽的形式被热风带走，整个过程仅需 15～30s。

二、实验目的

掌握牛乳真空浓缩与喷雾干燥技术的一般原理；熟悉牛乳真空浓缩与喷雾干燥技术的生产操作过程。

三、实验材料和设备

1. 实验材料

鲜牛乳。

2. 实验设备

六效降膜式蒸发器、离心净乳机、压力式喷雾干燥塔等。

四、实验内容

1. 工艺流程

原料乳验收→预处理和标准化→真空浓缩→喷雾干燥→乳粉冷却→包装

2. 操作要点

（1）原料乳验收　原料乳符合国家标准中规定的各项要求。

（2）过滤、净化　用纱布对原料乳进行过滤或净化，除去乳中的尘埃、杂质。

（3）标准化　用离心净乳机对原料乳进行标准化，使乳中含脂率为 3%。

（4）杀菌　采用高温巴氏杀菌，条件为 80~85℃、10~15s。

（5）真空浓缩　牛乳经杀菌后，立即泵入六效降膜式真空蒸发器，除去大部分水分，使原料乳浓缩至原体积的 1/4，乳中干物质达到 45% 左右，浓缩后的乳温一般为 47~50℃。浓缩的时间控制一般以取样测定浓缩乳的密度或黏度来确定。

（6）喷雾干燥　首先将过滤的空气由鼓风机吸入，通过空气加热器加热至 150~200℃后，送入喷雾干燥室，同时浓缩乳由奶泵送至离心喷雾转盘，喷成雾滴与热空气充分接触，进行强烈的热交换，迅速地排除水分，在瞬间完成蒸发，使其干燥。颗粒随之沉降于干燥室底部。夹杂在废气中的细小粉粒在旋风分离器中分离回收。废气则由排风机排除。

（7）乳粉冷却、包装　通过振动流化床将形成的乳粉不断地卸出并及时冷却，经过筛（20~30 目）后即可包装。

五、问题讨论

1. 真空浓缩操作有哪些特点？

2. 影响乳粉溶解度的因素主要有哪几方面？

参 考 文 献

[1] 曾寿瀛等. 现代乳与乳制品加工技术 [M]. 北京：中国农业出版社，2003.

[2] 周光宏等. 畜产品加工学 [M]. 北京：中国农业大学出版社，2002.

[3] 骆承庠等. 畜产品加工学 [M]. 北京：中国农业出版社，1999.

（天津农学院　王浩田）

实验五　凝固型酸乳的制作

一、实验原理

联合国粮食与农业组织（FAO）、世界卫生组织（WHO）与国际乳品联合会（IDF）给酸奶做出定义为：酸乳（即酸奶），在添加（或不添加）乳粉（或脱脂乳粉）的乳中（杀菌乳或浓缩乳），由于保加利亚乳杆菌和嗜热链球菌的作用进行乳酸发酵而制成的凝乳状产品，成品中必须含有大量的、相应的活性微生物。酸乳一般分为凝固型酸乳和搅拌型酸乳。

牛乳中的乳糖在乳糖酶的作用下，首先将乳糖分解为 2 分子单糖，进一步在乳酸菌的作用下生成乳酸；乳酸使奶中酪蛋白胶粒中的胶体磷酸钙转变成可溶性磷酸钙，从而使酪蛋白胶粒的稳定性下降，并在 pH4.6~4.7 时，酪蛋白发生凝集沉淀，形成酸奶。这些乳酸菌利用乳中的柠檬酸生成丁二酮、羟丁酮、丁二醇等化合物和微量的挥发酸、乙醇、乙醛等风味物质，从而形成酸奶特殊的风味；蛋白质变性、凝固并产生一定的水解，增加了蛋白质的消化吸收，提高了蛋白质的生物利用率；在发酵过程中，不溶性的矿物元素变为可溶性的离子，同时还合成部分 B 族维生素，增加了酸奶的营养。

乳酸发酵受到原料乳质量和处理方式、发酵剂的种类和加入量以及发酵温度和时间等多种因素的影响。

二、实验目的

通过本实验掌握凝固型酸乳的制作原理，了解影响酸乳发酵的因素，熟悉酸乳制作的操作要点。

三、实验材料和设备

1. 实验材料

牛乳或还原乳、白砂糖、乳酸菌发酵剂、稳定剂（明胶、果胶、琼脂、变性淀粉等）。

2. 实验设备

具盖不锈钢容器、恒温培养箱、pH 计、碱式滴定管、搅拌器、均质机、塑料杯（或酸奶瓶）、封盖机、冷藏柜等。

四、实验内容

1. 工艺流程

乳酸菌纯培养物→母发酵剂→生产发酵剂

原料乳预处理→标准化→配料→均质→杀菌→冷却→加发酵剂→灌装入容器内→在恒温培养箱内发酵→冷却后熟→凝固型酸奶

2. 参考配方

一般使用鲜牛乳或全脂乳粉制成的复原乳为主要原料，糖加入量为牛乳或还原乳的 6.8%～7.0%，稳定剂添加量为 0.05%～0.15%，发酵剂添加量为 3.0%。

3. 操作要点

（1）制备发酵剂

① 乳酸菌纯培养物　11% 的脱脂乳分装于灭菌试管→灭菌（115℃/15min）→冷却（40℃）→接种菌粉（或已活化的菌种 1%～2%）→培养（43℃）→凝固→冷却→4℃冷藏。一般需重复上述步骤 3～4 次，以达到在接种 4～5h 后凝固，酸度达 90°T 左右为准。每隔 1～2 周移植一次，但在长期移植过程中，可能会有杂菌污染或造成菌种的退化或菌种老化、裂解。因此，菌种要不定期地纯化、复壮。

② 制备母发酵剂　11% 的脱脂乳分装于灭菌的三角瓶（300～400mL）→灭菌（115℃/15min）→冷却（43℃）→接种（乳酸菌纯培养物 2%～3%）→培养（3～6h，43℃）→凝固→冷却至 4℃→冷藏备用。如此重复 2～3 次，使乳酸菌保持一定的活力，然后再制备生产发酵剂。

③ 制备生产（工作）发酵剂　脱脂乳、新鲜全脂乳或脱脂复原乳（总固形物含量为 10%～12%）→杀菌（90～95℃/15min）→冷却（43℃）→接种（母发酵剂，球菌与杆菌混合接种，接种量 2%～3%）→培养（2.5～3.5h，43～45℃）→凝固→冷却至 4℃，此时酸度大于 0.8%，发酵剂的活菌数应达到 $1 \times 10^8 \sim 10^9$ cfu/mL，冷藏备用。

（2）配料　鲜牛乳要求不含有抗生素或其他抑菌物质，干物质含量达到 11.5% 以上，酸度 ≤20°T。乳粉可提高干物质的含量，改善产品组织状态，促进乳酸菌产酸。用乳溶解砂糖，将由变性淀粉、果胶、海藻酸钠或明胶等制成的复配稳定剂，与糖充分混合后加入乳中溶解。

（3）均质　均质处理可使原料充分混匀，有利于提高酸乳的稳定性和稠度，并可使酸乳质地细腻，口感良好，避免脂肪的上浮和乳清的析出，混合料均质的压力一般为 20～25MPa，均质温度 55～65℃。

（4）杀菌　杀菌可杀灭原料乳中的杂菌，钝化乳中的天然抑菌物，促进乳酸菌的繁殖，同时使乳清蛋白变性，改善酸乳的组织状态。用不锈钢容器将乳加热到 90～95℃，保温 5～10min 进行杀菌。

（5）冷却、接种　杀菌后的混合料冷却到 43℃，然后按 3％比例加入发酵剂，搅拌均匀。

（6）发酵　接种后，灌装入经过消毒的容器内进行发酵。当乳凝固，酸度达到 85°T 时，移入冷藏柜，终止发酵。

（7）后熟　在冷藏柜内冷却至 4℃，完成酸乳的后熟。

4. 成品评价

（1）感官指标　呈均匀一致的乳白或淡黄色；具有酸乳固有的滋味和气味；组织细腻、均匀，允许有少量的乳清析出。

（2）理化指标　全脂纯酸乳脂肪≥3.0％，蛋白质≥2.9％，非脂乳固体≥8.1％，酸度≥70°T。

（3）微生物指标　乳酸菌群≥$1×10^6$ cfu/mL。

（4）评价方法　按照 GB 2746—1999《酸牛乳》标准和 GB 19302—2003《酸牛乳卫生标准》进行评价。

五、问题讨论

1. 酸乳加工中对原料有什么要求？
2. 试述凝固型酸乳加工中的操作要点。
3. 试述发酵剂的制备及作用。

参 考 文 献

[1]　GB 19302—2003，中华人民共和国国家标准. 酸牛乳卫生标准 [S].
[2]　郭本恒主编. 酸奶 [M]. 北京：化学工业出版社，2003.
[3]　周光宏. 畜产品加工学 [M]. 北京：中国农业出版社，2005.

（天津科技大学　刘会平）

实验六　配制型乳酸饮料的制作

一、实验原理

配制型乳酸饮料是以乳或乳制品为原料，加入水，以及白砂糖和（或）甜味剂、稳定剂、乳化剂、酸味剂、香料等调制而成的饮料。蛋白质的等电点和液体分离的斯托克斯定律是主导乳酸饮料制作的基本原理。在其加工过程中，通过均质改变了蛋白质粒子的大小，添加稳定剂增加黏度，并改变蛋白质粒子表面电荷的分布，调节酸液的加入速率和均匀度，控制 pH 的变化，增加乳酸饮料的稳定性，防止分层沉淀。

二、实验目的

本实验要求理解使乳酸饮料稳定的机理和方法，掌握乳酸饮料制备的工艺操作要点。

三、实验材料和设备

1. 实验材料

全脂奶粉、白砂糖、羧甲基纤维素钠、单甘酯、柠檬酸、乳酸、香精、塑料瓶。

2. 实验设备

不锈钢容器、手持剪切搅拌器、胶体磨、均质机、塑料瓶封口机、水浴锅、pH 计。

四、实验内容

1. 工艺流程

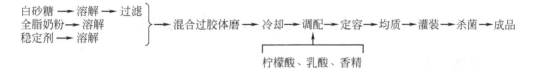

2. 参考配方

全脂奶粉 3.8%～4.0%、白砂糖 6.0%～8.0%、柠檬酸和乳酸 0.6%～0.8%、稳定剂 0.2%～0.3%、香精 0.1%，用水定容至 100%。

3. 操作要点

（1）乳粉处理 加入 20 倍的 60℃软化水，使用手持剪切搅拌器搅拌溶解全脂奶粉，使之成为乳液。

（2）稳定剂处理 将羧甲基纤维素钠和单甘酯混合后，再与砂糖以 1：10 比例混合，加入适量的水浸泡，加入热水，使用手持剪切搅拌器，制成 3%的溶液。

（3）制备糖浆 使用 60℃热水溶解白砂糖，过滤制成 60%的糖浆。

（4）制备酸液 把柠檬酸和乳酸加水溶解成为 3%的溶液，加入果汁制成酸液。

（5）混合和冷却 将乳液、糖浆和稳定剂溶液在不锈钢容器中混合均匀，过胶体磨一次，并将物料冷却至 20℃以下。

（6）调配和定容 在上述混合料液中，于高速搅拌下迅速加入酸液，使物料的 pH 迅速通过乳蛋白的等电点，达到 pH3.9～4.0。温度控制在 20℃以下，均匀后再加入香精等。根据配方，加入软化水定容。

（7）均质 预热调配物料至 50℃，在 20MPa 压力下均质。

（8）灌装、杀菌 使用水浴把均质物料加热到 70℃，趁热灌装密封。水浴杀菌，70～85℃，30min。冷却至 37℃，即为成品。

4. 成品评价

（1）感官指标 具有特有的乳香滋味和气味或具有与加入辅料相符的滋味和气味；无异味；呈均匀乳白色、乳黄色或带有添加辅料的相应色泽；组织状态为均匀细腻的乳浊液，无分层现象，允许有少量沉淀，无可见的外来杂质。

（2）理化指标 蛋白质≥1.0%。

（3）评价方法 按照 GB/T 21732—2008《含乳饮料》进行评价。

五、问题讨论

1. 在混合和乳化过程中，使用了哪几种设备？各具有什么特点？

2. 本实验采取什么方法保持乳酸饮料的稳定性？

3. 除了本实验采用的稳定剂之外，还可以选用什么稳定剂？

4. 在大规模工业化生产中，采用什么包装形式和加工方法？

参 考 文 献

[1] GB/T 21732—2008. 中华人民共和国国家标准. 含乳饮料 [S].
[2] 梁曼君. 乳酸饮料生产工艺 [J]. 食品工业科技，2000，(5)：62-63.
[3] 郭卫强. 新型乳酸饮料的研制和开发 [J]. 食品研究与开发，2001，(4)：42-44.
[4] 徐伟，马力. 高甲氧基果胶对酸奶饮料的稳定作用 [J]. 食品工业科技，2005，(7)：179-181.

（天津科技大学　刘会平）

实验七　莫兹瑞拉干酪的制作

一、实验原理

莫兹瑞拉干酪（Mozzarella cheese）起源于意大利并以其独特的可塑性和凝块在热水中的拉伸处理，形成特有的纤维状结构而成为干酪家族中特殊的成员。其不但可以鲜食，而且在加热时具有良好的拉伸性、熔化性和油脂析出性，常用作比萨饼的配料。莫兹瑞拉干酪成品中脂肪占干物质含量的 45%，水分占干重的 52%～60%。莫兹瑞拉干酪凝乳加工的条件与切达干酪相近。不同的是，在凝块加热、拉伸、揉捏的过程中，使凝乳由三维结构转化为线性结构，从而形成了莫兹瑞拉干酪特有的可以拉丝的特性。热拉伸是莫兹瑞拉干酪特有的单元操作，凝块堆酿的 pH、加热温度和拉伸机的转速是拉伸操作需要选择的参数。

二、实验目的

本实验要求掌握莫兹瑞拉干酪加工的工艺流程和操作要点，并对控制莫兹瑞拉干酪的产率和质量的因素有较深入的了解。

三、实验材料和设备

1. 实验材料

无抗生素鲜奶、发酵剂（嗜热型、嗜温型均可）、凝乳酶、食品级氯化钙、食盐、尼龙聚乙烯复合薄膜。

2. 实验设备

干酪槽、干酪切刀、干酪模具、加热拉伸机、pH 计、温度计、真空包装机、冰箱或冷库。

四、实验内容

1. 工艺流程

牛奶→杀菌→冷却→加入发酵剂和氯化钙→加入凝乳酶→切割→升温热缩→排乳清→堆酿→切割凝乳块→热烫拉伸→装模→冷却→腌渍→包装→冷藏

2. 操作要点

（1）标准化　使酪蛋白与乳脂肪的比为 0.69～0.71；注入干酪槽内进行杀菌，杀菌采用低温巴氏杀菌法：63℃、30min，然后冷却到 30～32℃。

（2）发酵剂和凝乳酶的添加　当乳温在 30～32℃时添加原料乳量 1%～2%的发酵剂。发酵剂加入搅拌均匀后，加入原料量 0.005%～0.015%的 $CaCl_2$（配成溶液后加入），要徐徐加入并搅拌均匀。静置发酵 30～40min 后，当酸度达到 0.18%～0.20%时，再添加约 0.002%～0.004%的凝乳酶（用 1%食盐水配制成 2%的凝乳酶溶液），搅拌 4～5min 后，静置凝乳。

（3）切割、加热搅拌及排除乳清　凝乳酶添加 40min 左右，凝乳充分形成后，进行切割，一般大小为 0.7～0.8cm，切成小方块；切后乳清酸度一般应为 0.11%～0.13%，pH 为 6.4 左右。在温度 32℃下缓缓搅拌 15～20min，促进乳酸菌发酵产酸和凝块收缩析出乳清，每 3min 温度升高 1℃，当温度升高至 38～39℃后停止加温，并排出全部乳清。

（4）凝块的堆酿　在堆酿时，需要每 15min 测定一次 pH，直到 pH 达到 5.2～5.3 左右，分别从每一测定样品取大约 50g 样品，进行热烫和拉伸。

（5）热烫、拉伸　在 70～90℃的水浴中热烫凝乳条，分别进行纵向和横向拉伸。纵向拉伸超过 40cm，横向拉伸形成薄膜，凝乳即可进行正式拉伸，水浴温度可以设为机器拉伸的热水温度。热水与物料的比为（2～3）∶1，加热拉伸机的转速设为 20～30r/min，设定加热水温度，使用 pH 适宜的凝乳块进行拉伸和揉捏至塑性凝块。如果没有拉伸机，可以把热烫后的凝块放在不锈钢容器中，使用不锈钢工具进行搅拌，直至成为均匀的塑性凝块。

（6）成型　塑性凝块入模后于 0～4℃冷盐水中成型，中心温度至 20℃时脱模、腌渍，腌渍的盐水含量为 18%～22%，腌渍时间视干酪块的大小而定，一般腌渍 8～12h。

3. 成品评价

（1）感官指标　呈乳白色，均匀，有光泽；具有奶油味，具有该种干酪特有的滋味和气味；质地紧密、光滑、硬度适中；遇热具有良好的拉丝特性。

（2）理化指标　干物质≥45%，干物质中脂肪≥45%。

（3）醅烤性能评价　美国农业部莫兹瑞拉干酪的标准中关于拉伸性的要求为：烘烤比萨饼上，熔化干酪被尖叉的挑起高度不少于 7.62cm，呈咀嚼感，但不能呈橡胶感。切分样品呈截面为 0.5cm×0.5cm 的条，放于面包片上，在 210℃烤炉中烘烤 10min 至完全熔化，试验拉伸性，感官评价样品的口感。

（4）评价方法　按照 Codex Stan 262—2007 的相关内容进行评价。

五、问题讨论

1. 如果选择嗜热型菌种，加工参数需要作何调整？
2. 讨论在莫兹瑞拉干酪制造过程中酪蛋白所发生的变化，为何要进行热烫拉伸？
3. 简述莫兹瑞拉干酪的生产流程和设备。

参 考 文 献

[1] Codex Stan 262—2007. 国际食品法典委员会（CAC）标准. Mozzarella cheese [S].
[2] 赵征. 一种制作比萨饼干酪的热拉伸机 [P]. ZL 200620027250.5.

（天津科技大学　刘会平）

实验八　冰激凌的制作

一、实验原理

冰激凌（ice cream）是以饮用水、乳品、蛋品、甜味剂、食用油脂等为主要原料，加入适量的稳定剂、乳化剂等食品添加剂，经混合、杀菌、均质、老化、凝冻、硬化等工艺制成的体积膨胀的冷冻食品。按所用原料中的脂肪含量分为全乳脂冰激凌、半乳冰激凌以及植脂冰激凌三种。保持适当的膨胀率，防止重结晶是冰激凌制作过程中的关键问题，冰激凌的配料、加工与贮藏均与此相关。

二、实验目的

了解和掌握冰激凌的加工工艺以及冰激凌膨胀率的测定方法，掌握对冰激凌的香气、色泽、质地进行感官评价的描述性的检验方法。

三、实验材料和设备

1. 实验材料

全脂奶粉、白砂糖、麦芽糊精、奶油、棕榈油、淀粉、淀粉糖浆、葡萄糖粉、瓜尔豆胶、海藻酸钠、黄原胶、明胶、分子蒸馏单甘酯、蔗糖脂肪酸酯、乙基麦芽酚、香兰素、乳化炼奶香精、饮用水等。

2. 实验设备

高速混料缸、夹层锅或水浴锅、冷藏室、高压均质机、冰激凌机、模具、低温冰箱等。

四、实验内容

1. 工艺流程

$$香精$$
$$\downarrow$$

原料预热→混合→巴氏杀菌→均质→冷却→老化→凝冻→添加辅料 ↗灌装→软质冰激凌
↘灌装→硬化→硬质冰激凌→冻藏

2. 参考配方

棕榈油 11%、奶油 2.5%、全脂奶粉 12.5%、白砂糖 16%、麦芽糊精 2%、葡萄糖粉 2%、淀粉 2%、淀粉糖浆 5%、海藻酸钠 0.1%、瓜尔豆胶 0.1%、黄原胶 0.1%、明胶 0.25%、分子蒸馏单甘酯 0.18%、蔗糖脂肪酸酯 0.07%、乙基麦芽酚 20mg/kg、香兰素 40mg/kg、乳化炼奶香精 0.08%、饮用水 46.15%。

3. 操作要点

（1）主要工序的技术参数

① 原料混配温度：40～50℃。

② 杀菌条件：85℃，15min。

③ 均质条件：温度约 65℃，第一级均质压力 15～20MPa，第二级均质压力 2～5MPa。

④ 老化条件：2～4℃，4h。

⑤ 凝冻温度：−4～−3℃。

⑥ 速冻温度：−30～−20℃。

⑦ 膨胀率要求：80%～120%。

（2）主要原辅料处理

① 配料时要求　a. 原料混合的顺序宜从浓度低的液体原料如牛奶等开始，其次为炼乳、稀奶油等液体原料，再次为砂糖、乳粉、乳化剂、稳定剂等固体原料，最后以水作容量调整。b. 混合溶解时的温度通常为 40～50℃。c. 鲜乳要经 100 目纱布进行过滤。d. 乳粉在配制前应先用温水溶解，并经过过滤和均质再与其他原料混合。e. 砂糖应先加入适量的水，加热溶解成糖浆，经 160 目筛过滤后泵入混料缸内。f. 人造黄油、硬化油等使用前应加热融化或切成小块后加入。g. 冰激凌复合乳化剂、稳定剂可与其 5 倍以上的砂糖拌匀后，在不断搅拌的情况下加入混料缸中，使其充分溶解和分散。h. 鸡蛋应与水或牛奶以 1∶4 的比例混合后加入，以免蛋白质变性凝成絮状。i. 明胶、琼脂等先用水泡软，加热溶解后加入。j. 淀粉原料使用前要加入其 8～10 倍量的水并不断搅拌制成淀粉浆，通过 100 目筛过滤，在搅拌的前提下徐徐加入配料缸内，加热糊化后使用。

② 杀菌　待各种原料加入配料罐中混合后，用水补足配制所需的数量，进行巴氏灭菌：

将料液加热到 85℃并保持 30min，一般可杀灭致病菌和大部分细菌。

③ 均质　杀菌后的料液用循环冷水快速冷却至 65℃左右时，进行均质，均质的条件为温度约 65℃，均质压力 18～20MPa。通过均质可以使冰激凌组织细腻，润滑松软，减少冰晶的形成，以增强冰激凌的稳定性和持久性，提高膨胀率。

④ 冷却与老化　混合原料均质后，立即冷却，并于 2～4℃下老化 4～10h。老化过程中可使脂肪、蛋白质和稳定剂充分水合，增加料液黏度，有利于凝冻搅拌时提高膨胀率。

⑤ 凝冻　在冰激凌机中凝冻。为提高冰激凌的膨胀率，在凝冻过程中要保持合适的进气量，以免物料凝冻成冰。

⑥ 灌注成型、包装、硬化　凝冻后的冰激凌，根据需要立即灌注到不同的容器中成型，然后放入低温（－18℃）下冷冻，使冰激凌硬化以固定冰激凌的组织状态，保持硬度。

（3）凝冻机操作步骤

① 开启冰激凌机的电源开关。

② 对冰激凌机进行清洗：将加有中性洗涤剂的热水倒进料箱，启动搅拌开关，将热水送进凝冻筒，开动清洗，清洗完毕后用清水清洗。待清洗完毕后停机；打开出料阀，放掉残液。

③ 把料液在 2～4℃温度下的混合原料送入料箱，开启料阀及凝冻开关，向凝冻筒送料。

④ 当料液被凝冻成半固体状时，可以进行出料。

（4）操作注意事项

① 分子蒸馏单甘酯、蔗糖脂肪酸酯、各种胶体与蔗糖混合后，再与水、奶粉、油、淀粉、麦芽糊精、淀粉糖浆、色素等混合。

② 乙基麦芽酚、香兰素及脂溶性香精在均质前加入，水溶性香精在老化后期加入。

③ 均质前要开启冷却水阀门。

4. 成品评价

（1）感官评价　冰激凌应口感细腻、润滑，无冰晶体感，色泽适宜，香味纯正。采用描述性检验法对实验品的色、香、味和质地进行感官评价。

（2）膨胀率的计算公式

$$A = (B - C)/C \times 100 \tag{4-3}$$

式中，A 表示膨胀率；B 表示混料的质量；C 表示与混料同体积的冰激凌的质量。

（3）抗融性的测量　硬化后的冰激凌分别放在两个大烧杯中，放入 32℃的培养箱中，观察它们的融化先后和融化速度。

（4）理化指标　总固形物≥30%，脂肪≥8%，蛋白质≥2.5%，膨胀率 80%～120%。

（5）评价方法　按照 SB/T 10013—1999《冰激凌》进行评价。

五、问题讨论

1. 提高冰激凌膨胀率有哪几种方法？
2. 稳定剂和乳化剂在冰激凌生产中各起什么作用？对冰激凌的质地和口感有何影响？
3. 以实验结果说明稳定剂和乳化剂对冰激凌产品品质和工艺过程的作用。
4. 所做实验有哪些不足之处？具体说明如何改正。

参 考 文 献

[1]　SB/T 10013—1999，中华人民共和国国家标准. 冰激凌 [S].

[2] 蔡云升. 新版冰激凌配方 [M]. 北京：中国轻工业出版社，2002.
[3] 刘爱国. 冷食品制作工 [M]. 北京：中国劳动出版社，1999.
[4] 刘爱国，杨明主编. 冰激凌配方设计与加工技术 [M]. 北京：化学工业出版社，2008.
[5] 蔺毅峰. 冰激凌加工工艺与配方 [M]. 北京：化学工业出版社，2008.

（天津科技大学　刘会平）

实验九　低脂雪糕的制作

一、实验原理

雪糕（ice cream bar）是以饮用水、乳品、蔗糖、食用油脂为主要原料，添加适量增稠剂、乳化剂、香料，经混合、杀菌、均质、轻度凝冻、注模、冻结等工艺制成的冷冻食品。低脂雪糕是指在冰激凌中尽量少用脂肪或用特殊加工的乳清蛋白质浓缩物代替部分脂肪，从而降低脂肪含量，减少热值。所以低脂雪糕具有普通雪糕的风味，又有特殊的生理保健作用，口感柔软细腻、清凉滑爽，尤其适合高血压、肥胖等患者或希望减肥塑身的人士，是避暑降温的理想食品。

二、实验目的

了解低脂雪糕的概念和研制低脂雪糕的意义，学习和掌握低脂雪糕的制作工艺以及对其的感官评价方法。

三、实验材料和设备

1. 实验材料

脱脂奶粉、白砂糖、麦芽糊精、植物黄油、明胶、瓜尔豆胶、海藻酸钠、蔗糖脂肪酸酯、分子蒸馏单甘酯、香兰素、香精、饮用水等。

2. 实验设备

电热恒温干燥箱、电子天平、打浆机、胶体磨、高压均质机、电热恒温水浴锅、冷藏室、雪糕膨化机、低温冰箱。

四、实验内容

1. 工艺流程

原料处理→混合→巴氏杀菌→均质→冷却→注模→冻结→插扦→脱模→包装→硬化→冻藏

2. 参考配方

脱脂奶粉 15%，白砂糖 12.5%，麦芽糊精 1%，植物黄油 10%，明胶 0.25%，瓜尔豆胶 0.1%，海藻酸钠 0.2%，分子蒸馏单甘酯 0.15%，蔗糖脂肪酸酯 0.1%，香兰素、香精适量，饮用水 60.7%。

3. 操作要点

（1）主要工序的技术参数

① 原料混配温度：40～50℃。

② 杀菌条件：80℃，20min。

③ 均质条件：温度约 65℃，第一级均质压力 15～20MPa，第二级均质压力 2～5MPa。

④ 老化条件：2～4℃，4～6h。

⑤ 冻结温度：-33℃以下盐水冻结。

⑥ 硬化温度：-30～-20℃，24h。

⑦ 膨胀率要求：40%～50%。

（2）主要原辅料处理

① 原料混合 原辅材料用温开水调制（60～70℃），麦芽糊精用冷水调匀后并于电炉上煮沸，各种添加剂用温开水（80℃左右）于烧杯中溶解后再混合在一起。

② 白砂糖 加水制成浓糖浆，再用 100 目或 120 目的滤布过滤杂质。

③ 均质 料液用循环冷水快速冷却至 65℃ 左右时，进行均质，均质的条件为温度约 65℃，均质压力 18～20MPa。

④ 杀菌 均质后的各原料，用水补足配制所需的数量，进行巴氏灭菌：将料液加热到 80℃，并保持 20min，一般可杀灭致病菌和大部分细菌。

⑤ 冷却与老化 混合原料均质后，立即冷却，并于 2～4℃ 下老化 4～6h。老化过程中可使脂肪、蛋白质和稳定剂充分水合，增加料液黏度，有利于凝冻搅拌时提高膨胀率。

⑥ 注模、冻结、插扦、脱模 凝冻的物料通过雪糕线上的小车灌注到模具，然后插扦、脱模，经过 −33℃ 以下的盐水冻结。

⑦ 硬化、冷藏 包装好的雪糕放在 −23℃ 以下的冷藏室中贮藏，经硬化 24h 后方可食用。冷藏室的温度应稳定，不要波动太大，以防雪糕内部形成较大的冰晶。

（3）操作注意事项

① 分子蒸馏单甘酯、蔗糖脂肪酸酯、各种胶体与蔗糖混合（1：5）后，再与水、奶粉、油、麦芽糊精、色素等混合。

② 需在制冷前检查冷却水是否开启。

③ 均质前要开启冷却水阀门。

④ 香兰素及脂溶性香精在均质前加入，水溶性香精在老化后期加入。

4. 成品评价

（1）感官指标

色泽：具有特有的乳白色色泽。

滋味及气味：具有乳香味和该品种特有的风味，香气和谐、无异味。

组织：细腻滑润，无外来杂质，无乳糖结晶、冰晶以及乳酪颗粒存在。

形态：形态完整，无浓稠、枯稠、稀软、胶凝、结冰以及明显收缩等现象。

包装：清洁完整、无渗漏现象，蛋卷盖密封好，包装纸无雪糕附着。

（2）膨胀率的计算公式

$$A = (B - C)/C \times 100 \tag{4-4}$$

式中，A 表示膨胀率；B 表示混料的质量；C 表示与混料同体积的雪糕的质量。

（3）理化指标 固形物含量为 27.1%，蛋白质为 4.4%，总糖为 13.2%，蔗糖为 7.7%，脂肪为 3.9%。

（4）评价方法 按照 SB/T 10013—1999《雪糕》进行评价。

五、问题讨论

1. 稳定剂和乳化剂在低脂雪糕中各起什么作用？对雪糕的质地和口感有何影响？

2. 所做实验有哪些不足之处？具体说明如何改正？

3. 根据实际操作，写出操作规程。

参 考 文 献

[1] SB/T 10015—1999，中华人民共和国国家标准. 雪糕 [S].

[2] 蔺毅峰. 冰激凌加工工艺与配方 [M]. 北京：化学工业出版社，2008.

[3] 天津轻工业学院，无锡轻工业学院. 食品工艺学 [M]. 北京：中国轻工业出版社，2003.

[4] 刘爱国，杨明. 冰激凌配方设计与加工技术 [M]. 北京：化学工业出版社，2008.

（天津科技大学　刘会平）

实验十　发酵型乳清饮料

一、实验原理

乳清是牛奶生产奶酪过程中所产生的副产品，是牛奶凝结成凝块后分离出来的呈绿色的、半透明的液体。随着科技的发展，乳清及乳蛋白已成为具有高价值及广泛应用的食品原料，乳清蛋白含有质量更高的必需氨基酸。新鲜乳清的干物质大约为 7％，包含有鲜乳中近一半的营养成分，而且基本上都是可溶的，如乳清蛋白、磷脂、乳糖、矿物质和维生素等。

发酵型乳清饮料是利用营养价值极丰富的乳清作主要原料，添加乳酸菌发酵，以降低乳糖，产生乳酸，最后生成一种口味纯正、酸甜可口、营养丰富的高档饮料。这样既可充分利用乳清资源，又具有比其他利用方式（乳清粉、乳清蛋白粉等）工艺简单、设备投资少、环保、经济效益高等特点；同时，乳清的多种营养成分具有重要的生理功能，属天然原料兼营养饮料，故发酵型乳清饮料是饮料发展的一个重要方向，具有很大的潜力。

二、实验目的

掌握乳清的制备方法，掌握发酵型乳清饮料的加工工艺和操作要点，了解乳清饮料的评价方法。

三、实验材料和设备

1. 实验材料

鲜牛乳、凝乳酶、保加利亚乳杆菌、嗜热链球菌、蔗糖、柠檬酸、苹果酸、果汁、耐酸羧甲基纤维素（CMC）、黄原胶、香精等。

2. 实验设备

恒温水浴锅、pH 计、电子天平、牛奶分离机、均质机、恒温培养箱等。

四、实验内容

1. 工艺流程

（1）乳清的制备

鲜乳→过滤净化→巴氏杀菌（63℃，30min）→冷却（36℃）→加发酵剂→预酸化→加 $CaCl_2$→加凝乳酶→凝乳（32℃，40min）→切割→排乳清

（2）发酵型乳清饮料加工工艺

乳清→巴氏杀菌（85℃，15min）→冷却（42℃）→接种发酵（42℃，6h）→调配→均质→冷却→灌装→二次杀菌（90℃，15min）→冷却→成品

2. 参考配方

$CaCl_2$ 用量为 0.02％、凝乳酶（用 1％的食盐水制成 2％的酶溶液）2％、发酵剂接种量 3％、蔗糖用量为 8％、果汁 3％、稳定剂 CMC-黄原胶（2∶1）0.3％、酸液 0.3％、香精 0.1％。

3. 操作要点

① 乳清制备时，加入 0.02％$CaCl_2$，搅拌 5min，加入 2％凝乳酶搅拌后，需 32℃下静置 40min。

② 发酵剂为保加利亚乳杆菌与嗜热链球菌组成的混合发酵剂，两者对应比例为 2∶1。发酵剂的制备方法参见实验三凝固型酸奶。

③ 接种后的发酵条件为：42℃，6h左右。发酵终点酸度应为75°T，此时风味最佳，溶液呈乳黄色，状态均匀，泡沫细腻，乳香柔和。

④ 制备酸液：柠檬酸和苹果酸按1：1加水溶解成3%的溶液，加入果汁制成酸液。调配时，应调整溶液pH为4.0左右。

⑤ 均质条件为均质温度55℃，均质压力20～25MPa。

4. 成品评价

（1）感官指标 色泽呈均匀一致的淡乳白色；组织状态为乳浊液，均匀一致，不分层，无肉眼可见杂质；滋味和气味是具有浓郁的发酵乳清风味，清新爽口，口感细腻柔和。

（2）理化指标 蛋白质≥0.7%，脂肪≤0.2%，总固形物≥12%，酸度≥70°T。

（3）微生物指标 乳酸菌≥$1×10^6$cfu/mL，大肠菌群≤3MPN/100mL，无致病菌检出。

（4）评价方法 按照GB/T 21732—2008《含乳饮料》进行评价。

五、问题讨论

1. 什么是乳清？试述乳清的营养价值。

2. 灌装完毕后的乳清饮料，进行二次杀菌的作用是什么？

3. 乳清饮料在生产过程中应如何避免出现沉淀？

参 考 文 献

[1] GB/T 21732—2008. 中华人民共和国国家标准含乳饮料 [S].

[2] 王丹，覃雯，孙涛. 发酵乳清饮料的加工技术 [J]. 中国乳品工业，1997，25（2）：22-24.

[3] 尤玉如，帅益武，袁海娜等. 发酵乳清饮品的研究 [J]. 乳品研究，2007，33（6）：169-172.

[4] 张秀红，马俪珍，刘润生. 发酵型乳清饮料的加工工艺 [J]. 中国食物与营养，2000，4：32-33.

（天津科技大学 刘会平）

第五章　肉品加工实验

实验一　原料肉品质的评定

一、实验原理

动物屠宰后所得的可食部分都叫做原料肉。肉的成分主要包括水、蛋白质、脂肪、糖类、矿物质、维生素和酶等。肉中的蛋白质主要包括三部分：盐溶性的肌原纤维蛋白、水溶性的肌浆蛋白以及盐不溶性的胶原蛋白。这些蛋白质组分的基本性质不同，它们在原料肉中的含量、分布等直接决定着肉的品质，同时也直接影响着加工肉制品的品质。

肉的品质主要是指其食用品质，主要包括肉的保水性、嫩度、颜色、风味等。这些性质在肉的加工贮藏中，直接影响肉品的质量。肉的保水性也叫系水力或系水性，是指当肌肉受外力作用时，如加压、切碎、加热、冷冻、解冻、腌制等加工或贮藏条件下保持其原有水分与添加水分的能力。肉的嫩度是反映肉质地（texture）的指标。肉的嫩度包括肉对舌或颊的柔软性、肉对牙齿压力的抵抗性、咬断肌纤维的难易程度及嚼碎程度。测定保水性使用最广泛的方法是压力法，即施加一定的重量或压力以测定被压出的水量，或按压出水湿面积与肉样面积之比以表示肌肉系水力。我国现行应用的系水力测定方法，是用35kg重量压力法度量肉样的失水率，失水率愈高，系水力愈低，反之则相反。评定嫩度可按咀嚼次数（达到正常吞咽程度时），结缔组织的嫩度，对牙、舌、颊的柔软度，以及剩余残渣等项目进行评分。现在常通过用肌肉剪切力仪测定剪切肉样时的剪切力的大小来表示，剪切力越大，嫩度越差。

二、实验目的

理解肉的保水性和嫩度的概念以及常用的检测方法。

三、实验材料和设备

1. 实验材料

猪的背最长肌（通脊）

2. 实验设备

钢环允许膨胀压力计、WB剪切力仪及直径1.27cm圆形钻孔取样器、真空包装机、冰箱、恒温水浴锅、热电偶温度计、天平、纱布、滤纸、书写用硬质塑料板、聚乙烯薄膜食品袋。

四、实验内容

1. 保水性测定——压力法

（1）取样　宰后在猪的第1~2腰椎处取背最长肌，切取1.0cm厚的薄片，再用直径2.523cm的圆形取样器（圆面积为5.0cm²）切取中心部肉样。

（2）测定方法　将切取的肉样用分析天平称重，然后将肉样置于两层纱布间，上、下各垫18层中性滤纸。滤纸外各垫一块书写用硬质塑料板。然后放置于钢环允许膨胀压力计上，用匀速摇动摇把加压至35kg，并在35kg下保持5min，撤出压力后立即称量肉样重。

（3）计算

$$失水率(\%) = \frac{压前肉样重 - 压后肉样重}{压前肉样重} \times 100 \qquad (5-1)$$

（4）判定　肉的保水性与失水率呈负相关，失水率越大，肉的保水性越差。

2. 保水性测定——滴水损失法

（1）取样　滴水损失（drip loss）是在不施加任何外力的标准条件下，保存肉样一定时间（24h 或 48h），以测定肉样的滴水损失，这是一种操作简便，测值可靠和适于在现场应用的方法。

猪屠宰后 2h 取第 3～6 腰椎处背最长肌，将试样修整为 5cm×3cm×2.5cm 的肉片。

（2）测定方法　将修整好的试样称重（W_1），放置于充气的塑料袋中。用细铁丝钩住肉样一端，保持肉样垂直向下，不接触食品袋，扎紧袋口，悬吊于冰箱冷藏层，保存 24h，取出肉样，用洁净滤纸轻轻拭去肉样表层汁液后称重（W_2）。

（3）计算　按下式计算滴水损失：

$$滴水损失(\%) = \left[\frac{W_1 - W_2}{W_1} \right] \times 100\% \qquad (5-2)$$

（4）判定　滴水损失与肌肉保水力呈负相关，即滴水损失愈大，肌肉保水力愈差，滴水损失愈少，则肌肉保水力愈好。测定结果可按同期对比排序法评定优劣。一般情况下，滴水损失不超过 3%，可作为参考值。

3. 嫩度测定

（1）取样　将猪通脊切成 6cm×3cm×3cm 大小，剔除表面筋、腱、膜及脂肪。

（2）样品处理　将切好的肉块真空包装后放入 80℃恒温水浴锅中加热，用热电偶温度计测定样品中心温度，当中心温度达到 70℃时，取出样品（不拆袋），冰水冷却到中心温度至 0～4℃，从包装中取出肉样，用直径为 1.27cm 的取样器沿与肌纤维平行的方向钻孔取样，孔样长度不少于 2.5cm，取样位置距样品边缘不少于 5mm，两个取样的边缘间距不少于 5mm，剔除有明显缺陷的孔样。测定样品数量不少于 3 个，取样后立即测定。

（3）测定　将孔样置于剪切力仪 V 形刀口上，使肌纤维与刀口垂直，启动仪器剪切肉样，记录刀具切割肉样过程中的最大剪切力值（峰值），即为该肉样的剪切力测定值。

（4）计算　记录所有的测定数据，取各个孔样剪切力测定的平均值减去空载运行最大剪切力值，按下列公式计算肉的剪切力值。

$$X = \frac{X_1 + X_2 + X_3 + \cdots + X_n}{n} - X_0 \qquad (5-3)$$

式中，X 表示肉样的剪切力值，g；$X_{1 \cdots n}$ 表示有效重复孔样的最大剪切力值，g；X_0 表示空载运行的最大剪切力值，g；n 表示有效孔样的数量。

（5）判定　肉的嫩度与剪切力呈负相关，剪切力值越大，肉的嫩度越差。

4. 感官评价

原料肉品质评价最常用的方法是感官评价法。感官评价一般可与保水性、嫩度检测结合进行，从而对原料肉品质进行综合评价。感官评价一般从肉色、黏度、弹性、气味和煮熟后肉汤几方面进行，根据结果可将肉分成鲜肉、次鲜肉和变质肉三种。具体的评价内容见表 5-1。感官评价时每个指标按极喜欢（5 分）和极不喜欢（1 分）分别给出分数，每个分数的权重为 20%，最后综合得出感官评价的最终分数。

表 5-1　肉的感官评价表

项目	鲜　肉	次　鲜　肉	变质肉(不能食用)
色泽	肌肉红色均有、有光泽、脂肪洁白	肌肉色稍暗、脂肪缺乏光泽	肌肉无光泽、脂肪灰绿色
黏度	外表微干或微湿润、不黏手	外表干燥不黏手、新切面有光泽	外表极度干燥或黏手、新切面发黏
弹性	指压后凹陷立即恢复	指压后凹陷恢复慢且不能完全恢复	指压后凹陷不能完全恢复、留有明显痕迹
气味	具有鲜猪肉正常气味	有氨味或酸味	有臭味
肉汤	透明澄清、脂肪团聚于表面,具有香味	稍有浑浊,脂肪成小滴浮于表面、无鲜味	浑浊,有黄色絮状物,脂肪极少浮于表面、有臭味

五、问题讨论

1. 什么是肉的保水性?肉的保水性受哪些因素影响?

2. 什么是肉的嫩度?它包含几方面的含义?

3. 如何提高肉的嫩度?

参 考 文 献

[1] 南庆贤主编. 肉类工业手册 [M]. 北京:中国轻工业出版社,2006.

[2] Lawrie R A. Meat Science. Sixth edition. Woodhead publishing limited,1998.

[3] Brøndum J,Munck L,Henckel P,Karlsson A,Tornberg E,Engelsen S B. Prediction of water-holding capacity and composition of porcine meat by comparative spectroscopy [J]. Meat Science,2000,55 (2):177-185.

[4] Karl O Honikel. Reference methods for the assessment of physical characteristics of meat [J]. Meat Science,1998,49 (4):447-457.

(中国农业大学　戴瑞彤)

实验二　酱羊肉的加工

一、实验原理

酱卤制品是中国典型的传统肉制品,其主要特点是原料肉经预煮后,再用香辛料和调味料加水煮制而成。酱卤制品成品都是熟肉制品,产品酥软,风味浓郁。根据地区不同,风土人情特点,形成了独特的地方特色传统酱卤制品。由于酱卤制品风味独特,现做即食,深受消费者的喜爱。特别是随着包装与加工技术的发展,酱卤制品小包装方便食品应运而生。酱卤制品突出调料与香辛料以及肉本身的香气,食之肥而不腻,加工中有两个主要过程:一是调味,二是煮制。

调味就是根据地区消费习惯、品种的不同加入不同种类和数量的调味料,加工成具有特定风味的产品。如北方人喜欢咸味稍浓些,则加盐量多,而南方人喜爱甜味,则加糖多。调味的方法根据加入调味料的时间大致可分为基本调味、定性调味、辅助调味。在加工原料整理之后,经过加盐、酱油或其他配料腌制,奠定产品的咸味,叫基本调味;原料下锅后,随同加入主要配料如酱油、料酒、香料等,加热煮制或红烧,决定产品的口味叫定性调味;加热煮制之后或即将出锅时加入糖、味精等以增进产品的色泽、鲜味,叫辅助调味。

煮制是酱卤制品加工中的主要工艺环节,有清煮和红烧之分。清煮在肉汤中不加任何调味料,只是清水煮制。红烧是在加入各种调味料中进行煮制。无论是清煮或红烧,对形成产品的色、香、味、形及产品的化学成分的变化等都有决定性的作用。

煮制也就是对产品实行热加工的过程，加热的方式有用水加热、蒸汽加热以及油炸等，其目的是改善感官的性质，降低肉的硬度，使产品达到熟制，容易消化吸收。无论采用什么样的加热方式，加热过程中，原料肉及其辅助材料都要发生一系列的变化，如重量减轻、肉质收缩变硬或软化、肌肉蛋白质受热凝固，肉的保水性因加热温度不同而发生不同程度的变化，包围脂肪滴的结缔组织由于受热收缩使脂肪细胞受到较大的压力，细胞膜破裂，脂肪熔化流出，增加肉质的香气等。

二、实验目的

掌握酱卤制品的加工工艺流程、工艺参数及主要操作要点。

三、实验材料和设备

1. 实验材料

羊肉、花椒粉、胡椒粉、辣椒粉、孜然粉、生姜粉、茴香粉、大料（八角）粉、植物油、食盐、酱油、食糖、味精、豆瓣酱、水。

2. 实验设备

厨房炊具1套、真空封口机、电炉、杀菌锅、恒温箱、电烤箱、夹层锅或水浴锅、温度计、秤、冷库或冷柜等。

四、实验内容

1. 参考配方

羊肉100kg。

辅料：干黄酱10kg，食盐3kg，大茴香800g，桂皮200g，丁香200g，砂仁200g。

2. 工艺流程

原料选择与整理→配料→预煮→调酱→酱制→出锅→杀菌→冷却→成品

3. 工艺要点

（1）原料选择与整理 选用肥度适中的羊肉，剔净羊骨、切除淋巴组织和皮筋、刮净肉皮表面污物，按部位切成大小不同的肉块：含筋腱较多的部位，切块宜小；而肉质较嫩部位，切块可稍大。肉块放入水池中洗刷干净，捞出后沥水。

（2）预煮 将选好的原料肉按不同的部位、嫩度放入锅内大火煮1h，目的是去除腥膻味，可在水中加入几块胡萝卜。煮好后把肉捞出，再放在清水中洗涤干净，洗至无血水为止。

（3）调酱 先用一定数量的水和干黄酱拌匀，然后过滤入锅，煮沸1h，把浮在汤面上的酱沫撇净，盛容器内备用。

（4）装锅 锅内先用羊骨头垫底，将筋腱较多的肉块放在底层，肉质较嫩的肉块放在上层。加入调好的酱汁和食盐。

（5）酱制 先用旺火烧煮1h，撇去汤面浮沫，以除去膻味和腥味。然后加入香料袋和老汤，用文火焖煮6h，至肉烂而块状不散时，即可出锅。

（6）出锅 酱制好的羊肉出锅时，要注意手法，做到轻钩轻托，保持肉块完整。放在盘中凉透后，即为成品。

（7）抽气包装 每袋定量为250g，并在袋中加入少量酱汁，真空抽气密封。

（8）杀菌 采用湿热杀菌法（沸水灭菌）对羊肉杀菌。

（9）冷却 酱羊肉经杀菌后，从杀菌锅中取出，用凉水快速冷却至室温。

4. 产品质量标准

（1）感官质量 羊肉色泽酱红、油亮，切断面色泽一致，肉质酥软可口，不膻不腻，酱味突出，后味余长，无异味。

（2）卫生指标　致病菌不得检出，符合食品卫生指标。

五、问题讨论

1. 分析肉在煮制过程中发生哪些变化。

2. 简述酱制品的加工原理。

参 考 文 献

[1] 孔保华主编. 肉品科学与技术. 北京：中国轻工业出版社，2003.

[2] 蒋爱民主编. 肉制品工艺学. 西安：陕西科学技术出版社，1996.

[3] 马美湖. 现代畜产品加工学. 长沙：湖南科学技术出版社，1998.

（东北农业大学　夏秀芳）

实验三　五香猪肉加工

一、实验原理

酱卤制品是原料肉加调味料和香辛料，以水为介质，加热煮制而成的熟肉类制品。五香猪肉是典型的一类酱卤制品，是带皮猪肉块经腌制调味、发色后，再红烧煮制而成。

二、实验目的

本实验要求熟练掌握五香猪肉的加工原理、方法和操作步骤。

三、实验材料和设备

1. 实验材料

食盐、白糖、亚硝酸盐、抗坏血酸钠、复合磷酸盐、调味料和香辛料等。

2. 主要设备

台秤、盐水注射机、小型真空滚揉机、夹层锅、台式真空包装机、案板、刀具、天平、台秤等。

四、实验内容

1. 工艺流程

腌制液配制
↓
选料→清洗→切块→盐水注射→真空滚揉→切块→煮制→真空包装→常压杀菌→保温检验→外包装→成品

2. 配料

（1）腌制剂配料　大排骨，食盐，白糖，葡萄糖，焦磷酸钠，三聚磷酸钠，六偏磷酸钠，大豆蛋白粉，亚硝酸钠，白酒，味精，八角，花椒，丁香，小茴香，草果，桂皮等。

（2）煮制配料　八角，花椒，丁香，桂皮，小茴香，豆蔻，草果，葱，姜，味精，白酒等。

3. 操作要点

（1）选料与整理　选择经兽医卫生检验合格的带皮猪肉，刮净皮上残毛，剔除筋腱、污物，洗涤干净，沥干水分，切成1kg的小块备用，切块尽可能大小一致。

（2）腌制液配制　首先将大排骨放入水中煮开，文火熬制1h后放入香辛料，再熬制1h，期间不断撇去浮油，用纱布过滤肉汤，待温度降至常温后，按配方把食盐、糖、磷酸盐（事先用少量水加热溶化）、抗坏血酸钠、$NaNO_2$、白酒、味精等加入，并不断搅拌均匀，配成腌制混合液。

（3）盐水注射　用盐水注射机进行注射，注射腌制液量占肉重的20%，注射时针头缓慢移动，盐水要均匀地注射到肌肉组织中，严格控制注射量，未注射进的盐水一起倒入滚揉机中滚揉。

（4）真空滚揉　滚揉在真空滚揉机中进行，滚揉机放在 0～4℃的冷库中，间歇式滚揉8～10h，正转 20min，反转 20min，再停止 30min。

（5）煮制　煮制用水与肉之比为 1∶1，有老汤为好，如第一次煮肉，需首先熬制酱汤，即用大排骨、鸡架、鲜猪皮加配料中的双倍香辛料熬制，并加入酱油或糖稀。糖稀的制法是：将白糖在火上不断炒动，待白糖变色并起泡时，移开火，喷入开水即成。煮制汤烧开后，放入滚揉好的肉块，大火烧开，保持大火 20min，期间不断撇去浮沫，改为小火焖煮1h，当用筷子通过肉皮插入肉块时，能顺利插动，即可出锅。

（6）冷却、包装、杀菌　将出锅的产品冷却，然后真空包装，二次杀菌。产品可进行巴氏杀菌，于 2～4℃贮藏，也可采用高压杀菌，常温保藏。

4. 成品评价

（1）感官质量　五香猪肉色泽鲜艳，呈粉红色，肉皮完整透明，肉质软嫩，口味鲜美、有浓郁的香味。

（2）理化指标　按照中华人民共和国国家标准《熟肉制品卫生标准》（GB 2726—2005）执行。

五、问题讨论

1. 五香猪肉加工中腌制的目的是什么？主要的配料有哪些？各有何作用？
2. 简述酱卤制品的加工原理。
3. 加工酱卤制品的关键工艺是什么？有何注意事项？

参 考 文 献

[1] 高晓平，黄现青，赵改名. 传统酱卤肉制品工业化生产中香辛料的调味调香 [J]. 肉类研究，2010，2：35-36.
[2] 刘晨燕. 酱卤肉制品常温保鲜技术的研究 [J]. 肉类工业，2009，11：19-20.
[3] 孔保华主编. 畜产品加工 [M]. 北京：中国农业科学技术出版社，2008.
[4] 周光宏主编. 畜产品加工学 [M]. 北京：中国农业出版社，2008.

（长江大学　孙卫青）

实验四　烧鸡的加工

一、实验原理

烧鸡是禽类酱卤制品。酱卤制品是原料肉加调味料和香辛料，以水为介质，加热煮制而成的熟肉类制品。白煮肉类是酱卤肉类未经酱制或卤制的一个特例。酱卤肉制品生产工艺因品种不同而不同，但主要加工方法的特点有两个方面：一是调味，一是煮制。

二、实验目的

本实验以道口烧鸡为例。实验要求对烧鸡的加工原理、加工过程熟练掌握，并了解其他酱卤制品。

三、实验材料和设备

1. 实验材料

肉仔鸡、食盐、白砂糖、硝酸钠、亚硝酸钠、香辛料等。

2. 实验设备

腌缸、夹层锅、冰箱、烟熏机、真空包装机、水分活度测定仪、温度计、秤、天平等。

四、实验内容

1. 工艺流程

原料选择→宰杀、清理→造型→油炸→煮制→真空包装→杀菌→冷却→产品

2. 参考配方

以 100 只鸡为基准，肉桂 90g、草果 30g、砂仁 15g、良姜 90g、陈皮 30g、丁香 3g、豆蔻 15g、白芷 90g、食盐 2～3kg。

3. 操作要点

（1）原料选择　选择健康无病 6～24 月龄、体重为 1～1.25kg 的鸡，最好是雏鸡和肥母鸡。

（2）宰杀　宰杀前禁食 12～24h，采用颈部宰杀法，刀口要小，充分放血后在 64℃热水中浸烫褪毛，在清水中洗净细毛，搓掉表皮，使鸡胴体洁白；在颈根部开一小口，取出嗉囊，排除口腔内污物，腹下开膛，将全部内脏掏出，用清水冲洗干净，斩去鸡爪、割去肛门，冲洗干净。

（3）造型　道口烧鸡有自己独特的造型，将鸡体腹部向上，用刀将肋骨切开，取一束适当长度的高粱秆撑开鸡腹，两侧大腿插入腹下刀口内，两翅交叉插入鸡口腔内，使鸡体成为两头尖的半圆造型，用清水洗净吊挂沥水。

（4）油炸　以饴糖或蜂蜜与水为 3∶7 的比例配制成糖蜜水，均匀地涂抹鸡体全身，晾干后放入 150～180℃的植物油中，翻炸约 1min，待鸡体呈柿黄色时捞出。油炸温度很重要，温度达不到，鸡体上色不好，温度太高，易焦化，影响产品色泽与口感和风味。油炸时需注意不能破皮。

（5）煮制　将各种香辛料打料包后置于锅底，然后将鸡体整齐码好，加入老卤，老卤不足时补充清水，使液面高出鸡体表层 2cm 左右。若无老卤，香辛料需加倍。卤煮时，需保持鸡浸没于卤液之下。沸腾后加入亚硝酸盐，加入量需按亚硝酸盐用量的相关规定，不可多加。之后于 90～95℃保温，一般母鸡需 4～5h，公鸡 2～4h，雏鸡 1.5～2h，具体时间视季节、鸡龄、体重等因素而定。熟制后立即出锅。该过程应小心操作，确保鸡的造型不散不破。若产品即时食用，则不必进行后期的杀菌工艺，若需要有一定保质期在市场销售，则需进行后期操作。

（6）包装　根据产品要求进行整只装袋或半只装袋，然后真空封口。

（7）杀菌　产品可进行巴氏杀菌，于 2～4℃贮藏，也可采用高压杀菌，达到在常温下有一定保质期的要求。杀菌参数需根据产品的大小、保质期要求、生产卫生条件、贮藏销售环境而定。过高的杀菌强度会影响产品的品质。在杀菌参数优化时，结合煮制时间一起优化，有利于保持产品的色、香、味。若后期采用高压杀菌，产品在煮制时可至 7～8 成熟，否则杀菌之后产品质构过于软烂，失去烧鸡应有的口感。

4. 成品评价

（1）评价样品的感官质量　烧鸡色泽鲜艳，呈柿黄色，鸡体完整，鸡皮不破不裂，肉质软嫩、口味鲜美、有浓郁的香味。

（2）理化指标　按照中华人民共和国国家标准《熟肉制品卫生标准》（GB 2726—2005）执行。

五、问题讨论

1. 烧鸡加工中影响风味的因素有哪些？

2. 简述酱卤制品的加工原理。

3. 酱卤制品的种类很多，其加工的关键工艺是什么？有何注意事项？

参 考 文 献

[1] 高晓平，黄现青，赵改名. 传统酱卤肉制品工业化生产中香辛料的调味调香 [J]. 肉类研究，2010，
　　2：35-36.

[2] 刘晨燕. 酱卤肉制品常温保鲜技术的研究 [J]. 肉类工业，2009，11：19-20.

[3] 孔保华主编. 畜产品加工 [M]. 北京：中国农业科学技术出版社，2008.

[4] 周光宏主编. 畜产品加工学 [M]. 北京：中国农业出版社，2008.

（长江大学　孙卫青）

实验五　腊肉的加工

一、实验原理

腊肉一般用猪肋条肉经剔骨、切割成条状后用食盐及其他调料腌制，经长期风干、发酵或经人工烘烤而成，食用时需加热处理。腊肉的品种很多，以产地分为广东腊肉、四川腊肉、湖南腊肉等，其产品的品种和风味各具特色。广东腊肉以色、香、味、形俱佳而享誉中外，其特点是选料严格，制作精细，色泽美观，香味浓郁，肉质细嫩，芬芳醇厚，甘甜爽口；四川腊肉的特点是色泽鲜明，皮肉红黄，肥膘透明或乳白，腊香带咸。湖南腊肉肉质透明，皮呈酱紫色，肥肉亮黄，瘦肉棕红，风味独特。

二、实验目的

通过本次实验，要求对腊肉的加工原理、加工过程有所了解，并熟练掌握其加工方法。

三、实验材料和设备

1. 实验材料

猪肋条肉、食盐、白糖、亚硝酸盐、抗坏血酸钠、复合磷酸盐、调味料和香辛料等。

2. 实验设备

砧板 1 块、刀具 2 把、天平（感应量 0.1g）1 架、台秤 1 台、小缸 2 个、烤炉 1 个、温度计 1 支。

四、实验内容

1. 工艺流程

原料选择与处理→剔骨→切肉条→配料→腌制→晾挂或烘烤→真空包装→成品

2. 配方（以 50kg 肋条猪肉计）

食盐 1kg，无色酱油 3120mL，白糖 1.85kg，白酒 780g，葡萄糖 150g，味精 100g，亚硝酸钠 7.5g，焦磷酸钠 80g，三聚磷酸钠 80g，六偏磷酸钠 40g。

3. 操作要点

（1）原料选择与处理　选择皮薄肉嫩、肥膘在 1.5cm 以上的新鲜猪肋条肉为原料。修刮净皮上的毛及污垢，按规格切成长约 35～40cm，每条重约 180～200g 的薄肉条，并在肉的上端用尖刀穿一小孔，系 15cm 长的麻绳，以便悬挂。把切条后的肋肉浸泡在 30℃ 左右的清水中漂洗 1～2min，以除去肉条表面的浮油、污物，然后取出沥干水分。

（2）腌制　先把白糖、硝酸盐、食盐称好后倒入缸内，然后加白酒、无色酱油，使固体腌料和液体调料充分混合拌匀，完全溶化后，把切好的肉条放进腌肉缸中，随即翻动，使每

根肉条都与腌制液接触，腌制 10~12h（每 3h 翻一次缸），使配料完全被吸收后，取出挂在竹竿上。

（3）烘烤　用烤箱烘制，温度掌握在 40~50℃，烘烤 2~3 天即成。烘烤中要上下调换位置，注意检查质量，以防烘坏。烘烤过程中温度不能过高以免烤焦、肥膘变黄；也不能太低，以免水分蒸发不足，使腊肉发酸。烤箱内的温度要求恒定，不能忽高忽低，影响产品质量。经过一定时间烘烤，表面干燥并有出油现象，即可出烤箱。

（4）晾挂　烘烤后的肉条，送入通风干燥的晾挂室中晾挂冷却，待肉温降至室温即可真空包装。一般出品率为 70% 左右。真空包装腊肉保质期可达 6 个月以上。

4. 成品评价

（1）感官要求（GB 2730—2005）

外观：外表光洁，无黏液，无霉点，灌肠制品的肠衣干燥且紧贴肉质。

色泽：具有该制品应有的光泽，肌肉切面呈红色或暗红色，脂肪呈白色。

组织状态：组织致密有弹性，无汁液流出，无异物。

滋味和气味：具有该产品固有的滋味和气味，无异味、无酸败味。

（2）理化指标（应符合中华人民共和国国家标准 GB 2730—2005 的要求）　过氧化值（以脂肪计）≤0.50g/100g，酸价（以脂肪计）≤4.00mg/g，三甲胺≤2.50mg/100g，苯并芘≤5μg/kg，铅≤0.2mg/kg，无机砷≤0.05mg/kg，镉≤0.1mg/kg，总汞≤0.05mg/kg，亚硝酸盐残留量按 GB 2760 执行

五、问题讨论

1. 加工后的腊肉在色、香、味、形上有何特点？

2. 腊肉在烘烤时需要注意什么问题？

参 考 文 献

[1] 周光宏主编. 畜产品加工学. 北京：中国农业出版社，2002.
[2] 孔宝华，于海龙主编. 畜产品加工. 北京：中国农业科学技术出版社，2008.
[3] 孔宝华，马俪珍主编. 肉品科学与技术. 北京：中国轻工业出版社，2003.

（山西农业大学　朱迎春）

实验六　板鸭的加工

一、实验原理

板鸭又称"贡鸭"，是咸鸭的一种。在我国，南京所产板鸭最负盛名。板鸭是鲜鸭经过腌制、风干、成熟工艺，其中发生多种生化反应，形成的一种具有特殊风味的腌腊制品，含盐量相对较高，保质期长。后来随着生活节奏的加快和消费的需求，加工中降低了含盐量，成熟后有的进一步蒸煮熟化并包装、杀菌，形成一种开袋即食的方便食品。

二、实验目的

本实验要求学生掌握传统板鸭的加工原理和加工方法，并能对传统板鸭进行现代工艺改进。

三、实验材料和设备

1. 实验材料

活鸭、开水、食盐（包括炒熟食盐）、生姜、八角（茴香）、葱等。

2. 实验设备

腌缸、宰杀刀、接血盆、水桶、大盆、烫毛缸、盐卤缸、台秤、恒温恒湿培养箱、夹层锅等。

四、实验内容

1. 传统板鸭的加工

（1）工艺流程

原料鸭选择→宰杀→褪毛→去内脏修整→清洗→腌制→排坯→晾挂→保藏

（2）配料　食盐、生姜、八角（茴香）、葱等。

（3）操作要点

① 活鸭的选择和处理　供做板鸭用的鸭子要健康、无损伤的活鸭。肉用型品种如北京鸭、娄门鸭等，而以两翅下有"核桃肉"，以尾部四方肥的为佳，活重在1.5kg以上。宰杀以口腔宰杀为优，可保持商品完整美观，并减少污染。烫毛水温为65～68℃，水量要多，便于鸭在水内搅烫均匀，且容易拔毛。开口取内脏，然后用清洁冷水洗净体腔内残留的破碎内脏和血液，从肛门内把肠子断头拉出剔除。注意切勿将腹膜内脂肪和油皮抠破，影响板鸭品质。

② 腌制

a. 腌制前的准备

炒磨食盐：腌鸭用的食盐，一般用粗盐（太子盐）经过炒熟磨细，使盐分易渗进肌肉内，拔出血水，鸭子才能腌透。炒盐必须放茴香（八角），每100kg粗盐加200～300g。

新卤的配制：用宰杀后的浸泡鸭尸的血水，加盐配成，每100kg血水，加粗盐75kg，放锅内煮沸成饱和溶液，用勺撇出血沫与泥污，再用纱布滤去杂质，放进腌制缸，每200kg卤水再放入大片生姜100～150g、八角50g、葱150g，使卤具有香味，冷却后即成新卤。

b. 腌制过程

擦盐：用炒干并带茴香磨细的食盐抹擦。用盐量为净鸭重的1/16，一般每只鸭子150g左右炒盐。方法是先取50～100g盐放进右翅下月牙口子内，用右食指、中指将盐放进嗉囊口，然后把鸭子放在案板上左右前后翻动，再用左食指、中指伸入泄殖腔，同时提起鸭子，使盐倒入膛部（腹部和泄殖腔处），这样处理后胸部腹腔全部布满食盐，腌制均匀而透彻。其余食盐一部分抓在手掌中，在两鸭大腿下部向上抹一抹，则大腿肌肉因抹盐的渗透力就离开了腿骨向上收缩，盐分由骨肉脱离处空隙入内，再将余盐放颈部刀口外，鸭嘴内亦撒一点盐，其余少量盐放在脑部两旁肌肉上，用手轻轻搓揉。然后叠放缸中，进行干腌。

抠卤：将擦好盐的鸭尸逐一叠入缸内，经过12h以上的盐腌（一般傍晚盐腌至次日晨即可），肌肉内部分血水浸出存留在体腔内，此时鸭尸被盐腌紧缩，为了使体腔内血卤很快排出，用左手提鸭翅，右手二指撑开泄殖腔，放出盐水，此工序称为抠卤。必要时再叠放8h进行第二次抠卤。目的是要腌透鸭肉以及浸出肌肉中的血水，使肌肉洁白美观。抠出的血水经烧煮后，作新卤处理。

复卤：抠卤后，由左翅刀口处灌入配制好的老卤，再逐一倒叠入老卤缸内（腿向上），用竹笆盖子盖住，压上石头，以防鸭尸上浮，使鸭尸全部淹在老卤中。复卤的时间随鸭子的大小和气候而定，一般24h即可全部腌透出缸。出缸时用手指伸入泄殖腔排出卤水，可挂起来使卤水滴净。

③ 叠坯　把流尽卤水的鸭尸放在案板上，背朝下，肚子向上，用手掌压放在鸭的胸部，使劲向下压，使胸前人字骨随即压下，鸭成扁平形。再把四肢排开盘入缸中，头在缸中心，以免刀口渗出血水污染鸭体，一般叠坯时间2～4天，以后进行排坯。

④ 排坯、晾挂　将叠坯鸭取出，用清水净体（注意不能使清水流入鸭体内），挂在木档

钉，用手使劲拉开，胸部拍平，挑起腹肌，达到外形美观。然后挂在通风处风干，等鸭子皮干水净后，再收口复排，加盖印章（一般在板鸭左侧面），送入仓库晾挂。晾挂的鸭体相互不接触，经 2 周后即成板鸭。

2. 现代板鸭加工工艺

（1）工艺流程

原料鸭选择→宰杀→褪毛→去内脏修整→清洗→干腌→卤腌→风干（自动控温度、湿度、风速车间，3～4 天）→去小毛修整→煮制→冷却→真空包装→微波杀菌→成品

（2）操作要点　原料宰杀、处理同传统加工。

① 腌制

a. 干腌　将洗净沥干水分的光鸭放在腌制操作台上操作，抓炒盐撒入内腔翻动均匀，再擦腌腿、脯及全身体表，重点擦揉腿。每只鸭加盐量占肉重 8%，腌制温度恒温 0～4℃；腌制时间 24h。

b. 卤腌　将配置好的浸腌卤液入缸或腌槽，腌液量占腌制容器量的一半，再把干腌好的鸭坯放入卤槽加盖入液面以下。腌制温度恒温 0～4℃，腌制时间 4h。

② 风干　将腌好的鸭坯，出缸滴净卤水，上挂架（多层自动匀速转动），低温、除湿、吹风，随着风干时间的延长，不断脱水、产香，以达到风干工艺要求。风干室温度控制在 18℃左右；风干时间一般为 3 天，风干不足 3 天的风鸭腊香味不浓；除湿与吹风，其目的在于脱水，风量从第一天大些，随脱水逐渐减弱，除湿量因风干室大小、挂鸭数量多少而异。风干成熟时，鸭体失水率达到 15% 为宜。

③ 脱盐　将风干的鸭坯放入水槽，放自来水浸泡换水 2 次，水温在 10℃以下，浸泡时间 1h 左右。

④ 除腥　将脱盐过的鸭坯，放入吊篮，入 100℃沸水中浸烫 1～3min，吊篮在浸烫过程中提降 2～3 次，再入冷水中急冷。

⑤ 净残毛　因脱盐浸烫过的鸭坯未拔净残毛更显得明显，此时可借机进一步人工拔残毛，对产品的外观、清净度都可明显提高，有利于提高产品质量。拔过残毛的鸭坯入冷水洗净，转入熟化间熟化。

⑥ 煮制　采用吊篮式煮制锅煮制。鸭坯放入吊篮每锅约 50 只左右入锅煮制，入锅时连续提降 3 次，煮制中再提降 2～3 次，以便均匀受热。沸水下鸭，沸后 95℃焖煮 60～70min。

⑦ 板鸭的冷却、包装、杀菌　熟化后板鸭冷却 5～10min，然后用复合透明包装袋真空包装。杀菌一般采用巴氏杀菌。

3. 成品评价

（1）感官指标　板鸭体肥、皮白、肉色深红、肉质细嫩、风味鲜美。

（2）理化指标和微生物指标　按照中华人民共和国国家标准《GB 2730—2005 腌腊肉制品卫生标准》执行。

五、问题讨论

1. 传统板鸭加工有何工艺缺陷？如何改进？
2. 简述板鸭加工的关键技术和保藏原理。
3. 影响板鸭质量的因素有哪些？

参 考 文 献

[1] 肖雷，姚菁华，陆则坚. 板鸭干制的特性分析和工艺参数优化 [J]. 农业工程学报，2009，25（3）：

253-257.

[2] 徐为民，周光宏，徐幸莲，王道营. 南京板鸭生产过程中风味成分组成及其变化 [J]. 南京农业大学学报，2007，30（1）：109-115.

[3] 曾凡梅，孙卫青. 板鸭工艺改良及品质分析 [J]. 肉类研究，2009，6：21-23.

[4] 曹叶中，鲁秋宏. 传统板鸭在现代社会中生存和发展的瓶颈 [J]. 内蒙古农业科技，2009，4：87-88.

[5] 周光宏主编. 畜产品加工学 [M]. 北京：中国农业出版社，2008.

（长江大学　孙卫青）

实验七　肉干的加工

一、实验原理

肉干是用猪、牛和羊等瘦肉经煮熟后，加入配料复煮、烘烤而成的一种肉制品。按原料分为猪肉干、牛肉干等；按形状分为片状、条状、粒状等；按配料分为五香肉干、辣味肉干和咖喱肉干等。

二、实验目的

通过本次实验，要求对肉干的加工原理、加工过程有所了解，并熟练掌握其加工方法。

三、实验材料和设备

1. 实验材料

新鲜瘦肉，白糖，五香粉，辣椒粉，食盐，味精，曲酒，茴香粉，特级酱油，亚硝酸钠，混合磷酸盐，丁香，砂仁，草果，生姜，葱，辣椒，花椒，胡椒等。

2. 实验设备

砧板 1 块、刀具 2 把、天平（感应量 0.1g）1 架、台秤 1 台、小缸 2 个、烤箱 1 个、温度计 1 支。

四、实验内容

1. 工艺流程

原料肉的选择与处理→水煮→配料→复煮→烘烤→成品

2. 配料（现按每 100kg 瘦肉计算，介绍三种配方）

（1）牛肉干　牛肉 100kg，白糖 22kg，五香粉 250g，辣椒粉 250g，食盐 4kg，味精 300g，苯甲酸钠 50g，曲酒 1kg，茴香粉 100g，特级酱油 3kg，玉果粉 100g。

（2）羊肉干　羊瘦肉 100kg，酱油 0.4kg，味精 0.5kg，白砂糖 0.6kg，食盐 1.4kg，白酒 1kg，亚硝酸钠 14g，混合磷酸盐 0.10kg，丁香 200g，砂仁 200g，草果 200g，生姜 1kg，葱 1kg，辣椒 300g，花椒 600g，胡椒 200g。

（3）猪肉干　猪肉 100kg，食盐 3.5kg，酱油 4.0kg，混合香料 0.2kg，白糖 2.0kg，白酒 0.5kg，胡椒粉 0.2kg，味精 0.1kg，海椒粉 1.5kg，花椒粉 0.8kg，菜油 5.0kg。

3. 操作要点

（1）原料肉的选择与处理　多采用新鲜的猪肉、羊肉和牛肉，以前后腿的瘦肉为最佳。先将原料肉的脂肪和筋腱剔去，然后洗净沥干，切成 0.5kg 左右的肉块。

（2）水煮　将肉块放入锅中，用清水煮开后撇去肉汤上的浮沫，煮制 20～30min，使肉发硬，然后捞出切成 $1.5cm^3$ 的肉丁或切成 $0.5cm×2.0cm×4.0cm$ 的肉片（按需要而定）。

（3）配料　按上述配方进行配料。

（4）复煮　又叫红烧。取原汤一部分，加入配料，用大火煮开。当汤有香味时，改用小火，并将肉丁或肉片放入锅内，用锅铲不断轻轻翻动，直到汤汁将干时，将肉取出。

（5）烘烤　将肉丁或肉片铺在铁丝网上用 $50\sim55℃$ 进行烘烤，要经常翻动，以防烤焦，需 $8\sim10h$，烤到肉发硬变干，味道芳香时即成肉干。牛肉干的成品率为 50% 左右，猪肉干的成品率为 45% 左右。

4. 成品评价

（1）感官指标　无异味、无酸败味、无异物、无焦斑和霉斑。

（2）理化指标　水分 $\leqslant20\%$，铅 $\leqslant0.5mg/kg$，无机砷 $\leqslant0.05mg/kg$，镉 $\leqslant0.1mg/kg$，总汞 $\leqslant0.05mg/kg$，亚硝酸盐残留量按 GB 2760 执行。

（3）微生物指标　菌落总数 $\leqslant10000cfu/g$，大肠菌数 $\leqslant30MPN/100g$，致病菌不得检出。

五、问题讨论

1. 肉品干制的原理和目的是什么？

2. 加工后的肉干水分有何变化？出品率达到了多少？

参 考 文 献

[1] 周光宏主编. 畜产品加工学. 北京：中国农业出版社，2002.

[2] 孔宝华，于海龙主编. 畜产品加工. 北京：中国农业科学技术出版社，2008.

[3] 孔宝华，马俪珍主编. 肉品科学与技术. 北京：中国轻工业出版社，2003.

（山西农业大学　杨华）

实验八　肉松的加工

一、实验原理

肉松是指瘦肉经煮制、撇油、调味、收汤、炒松干燥或加入食用植物油或谷物粉，炒制而成的肌肉纤维蓬松成絮状或团粒状的干熟肉制品。在产品分类上，不加入食用植物油也不加入谷物粉的产品称之为肉松，其他分别称之为油酥肉松或肉松粉。肉松风味香浓、体积小、重量轻、贮藏期长。根据水分活度（A_w）与微生物的关系，肉松在加工过程中经过炒松，水分含量降低，水分活度降为 0.7 以下，可抑制大多数细菌、酵母菌、霉菌的繁殖，从而延长肉松的保质期。

二、实验目的

本实验以猪肉松为例要求了解肉松的加工过程，掌握其加工方法。

三、实验材料与设备

1. 实验材料

新鲜猪肉、精盐、酱油、白糖、生姜、茴香、八角、陈皮、桂皮、五香粉、葱、味精等。

2. 实验设备

电炉、炒锅、刀、锅铲、案板、簸箕、擦松工具、天平、秤、快速水分测定仪等。

四、实验内容

1. 工艺流程

原料肉的选择与整理→配料→煮制→炒压→炒松→搓松→包装

2. 参考配方

新鲜猪瘦肉 100kg，精盐 1.67kg，酱油 7.0kg，白糖 8kg，酒精体积分数为 50% 的白酒 1.0kg，八角茴香 0.38kg，生姜 0.28kg，味精 0.17kg。

3. 操作要点

（1）原料肉的处理　选择瘦肉多的后腿肌肉为原料，先剔去骨头，把皮、脂肪、筋腱和结缔组织分开，结缔组织的剔除一定要彻底，否则加热过程中胶原蛋白水解后，导致成品黏结成团状而不能呈良好的蓬松状。将修整好的原料肉切成 1.0～1.5kg 的肉块。切块时尽可能避免切断肌纤维，以免成品中短绒过多。

（2）煮制　煮制是肉松加工中比较重要的工序，它直接影响肉松的纤维及成品率。将切好的瘦肉块和生姜（用纱布包起）放入锅中，加入与肉等量的水。投料时注意将老的和嫩的分开。加工分以下三个阶段进行。

① 肉烂期（大火期）　用大火煮，直到煮烂为止，大约需要 4h。煮肉期间要不断加开水，以防煮开，并撇去上浮的油沫，保证成品质量。因为撇不净浮油，肉松就不易煮干，还容易焦锅，成品颜色发黑；同时检查肉是否煮烂，其方法是用筷子夹住肉块，稍加压力，如果肉纤维自行分离，可认为肉已煮烂，时间约需煮 2h。这时可将料酒放入，继续煮到肉块自行散开时，再加入白糖，用锅铲轻轻搅动，30min 后加入酱油、味精，煮到汤快干时，改用中火，防止起焦块，经翻动几次后，肌肉纤维松软，即可进行下一步。

② 炒压期（中火期）　取出生姜和香料，采用中等火力，用锅铲一边压散，一边翻炒。注意炒压要适时，因为过早炒压工效很低，而炒压过迟、肉太烂，容易粘锅炒煳，造成损失。

③ 成熟期（小火期）　用小火勤炒勤翻，操作轻而均匀。当肉块全部炒松散和炒干时，颜色即由灰棕色变为金黄色，成为具有特殊香味的肉松。

为了使炒好的肉松进一步膨松，可利用擦松机将肌肉纤维擦开，再用抖动筛将长短不齐的纤维分开，使成品规格整齐一致。实验室小型制作则可以使用捣锥等工具碾碎肉块，使之膨松。

（3）包装和贮藏　肉松的吸水性很强，长期贮藏装入玻璃瓶或马口铁盒中，短期贮藏可装入食品塑料袋内。刚加工成的肉松趁热装入预先经过洗涤、消毒的干燥具塞玻璃瓶中，贮藏于干燥处，可以半年不变质。

4. 成品评价

（1）感官指标　肉松呈金黄色或淡黄色，带有光泽，絮状，纤维疏松，香味浓郁，无异味异臭，嚼后无渣，成品中无焦斑、碎骨、筋膜及其他杂质。

（2）理化指标　水分≤20%。

（3）评价方法　按照《中华人民共和国行业标准 SB/T 10281—1997 肉松》操作。

五、问题讨论

1. 详细观察实验中肉块转变成蓬松状态的过程。
2. 说明肉松耐贮藏的原因。
3. 煮肉时撇去浮油对产品最终质量有何影响？
4. 比较肉松与肉干和肉脯加工工艺的异同点。

参 考 文 献

[1]　中华人民共和国行业标准. 肉松 SB/T 10281—1997.

[2] 张文权. 猪肉松的加工技术 [J]. 肉类工业, 2006, 7: 17.
[3] 张文权. 干制肉制品的加工 [J]. 肉类研究, 2006, 5: 14-16.
[4] 蔺毅峰主编. 食品工艺学实验与检验技术. 北京: 中国轻工业出版社, 2005.

(东北农业大学　夏秀芳)

实验九　肉脯的加工

一、实验原理

肉脯属于典型的干肉制品。干肉制品是将肉中一部分水分排除，一是抑制微生物和酶的活性，提高肉制品的保藏性；二是减轻肉制品的重量，缩小体积，便于运输；三是改善肉制品的风味，适应消费者的嗜好。肉脯是将肉块切成薄片，或者将肉斩拌成肉泥，铺成薄片，然后脱水干燥加工成的干肉制品。

二、实验目的

本实验要求掌握传统肉脯和现代肉糜脯的加工原理、加工方法以及能熟练操作。

三、实验材料和设备

1. 实验材料

新鲜精瘦肉、调味料、亚硝酸钠、焦磷酸钠、三聚磷酸钠、六偏磷酸钠、山梨醇、麦芽糖、番茄、土豆泥、鸡蛋等。

2. 实验设备

腌缸、烘房、轧片机、绞肉机、斩拌机、冰箱、烘箱、真空包装机、水分活度测定仪、温度计、pH 计、秤、天平等。

四、实验内容

1. 传统肉脯加工

（1）江苏靖江猪肉脯加工

① 工艺流程

原料处理→切片→腌制→烘烤→成品

② 主要配料　精盐、特级酱油、白糖、白胡椒粉、鸡蛋、味精等。

③ 操作要点

a. 原料修整　选用新鲜猪后腿，去皮拆骨，修尽肥膘、筋膜，将纯精瘦肉装模，置于冷库使肉块中心温度降至 −2℃，上机切成 2mm 厚肉片。

b. 拌料　配料混匀后与肉片拌匀，腌制 50min。不锈钢丝筛面上涂植物油后平铺上腌好的肉片。铺片时中间留一条空隙，形成两个半圆形。

c. 烘烤　将铺好肉片的筛子送入烘房内，保持烘房温度 50～55℃，烘约 5～6h 便成干坯。冷却后移入烤炉内，150℃烘烤至肉坯表面出油，呈棕红色为止。烘好的肉片用压平机压平，切成 120mm×80mm 长方形，每千克 60 片左右。装箱后贮藏于干燥阴凉库内。

④ 成品评价

a. 感官指标　色泽棕红有光泽，切片薄厚均匀，滋味鲜美无异味，无焦片，无杂质。

b. 理化指标　水分≤16%，脂肪≤14%，蛋白质≥40%，总糖≤30%，盐分≤7%，亚硝酸盐残留量≤30mg/kg。

c. 检测方法　按照中华人民共和国国家标准 GB 16327—1996《肉干、肉脯卫生标准》和 SB/T 10283—1997《肉脯卫生标准》操作。

（2）牛肉片加工

① 工艺流程

原料修整→批片→漂洗→一次入味→摊筛→烘烤→二次入味→冷却—轧片（拉松）→包装

② 配料 食盐、白糖、大曲酒、白胡椒粉、姜粉等。

③ 操作要点

a. 批片 将精牛肉顺肌纤维切成 3.0～3.5mm 厚片，长宽以包装袋大小为准。

b. 漂洗 批片后装入吊篮内送入冲洗池漂洗 2h，除去血水及污物后，再送入沸水池浸泡脱水。浸泡时间以肉片变色即可，捞出沸水池后再入清水池降温。

c. 入味 肉片冷却后沥水，加入配料，搅拌均匀后，腌制 3h。

d. 摊筛、烘烤 将腌制好的肉片平铺于耐高温塑料筛网上，50～70℃热风循环烘干 4～6h，再用 150～200℃高温烧烤 1～2min。

e. 二次调味 取炒香芝麻 3kg，味精 0.3kg 粉碎后与烤熟肉片搅拌均匀、冷却。

f. 轧片、包装 剔除有焦斑的肉片后，置于三辊异步轧片机轧片。轧片时将肉片纤维与轧辊保持同一方向，使肉片被轧平，并使肌纤维间得以拉松。轧片后即可包装。

④ 成品评价

a. 感官指标 加工好的牛肉片应呈金黄色或浅棕红色，有光泽，纤维松软、滋味鲜美无异味，无焦片，无杂质。

b. 理化指标和检测方法 按照中华人民共和国国家标准 GB 16327—1996《肉干、肉脯卫生标准》和 SB/T 10283—1997《肉脯卫生标准》操作。

2. 现代肉糜脯加工

（1）主要材料及用具 羊瘦肉、绞肉机、斩拌机、烤炉、切割机等。

（2）工艺流程

羊瘦肉→绞碎→斩拌→腌制→铺片→定型→烤制→压平、裁片→包装

（3）配料

① 果味羊肉脯 羊肉、亚硝酸钠、焦磷酸钠、三聚磷酸钠、六偏磷酸钠、食盐、酱油、白糖、山梨醇、麦芽糖、番茄、土豆泥、鸡蛋、香辛料适量。

② 咖喱风味羊肉脯 羊肉、亚硝酸钠、无色酱油、味精、白糖、姜粉、白胡椒粉、食盐、白酒、混合磷酸盐、葡萄糖、咖喱粉、砂仁粉、蛋清、小苏打、大豆分离蛋白粉、绿豆汁等。

（4）操作要点

① 原料预处理 将合格鲜羊肉进行人工剔骨处理，除去骨骼、皮下脂肪、筋膜、淋巴等，将纯羊肉放入清水中浸泡 2h 以上，除去血污，洗净晾干。

② 拌馅 根据配方准确称量，鸡蛋去壳拌匀，土豆加工成泥状，磷酸盐用少量热水溶化，加入亚硝酸钠，再加入其他调味料和香辛料粉。然后将绞碎羊肉放入斩拌机内进行高速斩拌，加入配好的辅料斩成肉糜。在 2～4℃条件下腌制 2h。

③ 铺片、成型 将肉糜在竹片上铺成厚度约为 1.5～2mm 的薄片，放入不锈钢架上推进蒸汽烘房内进行烘烤，在 70～75℃下恒温烘烤 2～3h，当表皮干燥成膜时，剥离肉片并翻转，再在温度为 60～65℃条件下烘烤 2h，即为半成品。

④ 远红外烘烤成熟 将半成品放入 200～220℃的远红外高温烘烤炉中烘烤 1～2min，让半成品在炉中经过预热、收缩、出油三阶段烘烤成熟，颜色变成红色、有光泽。出炉后的大片肉脯，立即用压平机平整，并按规格用切块机切成 6cm×4cm 的长方块。运入无菌冷却包装间进行包装。

（5）成品评价

① 感官指标　肉脯平整，颜色为红色、有光泽。滋味鲜美无异味，无焦片，无杂质。

② 理化指标　水分≤16％，脂肪≤18％，蛋白质≤28％，盐分≤7％，总糖≤40％，亚硝酸盐残留量≤30mg/kg。

③ 检测方法　按照中华人民共和国国家标准 GB 16327—1996《肉干、肉脯卫生标准》和 SB/T 10283—1997《肉脯卫生标准》操作。

五、问题讨论

1. 现代肉糜脯和传统肉脯的区别是什么？各自有何优缺点？
2. 原料肉的组成对肉脯质量有何影响？
3. 简述肉脯加工的关键工艺和操作要点。

参 考 文 献

[1] 展跃平，姚芳，刘靖，褚洁明. 加工工艺对传统猪肉脯嫩度的影响 [J]. 安徽农业科学，2009，26：12705-12707.

[2] 李浩权，陈煜龙，龚丽. 肉脯干燥加工新技术 [J]. 现代农业装备，2009，1：63-69.

[3] 司俊玲. 几种肉脯的加工工艺 [J]. 肉类研究，2008，7：50-52.

[4] 孔保华主编. 畜产品加工 [M]. 北京：中国农业科学技术出版社，2008.

[5] 周光宏主编. 畜产品加工学 [M]. 北京：中国农业出版社，2008.

（长江大学　孙卫青）

实验十　成型火腿的加工

一、实验原理

成型火腿是以瘦肉为主要原料，经腌制提取盐溶性蛋白，经机械嫩化和滚揉破坏肌肉组织结构，装模成型后蒸煮而成。成型火腿的最大特点是良好的成形性、切片性，适宜的弹性，鲜嫩的口感和较高的出品率。盐水火腿属于高水分低温肉制品，产品特性主要取决于嫩化工艺所赋予的高保水性，加工出品率高，产品柔嫩多汁。较低温度的热加工使肉质特有的美味及营养性得到保持。

成型火腿加工中肉块、肉粒或肉糜的黏结力来源于两个方面：一方面是经过腌制尽可能促使肌肉组织中的盐溶性蛋白溶出，另一方面是在加工过程中加入适量的添加剂，如卡拉胶、植物蛋白、淀粉及改性淀粉等。经滚揉后肉中的盐溶性蛋白及其他辅料均匀地包裹在肉块、肉粒表面并填充于其间，经加热变性后则将肉块、肉粒紧紧黏在一起，并使产品富有弹性和良好的切片性。成型火腿经机械切割、嫩化处理及滚揉过程中的摔打撕拉，使肌纤维彼此之间变得疏松，再加之原料具有良好的持水性，保证了成型火腿的鲜嫩特点。成型火腿的盐水注射量可以达 20％～30％。肌肉中盐溶性蛋白的提取、复合磷酸盐的加入、pH 的改变以及肌纤维间的疏松状都有利于提高成型火腿的持水性，因而提高了出品率。

二、实验目的

本实验要求掌握成型火腿的加工原理与方法，真空滚揉的作用，成型火腿的主要工艺操作要点，以及与中式火腿相比，成型火腿的主要特点。

三、实验材料和设备

1. 实验材料

瘦肉、食盐、焦磷酸钠、三聚磷酸钠、六偏磷酸钠、亚硝酸钠、异抗坏血酸钠、味精、葡萄糖、白糖、白胡椒粉、淀粉、豆蔻粉、大豆分离蛋白粉。

2. 实验设备

盐水注射机、滚揉机、真空灌装机、夹层锅或水浴锅、温度计、秤、冷库或冷柜。

四、实验内容

1. 工艺流程

配制盐水
↓
原料选泽→盐水注射→腌制滚揉→添加辅料→充填成型→煮制→冷却→脱模→成品

2. 参考配方

（1）腌制液配方　以 5kg 原料猪肉计，食盐 125g，焦磷酸钠 6g，三聚磷酸钠 6g，六偏磷酸钠 3g，亚硝酸钠 0.5g，异抗坏血酸钠 2g，味精 2.5g，葡萄糖 2.5g，白糖 4.5g，水 1kg。

（2）辅料　白胡椒粉 12.5g，淀粉 150g，豆蔻粉 2.5g，大豆分离蛋白粉 100g。

3. 操作要点

（1）原料肉的选择　成型火腿最好选用结缔组织和脂肪组织少而结着力强的背肌和腿肉。

（2）盐水制备　把按比例配制的各种辅料投入容器中搅匀，至充分溶解而制成盐水混合液。混合液的温度保持在 7～8℃。

（3）盐水注射　将上述腌制液用盐水注射机注入肉中，其注射量为原料肉的 20%。

（4）腌制滚揉　用真空滚揉机间歇滚揉，每小时滚揉 20min，正转 10min，反转 10min，停机 40min，腌制 24～36h。腌制结束前加入适量淀粉、大豆分离蛋白粉和香料粉等，再滚揉 30min。腌制期间温度控制在 2～3℃，肉温控制在 3～5℃。

（5）充填成型　将腌制好的原料肉通过充填机压入动物肠衣或不同规格的胶质及塑料肠衣中，用 U 形铁丝和线绳结扎后即成圆火腿。或将灌装后的圆火腿两个或四个一组装入不锈钢模具或铝盒内挤压成方火腿。或将原料肉直接装入有垫膜的金属模具中挤压成简装方火腿。

（6）蒸煮　把满载模具的烧煮架放入蒸煮容器内，用 75～78℃ 的水温进行蒸煮。中心温度达 60℃ 时，再煮 20min 即可出锅。

（7）冷却　将产品连同模具一起放入冷却池，由循环水冷却至室温，然后在 2℃ 冷却间冷却至中心温度 4～6℃，即可脱模、包装，在 0～4℃ 冷藏库中冷藏。

4. 成品评价

（1）感官指标　外表光洁，无黏液，无污垢，不破损；呈粉红色或玫瑰红色，均匀一致；组织致密，有弹性，无汁液流出，无异物。滋味咸淡适中，无异臭，无酸败味。

（2）理化指标　亚硝酸盐（以 $NaNO_2$ 计）≤30mg/kg；复合磷酸盐（以磷酸盐计）≤3.0g/kg。

（3）检测方法　按照中华人民共和国国家标准《西式蒸煮、烟熏火腿卫生标准》GB 13101—91 操作。

五、问题讨论

1. 分析盐水火腿加工中出现问题的原因？

2. 滚揉在成型火腿加工中起什么作用？滚揉时间对于成品质量有何影响？

3. 简述成型火腿加工原理。

4. 提高成型火腿持水性有哪些措施？

5. 增加或减少实验原料用量可以使用什么设备？

参 考 文 献

[1] 刘俊利. 西式盐水火腿工艺与产品质量浅析. 肉类研究，2003，2：27-29.

[2] 南庆贤主编. 肉类工业手册. 北京：中国轻工业出版社，2006.

[3] 蒋爱民，南庆贤主编. 畜产食品工艺学. 第 2 版. 北京：中国农业出版社，2008.

（天津农学院　马俪珍）

实验十一　发酵香肠的加工

一、实验原理

发酵香肠是指在人工控制条件下利用微生物的发酵作用，产生具有特殊风味、色泽和质地，且具有较长保存期的肉制品。发酵香肠加工过程中，因为产生低 A_w 和低 pH 抑制了肉中病原微生物的增殖，因而发酵香肠保存期长，具有微生物安全性。此外，发酵香肠中活的乳酸菌有利于协调人体肠道内微生物菌群的平衡，发酵过程中，肌肉蛋白被分解成肽和游离氨基酸，增加蛋白质的消化率，所以发酵香肠具有营养特性。

二、实验目的

本实验要求掌握发酵香肠的加工原理与方法，理解发酵和成熟过程中的物理化学变化。

三、实验材料和设备

1. 实验材料

猪后腿肉、背膘、乳酸菌和葡萄球菌冻干发酵剂、蔗糖、葡萄糖、食盐、硝酸钠、亚硝酸钠、黑胡椒粒、大蒜粉、辣椒粉、干酪粉等。

2. 实验设备

绞肉机、切丁机、斩拌机、真空搅拌机、充填器、蒸煮锅、恒温恒湿培养箱、冰箱、烟熏机、真空包装机、水分活度测定仪、温度计、pH 计、秤、天平等。

四、实验内容

1. 工艺流程

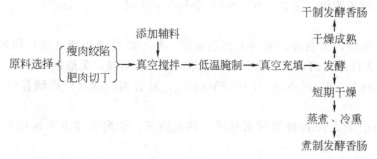

2. 参考配方

如表 5-2 所示。

3. 操作要点

（1）原材料准备　猪肉要求 3 级或 4 级的冷却猪腿肉，剔除筋膜，切成 5cm×5cm×5cm 肉块，在 4mm 孔径的绞肉机下绞碎。肉馅要求松散，温度不超过 2℃，肥膘要求使用

表 5-2 产品配方

组分	猪瘦肉	猪肥肉	食盐	蔗糖	葡萄糖	硝酸钠（亚硝酸钠）	香料
用量/g	4000	1000	125	25	25	1	25

冷冻的背膘，切成 4mm 左右大小的丁，或是用斩拌机斩成雪花状，不能斩成泥。

（2）香料 可为黑胡椒、大蒜粉、辣椒粉、奶酪粉等或其组合物。

（3）硝酸钠和亚硝酸钠的比例 煮制发酵香肠为 1:3，干制发酵香肠为 1:0.7，硝酸钠-亚硝酸钠混合物，用水溶解后加入混料中。

（4）发酵液制备 菌种为乳酸菌和葡萄球菌的冻干混合物。5g 脱脂奶粉和 0.75g 葡萄糖溶于 50～100mL 水，加入 1g 冻干菌种，常温放置 3～5h，即配成可用于 5kg 原料产品的发酵液。常温放置 3h 后与辅料一起添加到肉馅中。

（5）原辅料添加、搅拌 绞碎瘦肉和肥膘丁倒入真空搅拌机，按表 5-2 的配比添加辅料。在真空搅拌机下搅拌 10min 左右，在搅拌过程中加入发酵液和辅料，搅拌均匀时要求肉馅的温度不超过 2℃。

（6）低温腌制 搅拌的物料在 0～4℃腌制 6～10h。

（7）充填 选用直径为 3.6cm 的猪肠衣。用真空灌装机灌装，充填时要保证肉馅的温度不超过 5℃，每个 250g。扎绳封口，用清水冲去肠衣表面的肉沫，挂入恒温恒湿培养箱。

（8）发酵 温度 25～28℃，相对湿度 90%～95%。发酵时间为 24～36h，每 4h 测定 pH 值，pH 降为 4.8～5.0 之间，停止发酵，降低湿度和温度，进行干燥成熟。

（9）干燥成熟 温度 14～15℃，风速 0.2～0.3m/s，湿度逐渐降低到 70%。干燥的第 1 天，相对湿度为 90%，第 2 天为 88%，第 3 天为 85%，第 4～10 天为 80%，第 10～15 天为 75%，第 15～20 天为 70%，第 20～25 天为 65%，直到产品的 A_w 降到 0.82～0.85。

（10）成品 干燥成熟产品的失水量达到灌制完质量的 35%～40%。干燥接近完成时保持温度在 15℃，相对湿度 60%～70%，风速 0.4～0.5m/s。当 A_w 为 0.85～0.90，或失水量为 20%～30%时，即为半干发酵香肠；当 A_w 为 0.82～0.85，失水量为 35%～40%时，即为干发酵香肠。此两种产品都没有经过热处理。

（11）蒸煮、冷熏 经过短期干燥成熟的产品，即干燥成熟第三天的产品，失水量为 10%～20%时，在 85℃蒸汽加热 70min 之后在 40～50℃烟熏 30min，即为蒸煮发酵香肠。

4. 成品评价

① 评价样品的感官质量。发酵香肠色泽鲜艳、口味鲜美、切片性好，具有独特的腌制风味。

② 测定样品的 pH 值和水分活度。

五、问题讨论

1. 发酵香肠的加工原理和特点是什么？

2. 发酵香肠加工过程中的发酵和成熟对其品质有何影响？

参 考 文 献

[1] 南庆贤主编. 肉类工业手册. 北京：中国轻工业出版社，2006.

[2] 蒋爱民，南庆贤主编. 畜产食品工艺学. 第 2 版. 北京：中国农业出版社，2008.

[3] 李清春，张景强. 发酵香肠的制作 [J]. 肉类工业，2004，8：29-30.

[4] 刘士健，王建晖，李洪军. 国内外香肠发酵的研究现状 [J]. 肉类工业，2004，6：46-48.

（天津农学院　马俪珍）

实验十二　腊肠的加工

一、实验原理

腊肠是主要的中式香肠，以肉类为主要原料，经切、绞成丁，配以辅料，灌入动物肠衣经自然发酵、成熟干制而成。中式香肠瘦肉鲜红，主要是硝酸盐和亚硝酸盐的发色作用所致，且中式香肠产品含水量低，呈色物质浓度较高，因此色泽更鲜亮。肥肉经成熟后呈白色或无色透明，使香肠色泽红白分明。香肠风味的形成是在组织酶、微生物酶的作用下，由蛋白质、浸出物和脂肪变化的混合物形成，包括羰基化合物的积聚和脂肪的氧化与分解。香肠之所以在常温下能较长时间保存而不易变质，其主要原因是在腌制和风干成熟过程中，已脱去大部分水分；其次是腌制时添加食盐、硝酸盐，能起抑制微生物的作用。

二、实验目的

本实验要求理解腊肠的加工和保藏原理，掌握香肠的主要工艺操作方法。

三、实验材料和设备

1. 实验材料

新鲜猪肉（包括瘦肉和肉膘）、腌渍肠衣或干肠衣、食盐、硝酸盐、酱油、砂糖、白酒、混合香料。

2. 实验设备

绞肉机、切丁机、秤、天平、案板、刀具、拌馅机、灌肠机和烘烤炉。

四、实验内容

1. 工艺流程

原料选择与整理→腌制→拌馅→灌制→漂洗→烘烤或日晒→晾挂成熟→成品

2. 参考配方

（1）广东香肠配料　瘦猪肉 7kg、白膘 3kg、60°大曲酒 0.25～0.3kg、硝酸钠 5g、淡色酱油 0.5kg、精盐 0.2kg、砂糖 0.6～0.7kg。

（2）无硝广式腊肠配料　瘦猪肉 7kg、白膘 3kg、60°大曲酒 0.3kg、淡色酱油 0.05kg、精盐 0.3～0.34kg、砂糖 0.8kg、液体葡萄糖 0.2kg。

3. 操作要点

（1）肠衣的制备　用温水浸泡、清洗盐渍肠衣或干肠衣，沥干水后，在肠衣一端打一死结待用。

（2）原料肉预处理　以新鲜猪后腿瘦肉为主，夹心肉次之，不使用冷冻肉，肉膘以背膘为主，腿膘次之。瘦肉绞成 $0.5～1.0cm^3$ 的肉丁，肥肉用切丁机或手工切成 $1cm^3$ 丁后用 35～40℃热水漂洗去浮油，沥干水备用。

（3）拌料　按瘦、肥 7:3 比例的原料肉放入拌馅机中，将配料用少量温开水（50℃左右）溶化，加入肉馅中充分搅拌均匀，使肥、瘦肉丁均匀分开，不出现黏结现象，静置片刻即可用以灌肠。

（4）灌制　将搅拌好的肉馅用灌肠机灌入肠内，每灌到 12～15cm 时，即可用麻绳结扎。

（5）漂洗　灌好结扎后的湿肠，放入温水中漂洗几次，洗去肠衣表面附着的浮油、盐汁等污物。然后用细针戳洞，以便于水分和空气排除。

（6）日晒、烘烤　水洗后的香肠分别挂在竹竿上，放到日光下晒 3～4 天至肠衣干缩并紧贴肉馅时即可。现在一般直接进行烘烤，烘烤温度为 50～60℃（用炭火为佳，也可用远红外烤炉），每烘烤 6h 左右，应上下进行调头换尾，以使烘烤均匀。烘烤 48h 后，香肠色泽红白分明，鲜明光亮，没有发白现象，烘制完成。

（7）成熟　日晒或烘烤后的香肠，放到通风良好的场所晾挂成熟。

4. 成品评价

（1）感官指标　色泽：肥肉呈乳白色，瘦肉鲜红、枣红或玫瑰红色，红白分明，有光泽；组织及形态：肠体干爽，呈完整的圆柱形，表面有自然皱纹，断面组织紧密；风味：咸甜适中，鲜美适口，腊香明显，醇香浓郁，食而不腻，具有广式腊肠的特有风味。

（2）理化指标　蛋白质≥22%，脂肪≤35%，水分≤25%，食盐（以 NaCl 计）≤8%，总糖（以葡萄糖计）≤20%，酸价≤4mgKOH/g，亚硝酸盐（以 $NaNO_2$ 计）≤20mg/kg。

（3）评价方法　按照中华人民共和国行业标准 SB/T 10003—92《广式腊肠》操作。

五、问题讨论

1. 简述香肠成熟过程中所发生的变化及其对成品的影响。
2. 简述中式香肠和西式灌肠加工工艺的相同点和不同点。
3. 分析香肠具有色泽红白分明、耐贮藏、风味独特特点的原因。
4. 硝酸盐在本实验中所起的作用是什么？

参 考 文 献

[1] 中华人民共和国行业标准. 广式腊肠 SB/T 10003—92.
[2] 南庆贤主编. 肉类工业手册. 北京：中国轻工业出版社，2006.
[3] 蒋爱民，南庆贤主编. 畜产食品工艺学. 第 2 版. 北京：中国农业出版社，2008.
[4] 陈小葵. 广式腊肠的制作及工艺要求 [J]. 肉类研究，2002，1：22-23.

（天津农学院　马俪珍）

实验十三　西式灌肠的加工

一、实验原理

西式肉制品起源于欧洲，相对于中式肉制品来说，其生产中最早运用了斩拌、滚揉等一些技术，提高了生产率以及产品的保质期，更适合于工业化生产。西式灌肠是以鲜猪肉、牛肉、鸡肉、鸭肉、兔肉及其他材料，经腌制、绞碎、斩拌后，灌装到肠衣中，再经烘烤、水煮、烟熏等工艺加工而成。与香肠的主要不同之处是配料。该类产品通过烘烤、烟熏可赋予其特有的风味以及延长保质期（其间可形成酚类等抗氧化成分，也可使表面蛋白变性凝固，阻止外界污染）。

二、实验目的

通过本次实验，掌握西式灌肠的加工和保藏原理，并对其加工工艺过程能熟练操作。

三、实验材料和设备

1. 实验材料

猪肉、牛肉、肠衣、淀粉、调味料。

2. 实验设备

绞肉机、拌和机、剁肉机、灌肠机、烘房、冷库等。

四、实验内容

1. 工艺流程

原料肉选择和修整→低温腌制→绞肉或斩拌→配料、制馅→灌制或填充→烘烤→蒸煮→烟熏→质量检查→贮藏

2. 参考配方

（1）大红肠配料 牛肉、豆蔻粉、猪肥膘、猪精肉、白胡椒粉、硝酸钾、鸡蛋、大蒜、淀粉、精盐等。牛肠衣口径 60～70mm，每根长 45cm。

（2）小红肠配料 牛肉、精盐、淀粉、猪精肉、胡椒粉、硝酸钾、猪奶脯肥肉、豆蔻粉等。肠衣用 18～20mm 的羊小肠衣，每根长 12～14cm。

3. 操作要点

（1）原料肉的选择与修整 选择兽医卫生检验合格的可食动物瘦肉作原料，肥肉只能用猪的脂肪。瘦肉要除去骨、筋腱、肌膜、淋巴、血管、病变及损伤部位。

（2）低温腌制 将选好的肉类，根据加工要求切成一定大小的肉块，按比例添加配好的混合盐进行腌制。混合盐以食盐为主，加入一定比例的亚硝酸盐、抗坏血酸钠或异抗坏血酸钠。通常盐占原料肉重的 2%～3%，亚硝酸钠占 0.025%～0.05%，抗坏血酸约占 0.03%～0.05%。腌制温度一般在 10℃以下，最好是 4℃左右，时间 1～3 天。

（3）绞肉或斩拌 腌制好的肉可用绞肉机绞碎或用斩拌机斩拌。为了使肌肉纤维蛋白形成凝胶和溶胶状态，使脂肪均匀分布在蛋白质的水化系统中，提高肉馅的黏度和弹性，通常要用斩拌机对肉进行斩拌。原料经过斩拌后，从理论上讲激活了肌原纤维蛋白，使之结构改变，减少表面油脂，使成品具有鲜嫩细腻、极易消化吸收的特点，得率也大大提高。斩拌时肉吸水膨润，形成富有弹性的肉糜，因此斩拌时需加冰水。加入量为原料肉的 30%～40%，斩拌时投料的顺序是：牛肉→猪肉（先瘦后肥）→其他肉类→冰水→调料等。斩拌时间不宜过长，一般以 10～20min 为宜。斩拌温度最高不宜超过 10℃。

（4）配料与制馅 斩拌后把所有调料加入斩拌机内进行搅拌，直至均匀。

（5）灌制与填充 将斩拌好的肉馅移入灌肠机内进行灌制和填充。灌制时必须掌握松紧均匀。过松易使空气渗入而变质；过紧则在煮制时可能发生破损。如不是真空连续灌肠机灌制，应及时针刺放气。灌好的湿肠按要求打结后，悬挂在烘烤架上，用清水冲去表面的油污，然后送入烘烤房进行烘烤。

（6）烘烤 烘烤的目的是使肠衣表面干燥；增加肠衣机械强度和稳定性；使肉馅色泽变红；去除肠衣的异味。烘烤温度 65～80℃，维持 1h 左右，使肠的中心温度达 55～65℃。烘好的灌肠表面干燥光滑，无油流，肠衣半透明，肉色红润。

（7）蒸煮 先将水加热到 90～95℃，把烘烤后的肠下锅，保持水温 78～80℃。当肉馅中心温度达到 70～72℃时为止。感官鉴定方法是用手轻捏，肠体挺直有弹性，肉馅切面平滑有光泽者表示煮熟。反之则未熟。

（8）烟熏 烟熏可促进肠表面干燥有光泽；形成特殊的烟熏色泽（茶褐色）；增强肠的韧性；使产品具有特殊的烟熏芳香味；提高防腐能力和耐贮藏性。

4. 成品评价

（1）样品的感官质量 成品灌肠肠衣干燥完整，与肉馅密切结合，内容物坚实有弹性，表面散布均匀的核桃式皱纹，长短一致，粗细均匀，切面平滑光亮。

（2）指标检验 理化指标检验按照 GB 5009.34 执行；细菌指标按照 GB 4789.2—

4789.5 和 GB 4789.10—4789.11 执行。

五、问题讨论

1. 原料肉对灌肠的质量有何影响？
2. 物料保持低温对于加工有何作用？在实验室如何实现物料的低温？
3. 灌肠与发酵香肠有何区别？灌肠加工的关键工艺是什么？
4. 简述红肠的加工工艺及关键工艺操作要点。

参 考 文 献

[1] 南庆贤主编. 肉类工业手册 [M]. 北京：中国轻工业出版社，2006.
[2] 蒋爱民，南庆贤主编. 畜产食品工艺学 [M]. 第 2 版. 北京：中国农业出版社，2008.
[3] 郑坚强，司俊玲. 西式灌肠的加工 [J]. 肉类工业，2010，4：15-17.

（长江大学　孙卫青）

实验十四　烤肉仔鸡的加工

一、实验原理

烤鸡是利用肉用仔鸡为原料，经宰杀、清洗、腌制、腹内涂料、填料和浸烫皮料后，用烤炉的高温将肉烤熟的肉制品。烤制是利用热空气对原料肉进行的热加工。原料肉经过高温烤制，表面变得酥脆，产生美观的色泽和诱人的香味。肉类经烧烤产生的香味，是由于肉类中的蛋白质、糖、脂肪、盐和金属等物质在加热过程中，经过降解、氧化、脱水、脱氨等一系列变化，生成醛类、酮类、醚类、内酯、硫化物、低级脂肪酸等化合物，尤其是糖与氨基酸之间的美拉德反应，不仅生成棕色物质，同时伴随着生成多种香味物质；脂肪在高温下分解生成的二烯类化合物，赋予肉制品的特殊香味；蛋白质分解产生谷氨酸，使肉制品带有鲜味。

在加工过程中，腌制时加入的辅料也有增香作用。如五香粉含有醛、酮、醚、酚等成分，葱、蒜含有硫化物；在浸烫皮料所用的糖，烧烤时这些糖与蛋白质分解生成的氨基酸发生美拉德反应，不仅起着美化外观的作用，而且产生香味物质。烧烤前浇淋热水，使皮层蛋白凝固，皮层变厚、干燥，烤制时，在热空气作用下，蛋白质变性而酥脆。

二、实验目的

本实验要求掌握鸡的屠宰方法、肉的烤制原理以及烤肉仔鸡的加工工艺流程及质量控制操作要点；通过实验，进一步认识和理解腌制过程中所用腌制剂的种类和作用以及腌制的重要性。

三、实验材料和设备

1. 实验材料

肉鸡（45～60 天的日龄）、生姜、葱、八角、花椒、香菇、食盐、白酒、味精、白芷、丁香、山奈、香油、鲜辣粉、味精、洋葱、香菇、食盐、白糖、亚硝酸钠、复合磷酸盐、抗坏血酸钠。

2. 实验设备

刀具、案板、拔毛钳子、腌制缸、锅、瓷盆、远红外线烤炉、电子天平、冷库或冰箱等。

四、实验内容

1. 工艺流程

宰杀好的肉鸡→清洗→腌制→腔内涂料→腹内填料→浸烫皮料→烤制→成品

2. 肉鸡的屠宰过程观察

（1）刺杀放血　本实验采用切断三管（气管、食管、血管）放血法。用左手小拇指勾住鸡的右爪，大拇指和食指握住鸡的颈部并反转使颈部腹侧朝上，将鸡固定，右手拔去鸡颈部的小毛，露出三管，然后用锋利的刀片将三管切断，注意尽量使刀口小，用右手将腿提起，使放血完全。

（2）烫毛　烫鸡通常采用65℃，1min，根据气温、禽体大小、性别、重量和生长期灵活掌握。一般当鸡的脚爪外的一层胶皮以及鸡尾部和背部粗毛都能顺利拔下时，说明烫毛水温和时间掌握适宜。

（3）脱毛　本实验采用手工拔毛，将烫好毛的鸡体放在工作台上，先拔去粗毛，然后逆着毛的顺序搓毛。禽体烫拔毛后，尚残留有绒毛，用拔毛钳子从颈部开始逆毛倒钳，将绒毛钳净。

（4）取内脏　先将腹部朝下、背部朝上，在右翅左侧切开小口，取出嗉囊，然后从肛门切口拨出内脏。

（5）清洗　将宰杀后的胴体用清水充分清洗，并在水中浸泡2h以除去血污。

3. 操作要点

（1）腌制液的配制

① 配方　腌制料（以5kg腌制液计）：焦磷酸钠6g，三聚磷酸钠6g，六偏磷酸钠3g，亚硝酸钠0.70g，抗坏血酸钠2g，葡萄糖15g，白糖40g，食盐400g，生姜10g，葱15g，八角15g，花椒10g，香菇5g，食盐400g，白酒20mL，味精10g，白芷5g，丁香1g，山奈2g。

② 配制方法　a. 先将花椒、大料等香辛料用纱布包起来在水中煮制，沸腾后保持30min。注意煮制过程中要及时补足蒸发的水分。b. 将三种磷酸盐按比例称好用少量热水溶解，加入亚硝酸钠和抗坏血酸钠。c. 在煮制好的香辛料中依次加入白糖、葡萄糖、溶解的磷酸盐和食盐，注意按照顺序添加，待一种充分溶解后再添加另一种。d. 冷却后再加入味精和白酒。e. 将清洗后并沥干的白条鸡放入腌制缸内，将配好的腌制液倒入。注意其上压上重物，以防鸡不能浸入腌制液面以下。f. 腌制时间根据鸡的大小、气温高低而定，一般腌制时间0～4℃温度条件下48h。g. 腌制好后捞出，洗去表面过多盐分，挂鸡晾干。

（2）腔内涂料

① 香油100g，鲜辣粉50g，味精15g，能涂20只鸡的内腔。

② 按照鸡的数量和配方配制腔内涂料，搅拌均匀，把腌好的光鸡放在台上，用带圆头的棒具挑约5g左右的涂料插入腹腔向四壁涂抹均匀。

（3）腹内填料

① 每只鸡腹腔内填入生姜10g，洋葱15g，香菇10g湿重。

② 向每只鸡腹腔内填入生姜、葱和香菇后，用刚针绞缝腹下开口，不让腹内汁液外流。

（4）浸烫涂皮料　150g糖放入锅中熬制，待糖稀化后，倒入5kg开水中。将填好料缝好口的光鸡逐只放入加热到100℃的皮料液中浸烫，约半分钟左右，然后取出挂起，晾干待烤。

（5）烤制　一般用远红外线电烤炉，先将炉温升至100℃，将鸡挂入炉内，因不同规格的烤炉挂鸡数量也不一样，当炉温升至 180℃时，恒温烤 15～20min，这时主要是烤熟鸡，然后再将炉温升高至 240℃烤 5～10min，此时主要是使鸡皮上色、发香。当鸡体全身上色均匀达到成品橘红色时立即出炉。出炉后趁热在鸡皮表擦上一层香油，使皮更加红艳发亮，擦好香油后即为成品烤鸡。

4. 成品评价

（1）感官特征　鸡身表皮完整，色泽红艳发亮，肉质酥软，香味扑鼻。

（2）卫生指标　按照 GB 2726—2005 熟肉制品卫生标准执行。

五、问题讨论

1. 为什么烤鸡所用原料必须要用肉仔鸡？

2. 为什么说烤鸡加工过程中腌制过程是最重要的环节？

3. 如何控制烤制温度使烤制出的肉鸡外焦里嫩？

4. 鸡的刺杀放血有哪几种方法？

5. 肉制品腌制的方法很多，主要包括干腌、湿腌、混合腌制以及动脉注射腌制，本产品是采用哪种腌制方法？

6. 本实验腌制过程中食盐浓度是 8%，腌制过程中是采用高的食盐浓度还是较低的食盐浓度对肉的腌制风味有利？

7. 鸡的刺杀放血方法除了切断三管放血法外，还有什么方法？

参 考 文 献

[1]　石用福，张才林，黄德智，张海生等. 肉制品配方1800例. 北京：中国轻工业出版社，1999.

[2]　南庆贤主编. 肉类工业手册. 北京：中国轻工业出版社，2006.

[3]　蒋爱民，南庆贤主编. 畜产食品工艺学. 第2版. 北京：中国农业出版社，2008.

[4]　葛长荣，马美湖主编. 肉与肉制品工艺学. 北京：中国轻工业出版社，2002.

（天津农学院　马俪珍）

实验十五　肉丸的加工

一、实验原理

肉丸是肉糜制品中最常见的产品，是以猪肉、牛肉、羊肉等为原料，经过漂洗、绞碎、腌制、熟制等过程加工而成的肉制品。因对原料肉的选择要求不高，生产工艺和技术设备比较简单，且营养价值高，价格低廉，因而受到人们的欢迎。

二、实验目的

本实验要求熟练掌握肉丸的加工方法。

三、实验材料和设备

1. 实验材料

原料肉，混合磷酸盐，食盐，大豆分离蛋白，淀粉，酱油，调味料，鸡蛋，花椒，葱、姜、味精，水等。

2. 实验设备

绞肉机、斩拌机、电子天平、蒸煮锅、电磁炉、烧杯（200mL）、量筒（100mL）、搪瓷盘、不锈钢杯等。

四、实验内容

1. 工艺流程

原料肉的选择→漂洗→绞碎→腌制→斩拌→水煮（油炸）→真空包装

2. 操作要点

（1）原料肉的选择　选择符合卫生标准的新鲜肉，除去肋膜、筋腱、猪皮，清除污物。

（2）漂洗　漂洗工艺的主要目的在于除去肉中阻碍肉糜形成凝胶体的水溶性蛋白及其他对肉丸质量有损害的物质，如酶、血液、有色物质、脂肪、残余的骨屑、腥味物质、无机盐等，从而提高肉丸的各项感官质量指标。水温应在 10℃ 以下多次漂洗，漂洗水量取 4 倍原料肉质量。

（3）绞碎　市售合格原料肉清洗后切成为 $3cm^3$ 的小块，用绞肉机将瘦肉和肥膘分别绞碎。

（4）腌制　原料肉经绞制后把腌制配料（配方见表5-3）用少许水化开和碎肉拌匀，在 0～4℃ 的条件下腌制 2 天，在腌制过程中要搅拌 2～3 次。

表 5-3　肉丸子的腌制配料（以 5kg 肉量计）　　　单位：g

名称	食盐	白糖	焦磷酸钠	多聚磷酸钠	六偏磷酸钠	亚硝酸钠	白酒	味精	抗坏血酸钠
牛丸	125	—	6	6	3	0.75	40	10	2
猪丸	125	60	6	6	3	0.69	40	10	2

（5）斩拌　把准确称量并已绞碎、腌制的原料肉、调味料及辅料（配方见表5-4）倒在斩拌机里斩拌，添加定量的配料水（配方见表5-5）。整个斩拌过程需进行至肉浆呈均匀的黏稠状，时间不宜过长，最好不超过 20min，温度也不宜过高，要控制在 8℃ 以下，最后添加淀粉糊及干淀粉，使肉浆的微孔增加，形成网状结构，整团肉浆能够掀起。

表 5-4　肉丸子的辅料配方（以 5kg 肉量计）　　　单位：g

名称	淀粉	食盐	白糖	酱油	豆腐泥	姜末	味精	白酒	大豆蛋白粉	鸡蛋	植物油	辣椒粉	胡椒粉	花椒粉	CMC
牛丸	1000	40	60	60	1500	120	11	20			600	120	4	2	2	20
猪丸	1200	60	60	60	1500	80	11	20	100	600					20

表 5-5　肉丸子的配料水配料（以 5kg 肉量计）　　　单位：g

名称	水	八角	花椒	丁香	胡椒	砂仁	葱	姜	豆蔻
牛丸	400	1	0.8	0.4	0.8	0.4	2	2	
猪丸	1700	4	4	1.78	3.56	1.78	10		2

注：配料水的制备为把香辛料用调料包包起来放入水中煮 8～10min，过滤、冷却备用。

（6）水煮　为保证煮熟并达到杀菌效果，热水水温控制在 120℃ 左右，使产品的中心温度达 100℃，并维持 2min 以上，煮制时间不宜过短，否则会导致产品夹生及杀菌不彻底；煮制时间也不宜过长否则会导致产品出油和开裂，进而影响产品风味和口感。煮熟的肉丸要放置在室温下冷却一段时间，以保证肉丸的质量。

（7）油炸　煮制熟的肉丸，经过冷风吹凉后，将肉丸表面水分吹干，随即入沸腾的油锅里油炸，形成一层漂亮的浅棕色或淡黄色的外壳，或者将油用小火烧开，用手挤压肉浆成丸并放入油锅内文火炸至肉丸表面呈金黄色捞出。炸好的肉丸放在低温环境中冷却。

（8）真空包装　在无菌室内将上述冷却的肉丸装入真空包装袋中进行真空包装。

3. 成品评价

丸子色泽均匀，不粘连。水煮丸子香味浓郁，口感绵软。油炸丸子光润透亮，口味鲜美，外皮焦脆，内心香软。

五、问题讨论

1. 你所制作的肉丸有何成品特色？

2. 肉丸在制作过程中为什么要进行腌制？在腌制时需要注意什么？

参 考 文 献

[1] 周光宏主编. 畜产品加工学. 北京：中国农业出版社，2002.
[2] 孔保华，于海龙主编. 畜产品加工. 北京：中国农业科学技术出版社，2008.
[3] 孔保华，马俪珍主编. 肉品科学与技术. 北京：中国轻工业出版社，2003.
[4] 李玉娥. 方便肉丸子的加工工艺. 肉类研究，2001，2：32-33.
[5] 刘锋，芮汉明. 鸡肉丸生产工艺关键因素的研究. 肉类研究，2005，12：114-116.

（山西农业大学　杨华）

实验十六　午餐肉的加工

一、实验原理

午餐肉（spam luncheon meat 或 spam，luncheon meat）是一种罐装压缩肉食。主要是以猪肉、鸡肉为原料，加入一定量的淀粉、香辛料加工制成的。午餐肉具有肉质细腻、口感鲜嫩、风味清香的特点，常被用作火锅涮料。午餐肉是将肉类经过预处理（如分割、切块、预煮、腌制、绞碎、乳化、调味等）后，用密封容器（如金属罐、玻璃瓶、复合薄膜袋等）包装，经过适度的热杀菌达到商业无菌。这种罐装食品方便食用，易于保存，保质期达 12 个月。

二、实验目的

本实验要求熟练掌握午餐肉的加工原理和方法。

三、实验材料和设备

1. 实验材料

小精肉、无皮肥膘肉、淀粉、冰屑、焦磷酸钠、维生素 C、玉果粉、白胡椒粉、卡拉胶、亚硝酸钠、食盐、白砂糖等。

2. 实验设备

绞肉机、斩拌机、封罐机、灭菌锅、天平、磅秤、案板、刀具等。

四、实验内容

1. 工艺流程

原料肉整理→腌制→斩拌→装罐→真空密封→洗罐→杀菌→冷却→擦罐→保温检验→成品

2. 参考配方

猪肉 100kg（小精肉 70kg，夹花肉 30kg），胡椒粉 0.15kg，味精 0.2kg，肉蔻粉 0.5kg，淀粉 5kg，精盐 3kg，亚硝酸钠 0.055kg，α-生育酚 0.05kg，白砂糖 1.5kg。

3. 操作要点

（1）原料肉整理　将新鲜肉或解冻后的畜肉剔除筋膜，清洗干净。

（2）腌制　洗干净的猪肉沥干水分后切成 250g 左右的细长条，拌上混合盐（食盐、白砂糖和亚硝酸钠），入 0～4℃库中腌制 48h。

（3）绞肉　夹花用 8mm 孔径孔板绞后不斩拌。细斩的小精肉用 8mm 孔板绞后还要进行斩拌。绞刀刀刃保持锋利。孔板与绞刀要紧密配合，否则，绞出的肉成泥状而不呈粒状。

（4）斩拌　这一道工序非常重要，直接影响到成品罐头是否析油、析胶胨以及是否形成均匀的夹花。斩拌前必须把斩刀安好，紧固。要求旋转时刀片的最大直径距斩盘 1mm。间隙过大，肉斩不烂，间隙过小又把肉斩成了泥状，还有可能损坏刀片。斩拌加料顺序为：小精肉→辅料→冰屑→淀粉→剩余冰屑→肥肉→夹花肉。

（5）真空装罐　装午餐肉用的空听、盖子采用氧化锌脱膜涂料涂刷表面。空听焊缝必须无刺手的毛刺。为了保证成品的形态，必须采用真空自动装罐机装罐。

（6）真空封口　午餐肉罐头必须采用真空封口，真空度 0.045～0.075MPa。

（7）杀菌　封口后的半成品必须尽快进行高温高压杀菌，杀菌公式为：15min—30min—反压冷却/121℃。

4. 成品评价

（1）感官指标　淡粉红色，均匀有光泽；香气浓郁，持续时间长，具有午餐肉应有的香味；有午餐肉特有的味道，口感细嫩。

（2）理化指标　蛋白质特级≥12％、优级≥11％、普通级≥10％；淀粉特级≤6％、优级≤8％、普通级≤10％；脂肪 6％～16％；食盐（以 NaCl 计）≤3％；亚硝酸盐≤30mg/kg；商业无菌；大肠菌群≤30 个/100g；致病菌不得检出。

五、产品工艺优化设计

淀粉添加量设计 7％、12％、25％和 50％时，对午餐肉产品进行色泽、弹性、滋味和气味以及组织状态的感官评定。

六、问题讨论

1. 何为午餐肉？它有哪些特点？优势何在？
2. 午餐肉罐头硫化黑变的原因及影响因素有哪些？
3. 午餐肉质量如何鉴定？

参 考 文 献

[1]　南庆贤主编. 肉类工业手册. 北京：中国轻工业出版社，2006.
[2]　蒋爱民，南庆贤主编. 畜产食品工艺学. 第 2 版. 北京：中国农业出版社，2008.
[3]　阮美娟，田颖. 变性淀粉在午餐肉中的应用效果研究. 食品工业科技，1999，1（20）：36-37.
[4]　廖洪波，李洪军，明建. 低脂牛肉午餐肉的加工工艺. 肉类工业，2004，4：10-11.
[5]　王刘刘，汪颖达. 午餐肉经常出现的质量问题及解决措施. 食品研究与开发，2004，25（3）：145-146.

（天津农学院　马俪珍）

实验十七　牛肉酱的加工

一、实验原理

牛肉酱是以牛肉为主料，加入花椒、面酱、辣椒等辅料制成的。它营养丰富，色泽诱人，并能增加食欲。

二、实验目的

本实验要求熟练掌握牛肉酱的加工方法。

三、实验材料和设备

1. 实验材料

牛肉、鲜辣椒、花生、芝麻、鲜生姜、食盐、冰糖、甜面酱、味精、花椒粉、白酒、色拉油、苯甲酸钠、大蒜泥、黄酒、花生酱、五香粉等。

2. 实验设备

切丁机，夹层锅，炒锅，灌酱机，玻璃四旋瓶（250g 装），灭菌锅。

四、实验内容

1. 工艺流程

牛肉→处理→腌制→预煮→切丁→调配→煮制→装瓶→排气封盖→杀菌冷却→检验包装

2. 参考配方

配方 1：牛肉 10kg，鲜辣椒 20kg，花生 2kg，芝麻 2kg，鲜生姜 2kg，食盐 4kg，冰糖 2kg，甜面酱 10kg，味精 1kg，花椒粉 1kg，白酒 1kg，色拉油 12kg，苯甲酸钠 33.5g。

配方 2：牛肉 10kg，鲜辣椒 10kg，花生 1kg，芝麻 1kg，核桃仁 1kg，瓜子仁 1kg，鲜生姜 2kg，食盐 3.4kg，大豆粉 2kg，麸皮 2kg，冰糖 1.7kg，甜面酱 10kg，味精 0.8kg，花椒粉 0.8kg，白酒 0.8kg，色拉油 10kg，苯甲酸钠 28.75g。

配方 3：牛肉 350g，酱油 20g，花生油 150g，白糖 3g，大葱末 150g，精盐 9g，大蒜泥 50g，黄酒 5g，花生酱 35g，五香粉 2g，味精 1g。

3. 操作要点

（1）牛肉预处理　牛肉洗净后，剔除牛肉中的骨（包括软骨）、板筋、淋巴等不合格部分，切成 5cm 见方、长 15cm 左右的长条。

（2）腌制　腌制配方：牛肉 100kg，亚硝酸钠 2g，食用盐 3kg。先将亚硝酸钠、食用盐拌和均匀，加到牛肉中搅拌均匀，在 0～4℃库温里腌渍，每天翻动一次，腌 48h 出库。

（3）切丁　牛肉放进水中煮沸 12min，捞出冷却，切成 6mm 见方小块备用。

（4）烧油、加料　按照配方将上述各种原辅料备齐，然后点火烧油，将色拉油倒入夹层锅内，油烧至六成熟时，把牛肉倒入锅内翻炒，待牛肉变色成熟后，将剩余原辅料按一定顺序加入锅内，首先加入辣椒，可以充分吸油，产生辣椒特有的香气，颜色亮红，随后加入大豆粉、面酱、麸皮、大麦粉，然后将花生、瓜子、核桃仁、芝麻及各种调味料依次加入锅内，白酒、味精、冰糖（用水溶化）最后加入。

（5）煮制　在煮制过程中每加入一种料，都应不断翻搅，使各种原辅料充分混合均匀，防止煳锅底，料加完后，用小火在不断搅动中再煮制 25～30min。

（6）灌装　煮好的酱，应趁热装入灭过菌的瓶内。用灌装机时应注意尽量不要让料粘在瓶口，防止污染，应控制在 250g±5g 为宜。

（7）排气、封盖　排气是牛肉酱制作的关键步骤之一。酱体装瓶后，密封前将瓶内顶隙间的、装瓶时带入的和原料组织细胞内的空气尽可能从瓶内排除，从而使密封后瓶中顶隙内形成部分真空。装瓶后，经 95℃以上蒸汽加热。当瓶内中心温度达到 85℃以上时，用人工旋紧瓶盖或用真空旋盖机封盖。

（8）杀菌、冷却　杀菌方式为：10～60min/110℃反压水冷却。封盖后及时杀菌，保持恒温恒压，结束时停止进蒸汽，关闭所有的阀门，让压缩空气进入杀菌锅内，使锅内压力提高到 0.12MPa 冷却开始，压缩空气和冷却水同时不断地进入锅内，用压缩空气补充锅内压力，保持恒压，待锅内水即将充满时，将溢水阀打开，调整压力，随着罐头冷却情况，逐步相应降低锅内压力，直至瓶温降低到 45℃ 左右出锅。

（9）检验　杀菌后，应检查是否存在有裂纹的瓶子、瓶盖是否封严、不得有油渗出，合格后贴标包装入库。

4. 成品评定

（1）感官指标　色泽：红亮，有光泽。香气：有浓郁的牛肉香味及花生、芝麻、瓜子、核桃仁、大豆等的香味。味道：味鲜，增加食欲。体态：分上、下两层，上层为红油，下层为深红色肉酱，可见果仁、芝麻等均匀分布。

（2）理化指标　盐分（以 NaCl 计）6%～7%，砷（以 As 计）≤0.5mg/kg，铅（以 Pb 计）≤1.0mg/kg，食品添加剂按 GB 2760 规定，黄曲霉毒素≤5.0μg/kg。

（3）微生物指标　菌落总数出厂≤20000cfu/g、销售≤50000cfu/g，大肠菌群（个/100g）≤30，致病菌不得检出。

五、问题讨论

1. 你所制作的牛肉酱有何成品特色？
2. 牛肉酱装瓶杀菌时需要注意什么？你还有什么好的杀菌方法？

参 考 文 献

[1] 周光宏主编. 畜产品加工学. 北京：中国农业出版社，2002.
[2] 孔宝华，于海龙主编. 畜产品加工. 北京：中国农业科学技术出版社，2008.
[3] 孔宝华，马俪珍主编. 肉品科学与技术. 北京：中国轻工业出版社，2003.
[4] 陈琳. 辣椒牛肉酱的研制 [J]. 中国调味品，1997，5：21-22.
[5] 姜莉. 复合型麻辣牛肉酱的制作 [J]. 黄牛杂志，2002，11：61-63.

（山西农业大学　朱迎春）

实验十八　血液综合利用

一、实验原理

动物血液一般占动物活体重的 6%～8%。血液由血浆和自由悬浮在血浆中的血细胞所组成。动物血液中水分含量占 78%～79%，干物质约占 18%～20%，干物质中主要是血浆蛋白、血红蛋白和纤维蛋白原、钙、磷、铁、锰、锌等矿物质以及硫胺素、核黄素、泛酸、叶酸、烟酸等维生素。血液离开血管后，在一系列凝血因子协同作用下，其中的纤维蛋白原会由液态转变成胶胨状态的纤维蛋白，并网络了红细胞，使血液发生凝固，而柠檬酸溶液可以抑制血液凝固，故血液收集时常加柠檬酸钠作为抗凝剂。由于血液中各部分比重不同，因此可以通过离心方法将血浆和血细胞进行分离，血浆部分经干燥粉碎后可得到血浆蛋白，该蛋白有较高的营养价值和较强的乳化能力，易被人体消化吸收，可用作食品添加剂；血细胞部分经溶血后，可利用盐析方法或结晶方法使血红蛋白沉淀下来，血红蛋白具有很好的溶解性、乳化性，不仅是很好的补血产品，也非常适合用作食品添加剂。

二、实验目的

本实验要求掌握血液中各部分分离的原理和方法，并了解利用血液提取血红蛋白的方法。

三、实验材料和设备

1. 实验材料

新鲜猪血液、猪胰脏，柠檬酸钠、蒸馏水、乙醚、酒精、氯化钠、葡萄糖、氢氧化钠、氢氧化钙、氯仿、盐酸、活性炭、磷酸等。

2. 实验设备

离心机、真空干燥机、粉碎机、绞肉机、水浴锅、冰箱、烧杯、玻璃棒、离心管、400目纱网、温度计、秤、天平、水解锅、搪瓷缸、塑料桶、塑料盒、50目筛、精密 pH 试纸和广泛 pH 试纸。

四、实验内容

1. 血液分离及血红蛋白提取

（1）血液分离工艺流程

全血→（加抗凝剂）抗凝血→离心→$\begin{cases}血浆→浓缩→干燥→血浆蛋白粉\\血细胞沉淀液→分离红细胞（1\%氯化钠，内含5\%葡萄糖）→\end{cases}$

离心→红细胞→洗涤→破碎→离心→上层血红蛋白溶液→盐析→血红蛋白

（2）操作要点

① 抗凝　新鲜猪血采集后加入0.8%（w/v）柠檬酸三钠防止血液凝固，然后用400目的纱布过滤，过滤后放入冰柜冷却到0～4℃备用。

② 分离血浆　抗凝血放入离心管，配平后进行离心，维持离心机转速在3000r/min，离心30min后将离心管取出，利用虹吸方法吸取上层浅黄色溶液（即血浆），下层沉淀即为红细胞。

③ 浓缩　将分离出的血浆通过减压浓缩，使其质量分数由8%增加到20%，成为浓缩血浆。

④ 干燥　浓缩血浆经50℃下真空干燥，将干燥物粉碎，得到黄色血浆蛋白粉。

⑤ 红细胞分离　将②中的沉淀加入3倍量的1%氯化钠（5%葡萄糖液，不含葡萄糖也可）洗涤，洗去白细胞、血小板和血浆，然后离心，如此反复数次，即得沉淀红细胞。

⑥ 破碎　洗涤后的红细胞加入一定体积的去离子水，加入0.1%～0.2%$NaHSO_3$，放入超声波细胞粉碎机中超声破碎一定时间，使红细胞溶血，过滤或离心除去细胞膜，收集滤液或上清液。

⑦ 分离血红蛋白　在上述滤液或上清液中逐渐加入$(NH_4)SO_4$饱和溶液，边加边摇，约加入与血红蛋白溶液相同体积时，溶液出现浑浊。静置20min，离心10min（5000r/min），红色沉淀就是分离出来的猪血红蛋白。

也可在⑥中滤液或上清液中加入等量乙醚，振荡，使溶液分层。除去水层后再加入1/4量的酒精，冷却至−5℃，即有血红蛋白结晶析出。将收集到的血红蛋白结晶在50℃下真空干燥即得成品。

2. 胰酶水解猪血

（1）工艺流程

新鲜猪血→血泥→水解→水解液→中和→过滤→滤液脱色→浓缩→浓缩物→干燥→酶解猪血蛋白

（2）技术要点

① 原料预处理　将新鲜猪血放入锅中煮沸30min左右，形成血块，然后用绞肉机绞成血泥。血泥一定要新鲜无变质。

② 水解　把血泥移入水解锅中，按血泥量加入1.6倍的氢氧化钙溶液，充分搅拌均匀（饱和氢氧化钙的 pH 值在12以上），使 pH 值保持在7.5～8.0为好。然后加入血泥量

$0.5\sim0.6$ 倍的清水，此时 pH 值为 7.5 左右。

取适量的氯仿（10kg 血泥加入 $25\sim30$mL 氯仿），加 3 倍量水，搅拌成乳浊状后加到血泥混合液中。

在投料前 2h，将新鲜的猪胰脏绞成胰糜，加熟石灰（氢氧化钙）调节 pH 值至 8.0，活化 2h 后，加到水解锅中，用饱和氢氧化钙溶液调节 pH 值为 $7\sim7.5$（10kg 血泥中加 1kg 左右胰脏）。然后用氢氧化钠（30%）溶液调节 pH 值。水解过程中要时刻注意 pH 值变化，反复用碱液调整，同时边加温边调节 pH 值，温度保持在 40℃，反应 18h，pH 值一般在反应前 $3\sim4$h 很容易下降，到 pH 值 $7.8\sim8.0$ 以后较稳定。pH 值要稳定在 8.0 左右，直至水解完毕。

③ 中和 水解完毕后，用 3:10（即磷酸 3 份，水 10 份）的磷酸调节 pH 值至 $6.5\sim7.0$，终止酶促反应。将水解液移入搪瓷桶中，加热煮沸 20min，用白细布过滤，此时滤液 pH 值在 7.0 左右。

④ 脱色 在煮沸的中和液中，加入活性炭（按 10kg 血泥加 6g 活性炭），然后加热到 80℃，搅拌保温 $40\sim50$min，过滤回收活性炭，再用磷酸调节过滤液 pH 值至 6.5 左右，用离心机分出清液备用。

⑤ 浓缩、干燥 把浓缩液移入锅中，小火加热浓缩至黏稠状，然后在低温下进行真空干燥，或在石灰缸中干燥，即得产品。

3. 成品评价

① 评价样品的感官质量。血浆蛋白粉应为淡红色、灰白色、淡黄色的干燥无定型粉状物，无结块、无杂质，均匀一致，具有血制品固有气味，无腐败变质气味。水解猪血粉根据脱色效果不同，可为深红色、浅红色等，具有血制品固有的气味、无腐败气味。

② 成品不应检出大肠杆菌、沙门菌，样品的挥发性盐基氮（TVBN）$\leqslant$25mg/100g。

五、问题讨论

1. 抗凝猪血经离心后分为几层？每层的主要成分是什么？
2. 猪血各部分如何分离？
3. 如何利用猪血生产血红蛋白？
4. 胰酶水解猪血时，为什么要把 pH 值调到 8.0 左右？

参 考 文 献

[1] Ockerman H W, Conly L Hansen. Animal By-Product Processing and Utilization. CRC Press, 1999.
[2] 南庆贤主编. 肉类工业手册. 北京：中国轻工业出版社，2006.
[3] 胡美琴，余蓉. 用 PEG6000 从新鲜猪血中分离提取猪血红蛋白. 华西医学杂志，2008，23（3）：329-330.
[4] 王秀莉，张晓萍，赵世萍. 血红蛋白的提取和分离实验的改进. 教学仪器与实验，2008，24（10）：20-21.

（中国农业大学 戴瑞彤）

第六章 蛋品加工实验

实验一 鲜蛋的卫生检验

一、实验原理

1. 感官检验法

凭借检验人员的感觉器官鉴别蛋的质量，主要靠眼看、手摸、耳听、鼻嗅4种方法进行综合判定。

2. 灯光照检法

利用蛋有透光性的特点来照检蛋内容物的特征，从而评定蛋的质量。用照蛋器观察蛋内容物的透光程度、气室的大小、蛋黄位置及蛋内有无黑斑、黑点和异物等。

3. 相对密度鉴定法

新鲜蛋的相对密度在1.08～1.09左右。随着贮存时间的增加，蛋内水分不断向外蒸发，气室逐渐增大，蛋重减轻并逐渐变小，其相对密度也就随之发生一定变化。因此，生产中可以根据蛋的相对密度大小来测定蛋的新鲜程度。

4. 蛋黄指数测定

蛋黄指数又称蛋黄系数，表示蛋黄体积增大的程度。蛋越新鲜，蛋黄膜包得越紧，蛋黄指数就越高；反之，蛋黄指数就越低，因此，蛋黄指数可表明蛋的新鲜程度。

5. 哈夫单位的测定

蛋白哈夫单位（Haugh unit）实际上是反应蛋白存在的状况，是根据蛋重和浓厚蛋白高度，按一定公式计算出其指标的一种先进方法，可以衡量蛋白质和蛋的新鲜度，是现代国际上评定蛋品质量的重要指标和常用方法。哈夫单位愈高，表示蛋白黏度愈好，蛋白品质愈高，蛋愈新鲜。

二、实验目的

掌握鲜蛋卫生检验的一般方法和卫生评价。主要掌握感官、透视、相对密度、蛋黄指数、哈夫单位的测定方法。

三、实验材料与设备

1. 实验材料

鲜蛋。

2. 实验设备

照蛋器（照蛋箱）、气室测量规尺（气室测定器）、普通游标卡尺、高度游标卡尺、电子天平等。

四、实验方法

1. 感官检验

- 蛋的外观检查

（1）操作步骤 逐个拿出待检蛋，先仔细观察其形态、大小、色泽、蛋壳的完整性和清洁度等情况；然后仔细观察蛋壳表面有无裂痕和破损等；利用手指摸蛋的表面和掂重，必要时可把蛋握在手中使其互相碰撞以听其声响；最后嗅检蛋壳表面有无异常气味。

（2）判定标准

① 新鲜蛋 蛋壳完整而清洁，蛋型正常，无凸凹不平现象；蛋壳颜色正常，壳表面常有一层粉状物；壳壁坚实，相碰时发声清脆而不发哑声；手感发沉。

② 破蛋类

a. 裂纹蛋（哑子蛋）：鲜蛋受压或震动使蛋壳破裂成缝而壳内膜未破，将蛋握在手中相碰发出哑声。

b. 格窝蛋：鲜蛋受挤压或震动使鲜蛋蛋壳局部破裂凹下而壳内膜未破。

c. 流清蛋：鲜蛋受挤压、碰撞而破损，蛋壳和壳内膜破裂而蛋白液外流。

③ 劣质蛋 外观往往在形态、色泽、清洁度、完整性等方面有一定的缺陷。如腐败蛋外壳常呈乌灰色；受潮霉蛋外壳多污秽不洁，常有大理石样斑纹；孵化或漂洗的蛋，外壳异常光滑，气孔较显露；有的蛋甚至可嗅到腐败气味。

• 蛋内容物的感官鉴定

（1）操作步骤 将蛋用适当的力量在打蛋刀上磕一下，注意不要把蛋黄膜碰破，切口应在蛋的中间，使打开后的蛋壳约为两等分。将蛋液倒在水平面位置的打蛋台玻璃板上进行观察。

（2）判定标准

① 新鲜蛋 蛋白浓厚而包围在蛋黄的周围，稀蛋白极少。蛋黄高高凸起，系带坚固而有弹性。

② 胚胎发育蛋 蛋白稀，胚盘比原来的增大。蛋黄膜松弛，蛋黄扁平。系带细而无弹性。

③ 靠黄蛋 蛋白较稀，系带很细，蛋黄扁平，无异味。

④ 贴壳蛋 蛋白稀，系带很细，轻度贴壳时，打开蛋后蛋黄扁平，但很快蛋黄膜自行破裂而散黄。重度贴壳时，蛋黄则破裂而成散蛋黄。无异味。

⑤ 散黄蛋 蛋白和蛋黄混合，浓蛋白极少或没有。轻度散黄者无异味。

⑥ 霉蛋 轻度霉蛋除了蛋内有黑点或黑斑外，蛋内容物无变化，具备新鲜蛋的特征，有的则稀蛋白多，蛋黄扁平，无异味；重度霉蛋打开后蛋膜及蛋液内均有霉斑，蛋白液呈冻样霉变，并带有严重霉气味。

⑦ 黑腐蛋 又称老黑蛋、臭蛋，打开后有臭味。

⑧ 异物蛋 打开后具备新鲜蛋的特征，但有异物如血块、肉块、虫子之类的东西。

⑨ 异味蛋 打开后具备新鲜蛋的特征，但有蒜味、葱味、酒味以及其他植物味。

⑩ 孵化蛋 打开后看到发育不全的胚儿及血丝。

2. 灯光透视（灯光照检法）

（1）操作步骤

① 照蛋 在暗室中将蛋的大头紧贴照蛋器的洞口上，使蛋的纵轴与照蛋器成约 30°倾斜，先观察气室大小和内容物的透光程度，然后上下左右轻轻转动，根据内容物移动情况来判断气室的稳定状态和蛋黄、胚盘的稳定程度，以及有无黑斑、黑点和游动物等。

② 气室测量 气室测量是由特制的气室测量规尺测量后，加以计算来完成的。气室测量规尺是一个刻有平行线的半圆形切口的透明塑料板。测量时，先将气室测量规尺固定在照蛋孔上缘，将蛋的大头端向上正直地嵌入半圆形切口内，在照蛋的同时即可测出气室高度和气室底部直径，读取气室左右两端落在规尺刻线上的数值（即气室左、右边的高度），按下

式计算：

$$气室高度＝(气室左边高度＋气室右边高度)/2 \qquad (6-1)$$

（2）判定标准

① 最新鲜蛋　透视全蛋呈橘红色，蛋黄不显现，内容物不流动，气室高度在 3mm 以内，底部直径 10～15mm。

② 新鲜蛋　透视全蛋呈红黄色，蛋黄所在处颜色稍深，蛋黄稍有转动，气室高度在 5mm 以内。

③ 普通蛋　内容物呈红黄色，蛋黄阴影清楚，能够转动，且位置上移，不再居于中央。气室高度在 10mm 以内，且能动，底部直径 15～25mm。

④ 可食蛋　因浓蛋白完全水解，蛋黄可见，易摇动，且上浮而接近蛋壳（贴壳蛋）。气室移动，高度在 10mm 以上，直径 30mm。

3. 密度测定

（1）操作步骤　新鲜蛋的密度在 1.08～1.09g/cm³ 左右，陈蛋的密度降低。通过测定蛋的密度即可推断其新鲜度。测定时先配制成 11%、10% 和 8% 三种食盐溶液，其相对密度分别为 1.080、1.073 和 1.060，用比重计校正后分盛于大烧杯内。将被检蛋依次放入三个烧杯内检验。

（2）判定标准　在相对密度 1.080 的食盐水中下沉者为最新鲜蛋；若上浮者转入相对密度 1.073 的食盐水中，下沉者为新鲜蛋（普通蛋）；若上浮者再转放于相对密度 1.060 的食盐水中，下沉者为次鲜蛋（合格蛋），上浮者为陈旧蛋或腐败蛋。

4. 蛋黄指数的测定

（1）操作步骤　测定时将蛋打在水平的玻璃板上，在蛋白与蛋黄不分离的状态下，用高度游标卡尺量出蛋黄高度，再用普通游标卡尺量出蛋黄宽度。量时以卡尺刚接触蛋黄膜为宜，且应在 90° 的相互方向上各测两次，求其平均数。

（2）计算方法

$$蛋黄指数＝蛋黄高度(mm)/蛋黄宽度(mm) \qquad (6-2)$$

（3）判定标准　新鲜蛋的蛋黄指数为 0.40 以上，普通蛋的蛋黄指数为 0.35～0.40，合格蛋蛋黄指数为 0.30～0.35。

5. 哈夫单位的测定

（1）操作步骤　称蛋重（精确到 0.1g），然后用适当力量在蛋的中间部打开，将内容物倒在水平玻璃板上，选距离蛋黄 1cm 处，浓蛋白最宽部分的高度作为测定点。用高度游标卡尺慢慢落下，当标尺下端与浓蛋表面接触时，立即停止移动调测尺，读出卡尺标示之刻度数（0.1mm）。根据蛋白高度与蛋重，按公式计算出蛋白的哈夫单位。

（2）计算方法

$$Ha＝100×lg(h＋7.57－1.7×W^{0.37}) \qquad (6-3)$$

式中，Ha 表示哈夫单位；h 表示蛋白的高度，mm；W 表示蛋的质量，g；100、1.7、7.57 为换算系数。

（3）判定标准　优质蛋的哈夫单位为 72 以上，中等蛋的哈夫单位为 60～71，次质蛋的哈夫单位为 31～59。

实际工作中，这种计算很麻烦，可直接利用蛋重和浓厚蛋白高度，查哈夫单位计算表而得出。

五、问题讨论

1. 试分析感官检验的优缺点。

2. 蛋黄指数、哈夫单位及气室测定的意义是什么。

参 考 文 献

[1] 刘巽浩. 动物性食品卫生学实验教程 [M]. 北京：中国农业大学出版社，2005.
[2] 曹斌，姜凤丽. 动物性食品卫生检验 [M]. 北京：中国农业大学出版社，2008.
[3] 张彦明. 动物性食品卫生学实验指导 [M]. 北京：中国农业出版社，2006.
[4] 孙贵宝，王新馨，裴国栋. 利用高压静电场保鲜鸡蛋实验研究. 第八届中国蛋品科技大会论文集 [C]. 武汉：华中农业大学，2009：59-63.

（天津农学院　甄润英）

实验二　变蛋加工

一、实验原理

变蛋加工的基本原理是蛋白质遇碱发生变性而凝固。当蛋白和蛋黄遇到一定浓度的 NaOH 时，由于蛋白质分子结构受到破坏而发生变化，蛋白部分形成具有弹性的凝胶体，蛋黄部分则由蛋白质变性和脂肪皂化反应形成凝固体。变蛋的成品特色是蛋黄呈青黑色凝固状（溏心变蛋中心呈浆糊状），蛋白呈半透明的褐色凝固体。成熟后，蛋白表面产生美丽的花纹，状似松花，故又称松花蛋；当用刀切开后，蛋内色泽变化多端，故又称彩蛋。变蛋分为湖彩蛋（包泥变蛋）和京彩蛋（浸泡变蛋）两类。变蛋一般多采用鸭蛋为原料进行加工。但在我国华北地区也有利用鸡蛋为原料加工的。

二、实验目的

通过本次实验，要求掌握浸泡变蛋、包泥变蛋的加工方法。

三、实验材料和设备

1. 实验材料

鲜鸭蛋（鸡蛋）、生石灰、纯碱、食盐、氧化铅、红茶末、开水等。

2. 实验设备

小缸、台秤或杆秤、放蛋容器、照蛋器等。

四、实验内容

● 浸泡变蛋加工

1. 工艺流程

原料蛋的选择→辅料的选择→配料→料液碱度的检验→装缸、灌料泡制→成熟→包装

2. 操作要点

（1）原料蛋的选择　加工变蛋的原料蛋须经照蛋和敲蛋逐个严格地挑选。

① 照蛋　加工变蛋的原料蛋用灯光透视时，气室高度不得高于 9mm，整个蛋内容物呈均匀一致的微红色，蛋黄不见或略见暗影，胚珠无发育现象。转动蛋时，可略见蛋黄也随之转动。次蛋，如破损黄、热伤蛋等均不宜加工变蛋。

② 敲蛋　经过照蛋挑选出来的合格鲜蛋，还需检查蛋壳完整与否、厚薄程度以及结构有无异常。裂纹蛋、沙壳蛋、油壳蛋都不能作变蛋加工的原料。

（2）辅料的选择

① 生石灰　要求色白、重量轻、块大、质纯，有效氧化钙的含量不低于 75%。

② 纯碱（Na_2CO_3）　纯碱要求色白、粉细，含碳酸钠在 96% 以上，不宜用普通黄色的

"老碱"。若用存放过久的"老碱"，应先在锅中灼热处理，以除去水分和二氧化碳。

③ 茶叶 选用新鲜红茶或茶末为佳。

④ 密陀僧（氧化铅、金生粉、黄丹粉） 以选择红黄色小结晶体为佳，使用前必须捣碎、过筛（140～160 目）。

⑤ 其他：黄土取深层、无异味的。取后晒干、敲碎过筛备用。稻壳要求金黄干净，无霉变。

（3）配料 鲜蛋 10kg，纯碱 0.8kg，生石灰 3kg，食盐 0.6kg；

茶汁：茶叶 0.4kg，黄丹粉 20g，水 11kg。

先将碱、盐放入缸中，将熬好的茶汁倒入缸内，搅拌均匀，再分批投入生石灰，及时搅拌，使其反应完全，待料液温度降至 50℃ 左右将氧化铅倒入缸内，捞出不溶石灰块并补加等量石灰，冷却后备用。

（4）料液碱度的检验 用刻度吸管吸取澄清料液 4mL 注入 300mL 的三角瓶中，加10%氯化钡溶液 10mL，摇匀，静置片刻，加 0.5%酚酞指示剂 3 滴，用 1mol/L 盐酸标准溶液滴定至溶液的粉红色恰好消退为止，消耗 1mol/L 盐酸标准溶液的体积（mL）即相当于氢氧化钠含量的百分数。料液中的氢氧化钠含量要求达到 4%～5%左右。若浓度过高应加水稀释，若浓度过低应加料提高料液的 NaOH 浓度。

（5）装缸、灌料泡制 将检验合格的蛋装入缸内，用竹篾盖撑封，将检验合格冷却的料液在不停地搅拌下徐徐倒入缸内，使蛋全部浸泡在料液中。

（6）成熟 灌料后要保持室温在 16～28℃，最适温度为 20～25℃，浸泡时间为 25～40天。在此期间要进行 3～4 次检查。

出缸前取数枚变蛋，用手颠抛，变蛋回到手心时有震动感。用灯光透视蛋内呈灰黑色。剥壳检查蛋白凝固光滑，不粘壳，蛋黄呈黑绿色，蛋黄中央呈溏心即可出缸。

（7）包装 变蛋的包装有传统的涂泥包糠法和现在的涂膜包装法。

① 涂泥包糠 用残料液加黄土调成浆糊状，包泥时用刮泥刀取 40～50g 左右的黄泥及稻壳，使变蛋全部被泥糠包埋，放在缸里或塑料袋内密封贮存。

② 涂膜包装 用液体石蜡或固体石蜡等作涂膜剂，喷涂在变蛋上（固体石蜡需先加热熔化后喷涂或涂刷），待晾干后，再封装在塑料袋内贮存。

● 包泥变蛋加工

1. 工艺流程

料泥的配制→料泥的简易测定→包泥滚糠→封缸→成熟

2. 操作要点

（1）料泥的配制 鲜蛋 10kg，纯碱 0.6kg，生石灰 1.5kg，草木灰 1.5kg，食盐 0.2kg，茶叶 0.2kg，干黄土 3kg，水 4kg。

配制时先将茶叶泡开，再将生石灰投入茶汁内化开，捞除石灰渣，并补足生石灰，然后加入纯碱、食盐搅拌均匀，最后加入草木灰和黄土，充分搅拌。待料泥起黏无块后，冷却。将冷却成硬块的料泥全部放入石臼或木桶内用木棒反复捶打，边打边翻，直到捣成黏糊状为止。

（2）料泥的简易测定 取料泥一小块放于平皿上，表面抹平，再取蛋白少许滴在料泥上，10min 若蛋白凝固并有粒状或片状带黏性的感觉，说明料泥正常，可以使用。若不凝固，则料泥碱性不足。如手摸时有粉末状的感觉，说明料泥碱性过大。

（3）包泥滚糠 一般料泥用量为蛋重的 65%～67%。包料要均匀，包好后滚上糠，放入缸中。

（4）封缸　用两层塑料薄膜盖住缸口，不能漏气，缸上贴上标签，注明时间、数量等。

（5）成熟　春秋季一般30～40天可成熟，夏季一般20～30天可成熟。

五、成品品质评定

1. 感官指标

外壳包泥或涂料均匀洁净，蛋壳完整，无霉变，振摇时无水响声；剖检时蛋体完整，蛋白呈青褐、棕褐或棕黄色，呈半透明状，有弹性，一般有松花花纹；蛋黄呈深浅不同的墨绿色或黄色，略带溏心或凝心，具有变蛋应有的滋味和气味，无异味。

2. 理化指标

产品理化指标见表6-1。

表 6-1　变蛋的理化指标

项　　目		指　　标
锌(以 Zn 计)/(mg/kg)	≤	50
砷(以 As 计)/(mg/kg)	≤	0.05
铅(以 Pb 计)/(mg/kg)	≤	2
总汞(以 Hg 计)/(mg/kg)	≤	0.05
六六六,滴滴涕		按国标 GB 2763 规定执行

3. 微生物指标

细菌总数（个/g）≤500，大肠菌群（个/100g）≤30，致病菌不得检出。

六、问题讨论

1. 浸泡变蛋和包泥变蛋在加工方法上有何区别？

2. 你所制作的变蛋有何成品特色？

3. 思考变蛋的加工对其营养的影响。

参 考 文 献

[1]　周光宏等. 畜产品加工学 [M]. 北京：中国农业大学出版社，2002.

[2]　孔保华，于海龙主编. 畜产品加工 [M]. 北京：中国农业科学技术出版社，2008.

[3]　蒋爱民，南庆贤主编. 畜产食品工艺学 [M]. 第2版. 北京：中国农业出版社，2008.

（山西农业大学　朱迎春）

实验三　咸蛋的加工

一、实验原理

咸蛋主要是用食盐腌制而成。食盐渗入蛋中，由于食盐溶液产生的渗透压把微生物细胞体中的水分渗出，从而抑制了微生物的发育，延缓了蛋的腐败变质速度。同时食盐可以降低蛋内蛋白酶的活力，从而使蛋内容物分解变化速度延缓。所以咸蛋的保藏期较鲜蛋长。加工咸蛋的主要目的是增加其保藏性以及改善其风味。

二、实验目的

本实验要求学生掌握咸蛋的加工原理及工艺流程。

三、实验材料和设备

1. 实验材料

鸡蛋、食盐、黄泥等。

2. 实验设备

电子秤、蒸煮锅、照蛋器、和泥容器、瓷缸等。

四、实验内容

1. 工艺流程

原料选择→清洗→沥干→配料和泥→涂蛋→入缸摆放→封口→腌制→出缸→成品

2. 操作要点

（1）盐泥涂布法

① 配料 鸡蛋，食盐，黄土，水。选择砂石杂质少的干黄泥，放在缸或木桶内加水充分浸泡，然后用木棒搅和，使其成浆糊状，再加入食盐，继续搅匀。

② 上料 将经过挑选合格的鸡蛋逐枚放入泥浆中（每次 3～5 个），使蛋壳上粘满盐泥，再取出放入缸内，最后把剩余的盐泥倒在蛋面上，盖上缸盖即可。

③ 成熟：盐泥咸蛋春秋季 35～40 天成熟，夏季 20～25 天即可成熟。

（2）盐水浸泡法 先用开水把食盐配成 20%～25% 的盐水，待凉至 20℃ 左右时，即可将蛋放入盐水中。夏季 15～20 天，春秋 25～30 天即可成熟。

3. 产品评价

优质咸蛋咸淡适中，蛋清洁白，蛋黄色泽鲜艳，橘黄稍偏红，有光泽，表面渗油。其他参考农业部颁布的咸鸭蛋标准 NY 5144—2002；以及高邮咸鸭蛋标准 GB 19050—2003。

五、问题讨论

1. 试述咸蛋的加工方法及注意事项。
2. 试述咸蛋的腌制机理。
3. 影响咸蛋质量的因素有哪些？

参 考 文 献

[1] 任发政. 咸蛋的腌制机理及加工方法 [J]. 农产品加工，2009，5：24-25.

[2] 邹振邦. 红砂咸蛋的加工 [J]. 农家科技，2008，7：43.

[3] 廖明星，朱定和，黄明宇. HACCP 在咸蛋加工中的应用研究 [J]. 安徽农业科学，2009，37（23）：11181-11182.

[4] 南庆贤主编. 肉类工业手册 [M]. 北京：中国轻工业出版社，2006.

[5] 蒋爱民，南庆贤主编. 畜产食品工艺学 [M]. 第 2 版. 北京：中国农业出版社，2008.

（长江大学 孙卫青）

实验四 糟蛋的加工

一、实验原理

糟蛋是用优质鲜蛋在糯米酒糟中糟制而成的一类再制蛋。它的特点是品质柔软细嫩，气味芬芳，醇香浓郁，滋味鲜美，回味悠长。我国著名的糟蛋有浙江省平湖县的平湖糟蛋和四川省宜宾市的叙府糟蛋。糟蛋加工的原理是在糟制过程中，蛋内容物与醇、酸、糖等发生一系列物理和生物化学的变化而成。

二、实验目的

通过本次实验，要求对糟蛋的加工原理、加工过程有所了解，并熟练掌握其加工方法。

三、实验材料和设备

1. 实验材料

鸭蛋、糯米、酒药和食盐等。

2. 实验设备

制酒糟缸、台秤或杆秤、竹片、蒸锅、放蛋容器、照蛋器等。

四、实验内容

1. 工艺流程

糯米清洗→蒸饭→淋饭→拌酒药→酿酒制糟

原料蛋→检验→洗蛋→晾蛋→击蛋壳→装坛→封坛→成熟→成品

蒸坛

2. 操作要点

（1）糯米的选择与加工　选用米粒饱满、颜色洁白、无异味、杂质少的糯米。先将糯米进行淘洗，放在缸内用清水浸泡 24h。将浸好的糯米捞出后，用清水冲洗干净，倒入笼屉内摊平。锅内加水烧开后，放入锅内蒸煮，等到蒸汽从米层上升时再加锅盖。蒸 10min，用小竹帚在饭面上撒一次热水，使米饭蒸胀均匀。再加盖蒸 15min，使饭熟透。然后用清水冲淋 2～3min，使米饭温度降至 30℃左右。

（2）酿酒制糟　淋水后的米饭，沥去水分，倒入缸内，加上甜酒药和白酒药，充分搅拌均匀，拍平米面，并在中间挖一个上大下小的圆洞（上面直径约 30cm）。缸口用清洁干燥的草盖盖好，缸外包上保温用的草席。经过 22～30h，洞内酒汁有 3～4cm 深时，可除去保温草席，每隔 6h 把酒汁用小勺舀泼在糟面上，使其充分酿制。经过 7 天后，将酒糟拌和均匀，静置 14 天即酿制成熟可供糟蛋使用。

（3）选蛋击壳　选用质量合格的新鲜鸭蛋，洗净、晾干。手持竹片（长 13cm、宽 3cm、厚 0.7cm），对准蛋的纵侧从大头部分轻击两下，在小头再击一次，要使蛋壳略有裂痕，而蛋壳膜不能破裂。

（4）装坛　糟蛋用的坛子事先进行清洗消毒。装蛋时，先在坛底铺一层酒糟，将击破的蛋大头向上排放，蛋与蛋之间不能太紧，加入第二层糟，摆上第二层蛋，逐层装完，最上面平铺一层酒糟，并撒上食盐，然后，用牛皮纸将坛口密封，外面用棕子叶包在牛皮纸上，再用绳子沿坛口绑结实即可。

（5）成熟　糟蛋从装坛到糟渍成熟，一般要经过 5 个月左右。为了控制糟蛋成熟质量，须逐月检查其质量状况。依据糟蛋加工的实践经验，糟蛋在成熟过程中逐月正常变化情况如下：

第一个月，蛋的内容物与鲜蛋基本相仿，蛋壳带蟹青色，在击破裂缝处较为明显。

第二个月，蛋壳裂缝加宽，蛋壳与内蛋壳膜及蛋白膜逐渐分离，蛋白仍为液体状，蛋黄却开始凝结。

第三个月，蛋壳与壳下膜全部分离，蛋白开始凝固，蛋黄全部凝固。

第四个月，蛋壳与壳下膜脱开 1/3，蛋白呈乳白状，蛋黄带微红色。

第五个月，蛋糟渍成熟，蛋壳大部分脱落（仅有小部分附着，只要轻轻一剥即可脱落）。蛋白呈乳白色胶冻状，蛋黄呈橘红色的半凝固状态。至此，糟蛋已达完全成熟，即为成品。

3. 成品评定

（1）感官指标　蛋形完整，壳膜无破裂，蛋壳脱落或不脱落，蛋白呈乳白色或浅黄色，色泽均匀一致，呈糊状或凝固状；蛋黄完整，呈黄色或橘红色，半凝固状，具有糟蛋所特有的浓郁香气，略有甜味，无酸味及其他异味。

（2）理化指标　锌（以 Zn 计）（mg/kg）≤50，砷（以 As 计）（mg/kg）≤0.05，铅（以 Pb 计）（mg/kg）≤1.0，总汞（以 Hg 计）（mg/kg）≤0.05，六六六、滴滴涕按国标 GB 2763 规定执行。

（3）微生物指标　细菌总数（个/g）≤100，大肠菌群（个/100g）≤30，致病菌不得检出。

五、问题讨论

1. 糟蛋在加工过程中发生了哪些变化？
2. 你所制作的糟蛋有何成品特色？
3. 思考糟蛋的加工对其营养的影响。

参 考 文 献

[1]　周光宏等. 畜产品加工学［M］. 北京：中国农业大学出版社，2002.
[2]　孔保华，于海龙主编. 畜产品加工［M］. 北京：中国农业科学技术出版社，2008.
[3]　蒋爱民，南庆贤主编. 畜产食品工艺学［M］. 第 2 版. 北京：中国农业出版社，2008.

（山西农业大学　朱迎春）

实验五　液蛋的加工

一、实验原理

液蛋制品是指将新鲜鸡蛋清洗、消毒、去壳后，将蛋清与蛋黄分离（或不分离），搅匀过滤后经杀菌制成的一类蛋制品。这类蛋制品易于运输，贮藏期长，一般用作食品原料。主要种类有全蛋液、蛋白液、蛋黄液三种。

二、实验目的

本实验要求熟练掌握液蛋制品的加工方法。

三、实验材料和设备

1. 实验材料

鸡蛋、消毒剂、硫酸、硫酸铝、包装材料。

2. 实验设备

打蛋器、洗蛋盆、过滤机、预冷罐。

四、实验内容

1. 工艺流程

蛋壳清洗、消毒→打蛋、去壳→混合、过滤→预冷→杀菌→冷却→包装

2. 操作要点

（1）蛋壳的清洗、消毒　为防止蛋壳中的微生物进入蛋液内，需在打蛋前将蛋壳洗净并杀菌。清洗：洗蛋水温要比蛋温高 7℃以上，避免洗蛋水被吸入蛋内。同时，蛋温升高，在打蛋时蛋白与蛋黄容易分离，减少蛋壳内蛋白残留量，提高蛋液的出品率。消毒：洗涤过的蛋上还有很多细菌，因此须进行消毒。常用的蛋壳消毒方法有以下三种。

① 漂白粉液消毒　配制漂白粉溶液有效氯含量为 800～1000mg/kg。消毒时将该溶液加热至 32℃左右，可将洗涤后的蛋在该溶液中浸泡 5min。经漂白粉溶液消毒的蛋再用清水洗

涤，除去蛋壳表面的余氯。

② 氢氧化钠消毒法　用 0.4％NaOH 溶液浸泡洗涤后的蛋 5min。

③ 热水消毒法　将清洗后的蛋在 78～80℃热水中浸 6～8min，杀菌效果良好。但此法水温和杀菌时间稍有不当，易发生蛋白凝固。经消毒后的蛋用温水清洗，然后迅速晾干。

（2）打蛋、去壳　打分蛋时，将蛋打破后，剥开蛋壳使蛋液流入分蛋器或分蛋杯内将蛋白和蛋黄分开。

（3）液蛋的混合与过滤　用压送式过滤机进行过滤，如蛋白与蛋黄不能混合均匀，可通过均质机或胶体磨，或添加食用乳化剂使其能混合均匀。

（4）蛋液的预冷　将搅拌过滤的蛋液在预冷罐中进行预冷，蛋液在罐内冷却至 4℃左右。

（5）杀菌　全蛋液、蛋白液、蛋黄液的化学组成不同，干物质含量不一样，对热的抵抗力也有差异。因此，采用的巴氏杀菌条件各异。

① 全蛋的巴氏杀菌　采用杀菌温度为 64.5℃、保持 3min 的低温巴氏杀菌法。

② 蛋黄的巴氏杀菌　蛋黄液杀菌温度 60℃、时间 3.1min。

③ 蛋清的巴氏杀菌　添加乳酸和硫酸铝（pH＝7）后对蛋清采用与全蛋液一致的巴氏杀菌条件。

乳酸-硫酸铝溶液的制备：将 14g 硫酸铝溶解在 16kg 的 25％的乳酸中，巴氏杀菌前，在 1000kg 蛋清液中加约 6.54g 该溶液。添加时要缓慢但需迅速搅拌，以避免局部高浓度酸或铝离子使蛋白质沉淀。添加后蛋清 pH 应在 6.0～7.0，然后进行巴氏杀菌。

（6）液蛋的冷却　杀菌之后的蛋液迅速冷却至 2℃左右，然后再进行分装。

（7）包装、贮藏　冷却后的蛋液移至洁净包装间进行无菌包装。包装材料应经过灭菌处理，使用前还要经过卫生处理。然后，在 0～4℃的条件下入库冷藏。

3. 成品评定

液蛋制品应无异味，无杂质，状态均匀，色泽一致，气味正常。肠道致病菌（志贺菌属及沙门菌属）不得存在，不得有微生物引起的腐败变质现象。

五、问题讨论

1. 蛋壳消毒有几种方法？你认为哪一种最好？

2. 全蛋液、蛋白液、蛋黄液在杀菌时所需的杀菌温度一样吗？为什么？

参 考 文 献

[1] 周光宏等. 畜产品加工学 [M]. 北京：中国农业大学出版社，2002.
[2] 孔保华，于海龙主编. 畜产品加工 [M]. 北京：中国农业科学技术出版社，2008.
[3] 孔保华，马俪珍主编. 肉品科学与技术 [M]. 北京：中国轻工业出版社，2003.
[4] 于美娟，王飞翔，马美湖. 冷杀菌技术在液蛋制品加工中的应用研究 [J]. 湖南农业科学，2008，5：116-118.

（山西农业大学　朱迎春）

实验六　蛋黄酱的制作

一、实验原理

蛋黄酱是以精炼植物油、食醋、鸡蛋黄为基本成分，通过乳化而制成的半流体食品，蛋黄酱中，内部或不连续相的油滴分散在外部或连续相的醋、蛋黄和其他组分之中，它属于一种油在水中型（O/W）的乳化物。蛋黄在该体系中发挥乳化剂的作用，醋、盐、糖等除调味的作用以外，还在不同程度上起到防腐、稳定产品品质的作用。

二、实验目的

通过本实验要求理解蛋黄酱制作中乳化操作的原理和方法；掌握蛋黄酱的制作工艺。

三、实验材料与设备

1. 实验材料

鸡蛋、精炼植物油、食用白醋、砂糖、食盐、奶油香精、山梨酸、柠檬酸、芥末粉等。

2. 实验设备

混料罐、加热锅、打蛋机、胶体磨、塑料封口机等。

四、实验方法

1. 参考配方（g）

蛋黄 150，精炼植物油 790，食用白醋（醋酸 44.5%）20，砂糖 20，食盐 10，奶油香精 1mL，山梨酸 2，柠檬酸 2，芥末粉 5。

2. 工艺流程

```
                        分离蛋黄
                          ↓
                      蛋黄杀菌冷却
                          ↓
山梨酸，油加热、冷却 → 打蛋机乳化 ← 醋、盐、糖、芥末粉、柠檬酸
                          ↓
                      胶体磨均质
                          ↓
                      装袋、封口
                          ↓
                        成品
```

3. 操作要点

① 加热精炼植物油至 60℃，加入山梨酸，缓缓搅拌使其溶于油中，呈透明状冷却至室温待用。

② 鸡蛋除去蛋清，取蛋黄打成匀浆。加热至 60℃，在此温度下保持 3min，以杀灭沙门菌，冷却至室温待用。

③ 用打蛋机搅打蛋黄，先加入三分之一的醋，再边搅拌边加入油，油的加入速度不大于 100g/min（总量为 1000g），搅打成淡黄色的乳化物。随后，依次加入剩余的醋和其他组分，搅打均匀。经胶体磨均质成膏状物。使用尼龙/聚乙烯复合袋包装，热合封袋即得成品。

五、成品评价

正常的产品是一淡黄色、黏稠、连续的乳化物，无断裂、稀薄及油液分离的现象。以感官评价的方法分析不同工艺条件对产品品质的影响。

六、问题讨论

1. 各组分在蛋黄酱中的作用是什么？
2. 乳化的操作条件对产品的质量有何影响？
3. 蛋黄酱依靠什么防止微生物引起的腐败，而保持产品的稳定性？

参 考 文 献

[1] 李新华，董海洲主编. 粮油加工学 [M]. 北京：中国农业大学出版社，2002.

[2] 赵晋府主编. 食品工艺学 [M]. 北京：中国轻工业出版社，2002.

（天津农学院　郭梅）

实验七　蛋粉加工

一、实验原理

蛋粉是指鲜蛋经过打蛋、分离、过滤、脱糖、巴氏杀菌、喷雾干燥除去其中水分而制得的粉末状食用蛋制品，含水量为 4.5% 左右，从而可以长期保存。干蛋粉的贮藏性良好，我国主要生产全蛋粉和蛋黄粉，供食用和食品工业用。如在食品工业上生产糖果、饼干、面包、冰激凌、蛋黄酱等。

二、实验目的

本实验要求掌握蛋粉加工原理和工艺技术，了解影响蛋粉质量的主要因素。

三、实验材料与设备

鲜蛋、筛布或其他过滤设备、加热装置、巴氏杀菌器、喷雾干燥机、筛粉机、包装设备等。

四、实验内容

1. 加工工艺

蛋液→搅拌过滤→脱糖→巴氏杀菌→喷雾干燥→冷却→筛粉→晾粉→包装→成品贮存

2. 操作要点

（1）鸡蛋预处理　主要包括选蛋、洗蛋、消毒、打蛋。选用质量合格的鲜蛋，剔除次蛋、劣蛋、破损蛋。洗蛋的目的在于洗去蛋表面感染的菌类和污物，一般先用棕刷刷洗，后用清水冲净并晾干。将晾干后的鲜蛋放入氢氧化钠溶液中浸渍，消毒后取出再晾干。打蛋时须注意蛋液中不得混入蛋壳屑和其他杂质，更不得混入不新鲜的变质蛋液。

（2）蛋液搅拌过滤　目的是滤净蛋液中所含的碎蛋壳、蛋黄膜、系带等，并使蛋液组织状态均匀一致。若搅拌过滤不充分，其中的杂质很容易堵塞雾化器，将严重影响喷雾干燥的效果和效率。

（3）脱糖　目的是在干燥后贮藏期间，防止蛋中含有的游离葡萄糖的羰基与蛋白质的氨基发生美拉德反应。酶法脱糖是一种利用葡萄糖氧化酶把蛋液中葡萄糖氧化成葡萄糖酸且脱糖的方法。调整全蛋液 pH 值至 7.0～7.3 后加入 0.01%～0.04% 葡萄糖氧化酶，用搅拌机进行缓慢地搅拌，同时加入占蛋白液量 0.35% 的 7% 过氧化氢，以后每小时加入同等量的过氧化氢。发酵采用 30℃ 左右或 10～15℃ 两种，通常全蛋液调整 pH 至 7.0～7.3 后，4h 内即可除糖完毕。

（4）巴氏杀菌　蛋液在脱糖后即进行巴氏杀菌。蛋液经过 64～65℃，消毒 3min，以使杂菌和大肠杆菌基本被杀死。杀菌后立即贮存于贮蛋液槽内，并迅速进行喷雾干燥。如蛋液黏度大，可少量添加无菌水，充分搅拌均匀，再进行喷雾干燥。

（5）喷雾干燥　在压力或离心力的作用下，通过雾化器将蛋液喷成高度分散的雾状微粒，微粒直径约为 10～50μm，从而大大增加蛋液的表面积，提高水分蒸发速度，微细雾滴瞬间干燥变成球形粉末，落于干燥室底部，从而得到干燥蛋粉。一般在未喷雾前，干燥塔的温度应在 120～140℃，喷雾后温度则下降至 60～70℃ 左右。在喷雾过程中，热风温度应控制在 150～200℃，蛋粉温度控制在 60～80℃ 范围之内。在喷雾干燥前，所有使用工具设备必须严格消毒，由加热装置提供的热风温度以 80℃ 左右为宜。温度过高，使蛋粉具有焦味，溶解度受到影响；温度过低，蛋液脱水不尽，会使含水量过高。

（6）筛粉 用筛粉机筛除蛋粉中的杂质和粗大颗粒，使成品呈均匀一致的粉状。

（7）包装 蛋粉通常采用马口铁箱罐装，也可采用真空塑料袋包装。在包装前，包装室及室内用具必须无菌，马口铁箱及衬纸也必须经过严格的消毒处理。

3. 产品评价

（1）感官指标 巴氏杀菌全蛋粉应呈粉末状或极易松散之块状，均匀淡黄色，具有全蛋粉的正常气味，无异味，无杂质。

（2）理化指标 水分≤4.5%，脂肪≥42%，游离脂肪酸≤4.5%。

五、问题讨论

1. 影响蛋粉品质的因素主要有哪些？
2. 蛋粉加工过程的关键控制技术是什么？
3. 分析蛋粉加工中出现的质量问题及产生原因。
4. 蛋粉加工过程中脱糖的原因是什么？主要采用什么方法进行脱糖处理？

参 考 文 献

[1] 褚庆环主编. 蛋品加工技术 [M]. 北京：中国轻工业出版社，2007.
[2] 马美湖. 禽蛋制品生产技术 [M]. 北京：中国轻工业出版社，2003.
[3] 孔保华，于海龙主编. 畜产品加工 [M]. 北京：中国农业科学技术出版社，2008.

（中国农业大学　毛学英）

实验八　蛋松加工

一、实验原理

蛋松是鲜蛋液加调味料经油炸后炒制而成的疏松且脱水的熟蛋制品。蛋松由于在加工过程中油的渗入及水分的大量蒸发，营养价值比鲜蛋高。

蛋松含水量低，微生物不易繁殖，保存时间长。蛋松具有金黄油亮色泽，味鲜香嫩，容易消化，为年老体弱和婴幼儿的最佳食品，亦是旅游和野外工作者随身携带的方便食品。

二、实验目的

利用蛋松加工技术生产各种口味的蛋松制品。如香酥蛋松的加工等。

三、实验材料与设备

1. 选料

选择表面无杂物、无霉变的新鲜鸡蛋；食用油如猪油或植物油、精盐、绵白糖。

2. 配方

以10kg去壳蛋液汁，需糖1kg、油1kg、盐200g、味精20g、黄酒500g；或糖1.5kg、油800g、盐150g、味精15g、黄酒500g。

3. 设备

不锈钢盆、炒锅、滤蛋器或筛子或漏勺（孔眼直径2～3mm）、筷子。

四、实验内容

蛋松的加工方法和配料用量因各地的设备条件和消费习惯的不同而不同，可根据当地的口味进行调整。

蛋松加工工艺流程为：

鲜蛋→检验→加调味料→搅拌→过滤→油炸→沥油→撕或搓→炒制→成品

首先，将鲜蛋洗净、去壳，剔除含异物的蛋液，过滤，防止蛋壳等杂质混入；其次，将蛋液加入黄酒、盐后，允分搅拌成色泽一致的全蛋液；

第三，油倒入锅内加热，烧沸待用；

第四，用自制的漏液器或集市卖的漏勺（孔眼直径 2～3mm）将蛋液均匀地滤入沸油锅内，炸成丝浮出油面后，迅速用筷子等物在锅内搅拌至金黄色时捞出，沥尽余油，并用纱布等物将余油吸尽；

第五，用手或机械将蛋松的粗制品撕或搓成细丝；

第六，加入白糖、味精等配料，在微火上炒 3～4min，即为成品。

五、实验结果

1. 蛋松加工方法和配料用量的确定

如根据设备条件和消费习惯，确定蛋松的加工方法和配料用量。

2. 产品质量指标

原料蛋必须新鲜，打蛋前将蛋壳洗净并杀菌。微生物及重金属检查应符合国家标准。

六、问题讨论

1. 粗蛋松加入白糖、味精等配料后，为什么在炒制时采用文火？

2. 加工蛋松时，为什么要选择表面无杂物、无霉变的新鲜鸡蛋？

参 考 文 献

[1] 孙志刚. 简述蛋的几种加工技术 [J]. 养禽与禽病防治，2005，(9)：43-44.

[2] 季春平. 香酥蛋松的加工 [J]. 当代农业，2002，(5)：19.

[3] 刘本功. 蛋松的加工方法 [J]. 河南农业，2001，(9)：29.

[4] 丁丽华. 蛋松的加工制作 [J]. 北方牧业，2005，(3)：28.

[5] 刘仪初，张世安. 蛋品加工技术 [M]. 北京：中国农业出版社，1990.

[6] 周永昌. 实用蛋品加工技术 [M]. 北京：中国农业出版社，1990.

[7] 周永昌. 蛋与蛋制品工艺学 [M]. 北京：中国农业出版社，1995.

[8] 褚庆环. 蛋品加工技术 [M]. 北京：中国轻工业出版社，2007.

（天津农学院　孙贵宝）

实验九　鸡蛋壳直接中和制取乳酸钙

一、实验原理

蛋壳中含有丰富的钙，是一种天然的绿色钙源。但蛋壳中的钙主要以碳酸钙形式存在，不易被人体吸收利用。若以蛋壳为原料，将其中的无机酸钙转化制成人体容易吸收的有机酸钙，不仅有利于人民健康，还解决了蛋壳资源的浪费。

反应方程式如下：

$$2CH_3CH(OH)COOH + CaCO_3 = (CH_3CHOHCOO)_2Ca + CO_2\uparrow + H_2O$$

二、实验目的

我国是世界上禽类养殖最多的国家之一，禽蛋生产量已连续 20 余年居世界首位。按蛋壳占整蛋质量的 12% 计算，我国每年会产出近 400 多万吨蛋壳。目前国内对蛋壳资源的利用率还较低，大部分蛋壳被当作废物处理。若对蛋壳进行综合利用，既可避免环境污染，又可增加社会效益和经济效益。

本实验以鸡蛋壳为原料制备乳酸钙，通过实验，使学生掌握直接中和法制备乳酸钙的原理、方法，以及各种反应条件的选择。

三、实验材料与设备

1. 实验材料

新鲜鸡蛋壳，乳酸（A. R.）。

2. 实验设备

干燥箱、粉碎机、电子天平、恒温水浴锅、真空泵等。

四、实验内容

1. 乳酸钙制备工艺流程

蛋壳预处理→中和反应→过滤、浓缩→洗涤、干燥→产品

2. 操作要点

（1）蛋壳的预处理　将蛋壳用清水清洗去除杂质和残留蛋清，置于恒温干燥箱中烘干，然后用粉碎机粉碎，过 40 目筛。

（2）中和反应　称取 10g 蛋壳粉置于 250mL 烧杯中，按料液比 1:10 加入蒸馏水不断搅拌，以恒温水浴控制反应温度，缓慢加入一定量乳酸与其反应，注意边加边搅拌，当不再有气泡产生时则反应完全。

（3）过滤、浓缩　反应结束后趁热过滤，除去不溶物，滤液在 60℃ 的恒温水浴中蒸发浓缩，转至室温下结晶 1~2h 后，分离晶体。

（4）洗涤、干燥　加入适量无水乙醇，洗涤反应生成的乳酸钙晶体，除去未反应的乳酸及表面附着的其他残留物（乳酸钙不溶于乙醇）。将醇洗后的乳酸钙置于电热鼓风干燥箱中，在 120℃ 恒温条件下烘干至恒重，进行粉碎、过筛、包装，得白色粉末状无水乳酸钙成品。

3. 实验设计（中和反应条件的选择）

（1）乳酸用量的确定　蛋壳粉用量为 10g，加水量为 100mL，反应温度为 50℃。乳酸用量分别为 15.0mL、18.0mL、21.0mL。待反应完全后，经抽滤、浓缩、干燥即得成品，根据乳酸钙产率和含量确定最适宜的乳酸用量。

（2）中和反应温度的确定　蛋壳粉用量为 10g；加水量为 100mL，乳酸用量为①试验中比较适宜的水平。分别在 40℃、50℃、60℃ 下进行中和反应。待反应完全后，经抽滤、浓缩、干燥即得成品，根据乳酸钙产率和含量确定最适宜的反应温度。

（3）加水量的确定　蛋壳粉用量为 10g，加水量分别为 60mL、80mL、100mL，乳酸用量为①试验中比较适宜的结果，中和反应温度为②试验中比较适宜的结果。待反应完全后，经抽滤、浓缩、干燥即得成品，根据乳酸钙产率和含量确定最适宜的加水量。

4. 乳酸钙产率的计算方法

蛋壳中 95% 的组分为矿物质，本试验中将其所含各种矿物质均以 $CaCO_3$ 计算，由此可得到一定用量的蛋壳粉所生成乳酸钙的理论产量，再根据实际产量计算乳酸钙的产率。

$$乳酸钙的产率(\%)＝实际产量/理论产量×100 \tag{6-4}$$

5. 乳酸钙含量测定方法

称取干燥后的样品 0.3g（准确至 0.002g），先滴加 25mL 0.05mol/L 的 EDTA 二钠标准溶液并不断搅拌，再加入 5mL 10% 的 NaOH 溶液及 0.1g 钙红混合指示剂，继续用

0.05mol/L 的 EDTA 二钠溶液滴定至蓝色即为终点。

$$乳酸钙含量(\%)=V\times c\times 0.218\times 100/m$$

式中，m 表示样品重，g；V 表示 EDTA 二钠用量，mL；c 表示 EDTA 二钠的浓度，mol/L；0.218 为每毫摩尔乳酸钙的质量，g/mmol。

五、实验结果

1. 最终制备条件的确定

根据各试验中乳酸钙的产率和产品中乳酸钙的含量，确定最佳的乳酸用量、中和反应温度以及加水量等制备工艺条件。

2. 产品评定

产品中乳酸钙的有效含量、重金属 Pb 含量等。

六、问题讨论

1. 蛋壳为什么要粉碎到一定的细度？
2. 除了乳酸用量、中和反应温度、加水量，还有哪些因素影响乳酸钙的产率？

参 考 文 献

[1] 郑海鹏，董全. 蛋壳制取有机活性钙的研究进展 [J]. 中国食品添加剂，2008，(3)：87-90.

[2] 李逢振，马美湖，李彦坡等. 鸡蛋壳直接中和制取乳酸钙的工艺 [J]. 农业工程学报，2010，26 (2)：370-374.

[3] 连喜军，王昌禄. 鸡蛋壳制备乳酸钙工艺条件的研究 [J]. 肉类研究，2002，(2)：37-40.

[4] 李桂英，卢玉妹. 鸡蛋壳制备乳酸钙的研究 [J]. 吉林化工学院学报，2001，18 (1)：25-27.

[5] 江敏，李鉴，梁洁玲. 牡蛎壳合成 L-乳酸钙的工艺研究 [J]. 食品科技，2008，(3)：123-125.

（天津农学院　甄润英）

第七章 水产品加工实验

实验一 鱼鲜度的感官鉴定

一、实验原理

水产品的原料种类繁多，包括鱼、虾、蟹、贝及藻类等水产经济动植物，这些食物不仅含有丰富的蛋白质以及人体营养所必需的多种氨基酸，而且含有丰富的不饱和脂肪酸以及其他各种营养素，是人们饮食中珍贵的动物蛋白源。但是，水产品不同于畜、禽类产品，它们具有易腐败、产区集中、产量大、机体组成易变等特点，如果处理不及时就会遭受较大的损失，且使加工的产品失去其应有的品质。为此，原料鲜度的鉴定对于水产品加工至关重要。

水产品鲜度鉴定可分为感官鉴定、物理学鉴定、化学鉴定和微生物学鉴定等，其中感官鉴定最为简便，在生产上实用意义最大。

感官鉴定是凭借人体的感觉器官（视觉、味觉、嗅觉、触觉等），通过鉴别外形特征（色、香、味、弹性、硬度等）来确定品质好坏的方法。由于其简便易行，直观而实用，在生产中被普遍采用，是食品生产人员、销售人员以及管理人员必须掌握的一项技能。

二、实验目的

通过本实验，明确水产品鲜度鉴定的意义，掌握鱼鲜度的感官鉴定方法。

三、实验材料和设备

1. 实验材料

各种鲜鱼、冻鱼。供试鲜鱼如不能立即进行鉴定，需贮藏在 0～3℃ 的低温条件下。

2. 实验设备

白磁盘、刀具等。

四、实验内容

1. 鲜鱼的感官鉴定

（1）观察鱼眼的状态

新鲜鱼：角膜透明，眼球饱满。

鲜度较差的鱼：眼角膜起皱并稍变浑浊，眼球平坦，虹膜有血液浸润。

劣质鱼：眼球塌陷或干瘪，角膜浑浊无光，虹膜红染。

（2）观察鳃的状态

新鲜鱼：色泽鲜红、无黏液。

鲜度较差的鱼：鳃盖较松、鳃丝粘连，呈淡红、暗红或灰红色（有显著腥臭味）。

劣质鱼：鳃丝黏结，被覆有脓样黏液（有腐臭味）。

（3）观察体表

新鲜鱼：具有鲜鱼固有的鲜明本色与光泽，黏液透明，鳞片完整，不易脱落（鲳鱼、鳓鱼除外），腹部正常，肛孔凹陷。

鲜度较差的鱼：体表黏液增加，不透明，有酸味，鳍光泽稍差并易脱落，肛孔稍突出。

劣质鱼：鱼鳞暗淡无光且易与外皮脱离，表面附有污秽黏液并有腐臭味。肛孔鼓出，腹部膨胀或下陷。

（4）观察肌肉的状态

新鲜鱼：肌肉坚实有弹性，以手指压后凹陷立即消失，肌肉的横断面有光泽（无异味）。

鲜度稍降的鱼：肌肉松软，手指压后凹陷不能立即消失，稍有酸味，肌肉横断面无光泽，脊骨处有红色圆圈。

劣质鱼：肌肉松软无力，手指压后凹陷不消失，肌肉易与骨刺分离，有臭味和酸味。

（5）观察腹部

新鲜鱼：腹部正常，不膨胀，肛孔白色，凹陷。

次鲜鱼：腹部膨胀不明显，肛门稍突出。

劣质鱼：腹部膨胀，变软或破裂，表面暗灰色或可见淡绿色斑点，肛门突出或破裂。

必要时可将鱼肉切成小块于水中煮沸，嗅味、尝味。

2. 冻鱼鉴定

（1）观察鱼眼　质量好的冻鱼眼球饱满突出，角膜透明，洁净无污物；鲜度差的冻鱼眼球平坦或下陷，角膜浑浊、发白。

（2）观察体表　质量好的冻鱼体表有光泽，清洁，肛门紧缩；质量差的冻鱼体表暗、无光泽，肛门突出。

（3）组织观察　鲜度好的冻鱼，体型完整无缺，用刀切开检查，肉质紧实，脊骨处无红线，胆囊完整不破裂；质量差的冻鱼，体型不完整，用刀切开后，肉质松散，骨肉分离。

五、问题讨论

1. 鱼感官鉴定的优点及不足是什么。

2. 鱼肉为什么较畜禽肉更容易腐败变质？

3. 冻鱼是安全的吗？

4. 鱼变质后为什么眼球下陷、鳃丝变色？

参 考 文 献

[1]　程薇主编. 淡水产品加工与保鲜 [M]. 湖北：湖北科学技术出版社，2009.

[2]　李玉环，徐波主编. 水产品加工技术 [M]. 北京：中国轻工业出版社，2010.

[3]　吴云辉主编. 水产品加工技术 [M]. 北京：化学工业出版社，2009.

（天津农学院　刘铁玲）

实验二　鱼肉松的制作

一、实验原理

鱼肉松是将鱼经过采肉、干燥、调味炒制等工艺制成的一种营养丰富、易消化、食用方便、易于贮藏的干制品。在干燥、炒制过程中，鱼类的肌肉脱水，逐渐呈现出绒毛状、金黄色。鱼肉松中蛋白质含量高，钙、磷、铁等无机盐丰富，易被人体消化吸收。

二、实验目的

通过本实验，了解鱼肉松制作的原理和工艺，掌握鱼肉松制作的基本方法。

三、实验材料和设备

1. 实验材料

新鲜草鱼（鲤鱼、鲢鱼、青鱼等均可），猪骨或鸡骨，酱油，白砂糖，葱姜，花椒，桂皮，茴香，味精等。

2. 实验设备

白瓷盘，蒸煮锅，炒锅，炉具，包装机等。

四、实验内容

1. 工艺流程

原料选择与整理→熟化→采肉→拆碎、晾干→调味炒松→冷却→包装

2. 参考配方

如表 7-1 所示。

表 7-1　产品配方

组分	鱼肉	食盐	白砂糖	大葱	生姜	桂皮	茴香	花椒	生抽	料酒
用量/g	1000	12	50	100	100	150	160	20	80	50

3. 操作要点

（1）原料选择与整理　选择肌肉纤维较长的、鲜度标准为二级以上的鱼（以白色肉鱼类为好），变质鱼严禁使用，洗净，去鳞之后由腹部剖开，去内脏、黑膜等，再去头，充分洗净，滴水沥干。

（2）熟化　沥水后的鱼，放入蒸笼，蒸笼底要铺上湿纱布，防止鱼皮、肉黏着和脱落到水中，锅中放清水（约为容量的 1/3）然后加热，水煮沸 15min 后即可取出鱼。

（3）采肉　将蒸熟的鱼趁热去皮，拣出骨、鳍、筋等，留下鱼肉。

（4）拆碎、晾干　将鱼肉放入清洁的白瓷盘内，在通风处晾干，并随即将肉撕碎。

（5）调味炒松　调味液要预先配制，方法是：先将猪骨或鸡骨煮制成原汤。取原汤0.6kg 于煮锅中烧热，加入水 0.3kg，按上述用量将桂皮、茴香、花椒、葱、姜等包入纱布袋中放入煮锅，煮沸后改温火熬煮约 15min，加入食盐、白砂糖、生抽、料酒，过滤，待用。

洗净的锅中加入生油（最好是猪油），油熬熟后将上述碎鱼肉放入锅中，并不断搅拌，用竹帚充分炒松，约 25min，等鱼肉变成松状，即将调味液喷洒在鱼松上，随喷洒随搅拌，直至色呈金黄，味道鲜香为止。炒松要用文火，以防鱼松炒焦发脆。

（6）冷却、包装　炒好的鱼松自锅中取出，放在白瓷盘中，冷却后包装。

4. 成品评价

① 评价样品的感官质量。鱼松色泽金黄，肉丝疏松，无潮团，口味正常，无焦味及异味，允许有少量骨刺存在。

② 测定样品的水分含量和蛋白质含量。

③ 微生物检验：无致病菌检出，0.1g 样品内无大肠杆菌。

五、问题讨论

1. 原料鱼对鱼肉松的质量有何影响？

2. 调味炒松时应注意什么问题？

3. 肉松色泽和风味形成机理如何？

参 考 文 献

[1] 王丽哲主编. 水产品实用加工技术 [M]. 北京：金盾出版社，2003.
[2] 纪家笙主编. 水产品工业手册 [M]. 北京：中国轻工业出版社，1999.
[3] 白宗萍，李俊玉. 鲑鱼松加工工艺及质量标准 [J]. 齐鲁渔业，2006，23（7）：45-46.

（天津农学院　刘铁玲）

实验三　调味鱼片的制作

一、实验原理

调味鱼片是将原料鱼经剖片、漂洗、调味处理后再进行烘烤而制成的干制品。制品经过烘烤后水分含量降低，提高了保藏性。

二、实验目的

通过本实验，掌握调味鱼片的加工方法。

三、实验材料和设备

1. 实验材料

各种鱼类。

2. 实验设备

漂洗用筐或水槽，剖片刀，干燥箱等。

四、实验内容

1. 工艺流程

原料选择与整理（冻鱼解冻）→剖片→检验→漂洗→沥水→调味渗透→摆片、沥水→烘烤→揭片（生干片）→烘干→压片及整形→检验→称量→包装

2. 参考配方

如表 7-2 所示。

表 7-2　产品配方

组分	鱼肉	食盐	白砂糖	丁香	甘草	桂皮	花椒	酱油	味精	料酒	辣椒
用量/g	500	8	7.5	5.5	1.35	1.35	1.35	20	0.5	5	16.5

3. 操作要点

（1）原料选择与整理　将新鲜、个体大的原料鱼，先以清水清洗干净，刮鳞去头、内脏、皮，洗净血污。

（2）剖片　将两片鱼肉沿脊骨两侧一刀剖下，尽量减少脊骨上鱼肉，剖面要求平整，根据鱼的种类，将肉片片成 2~3mm 的厚度。

（3）检验　将剖片时带有的黏膜、大骨刺、杂质等检出，保持鱼片洁净。

（4）漂洗　漂洗可在漂洗槽中进行，也可将肉片放入筐内，再将筐浸入漂洗槽，用循环水反复漂洗干净，然后捞出，沥水。漂洗用水的温度应在 10℃ 以下，漂洗时间约 30min，期间适当搅拌，漂洗后需沥水。

（5）调味、渗透　把调味液加入漂洗好的鱼片中搅拌均匀，浸泡 1~1.5h，每 30min 搅拌 1 次，液温保持 10℃ 以下，捞起沥干。

调味液配制方法：把丁香、甘草、花椒、桂皮、辣椒等香辛料加10kg水，熬煮至剩下3.7kg水时，过滤，再于过滤液中加白糖、酱油、食盐，边煮边搅拌，待煮沸溶解后，再加入味精，冷却后加入黄酒，备用。

（6）摆片、沥水 将调味的鱼片摆在烘帘上，沥水。摆放时片与片间距要紧密，片型要平整，两片搭接部位尽量紧密，使整片厚度一致，相接的鱼片肌肉纤维要纹理一致，使鱼片成型美观。

（7）烘干 烘干温度以40～45℃为宜，烘至半干时移出，使内部水分向外扩散后再行烘干，最终达到规格要求。

（8）揭片 将烘干的鱼片从烘帘上揭下，此为生片。揭片时注意尽可能保持鱼片的完整，不要揭破，以免影响鱼片质量和规格。

（9）烘烤 将生片放入烤箱中烘烤，温度160～180℃，约1～2min，烘烤前生片喷洒适量水，以防鱼片烤焦。

（10）压片及整形 烤熟的鱼片组织紧密，不易咀嚼，须用碾片机压松，使鱼片肌肉纤维组织疏松均匀，面积延伸增大。经碾压后的熟片放在整形机内整形，使熟片平整，成形美观，便于包装。

（11）检验、称量、包装 经压松后的鱼片，去除剩留骨刺。将熟片用天平准确称量，装入薄膜袋中，热合封口。包装应在清洁卫生、通风良好的车间内进行，包装方式和每包重量可按市场销售情况确定。

4. 成品评价

① 评价样品的感官质量。调味鱼片色泽微黄，片形基本完好，肉质疏松，有嚼劲，无僵片，咸甜适宜，具有鱼种特有的风味，无异味。

② 测定样品的含水量。

③ 微生物检测：致病菌（系肠道致病菌及致病性球菌）不得检出。

五、问题讨论

1. 原料鱼对产品质量会产生哪些影响？
2. 滚压拉松时应注意什么？
3. 哪些因素影响成品得率？
4. 影响制品质量的关键因素有哪些？

参 考 文 献

[1] 李玉环，徐波主编. 水产品加工技术 [M]. 北京：中国轻工业出版社，2010.
[2] 王丽哲主编. 水产品实用加工技术 [M]. 北京：金盾出版社，2003.

（天津农学院 刘铁玲）

实验四 调味类鱼罐头的制作

一、实验原理

水产调味罐头是将原料鱼类经过处理、盐渍、油炸、调味、装罐（袋）或装罐后加入调味汁，再经排气、密封、杀菌、冷却等工艺加工而成的食品。通过排气、密封、杀菌等工艺，降低了罐内的气体含量，使酶失去了活性，杀死了微生物，使鱼类罐头具有较长的保藏期。根据调味方法不同，又可将其分为红烧、五香、酥炸、糖醋、咖喱、豆豉等品种。该类罐头注意配料调味，讲究形态和色泽。

二、实验目的

通过本实验，熟知罐头加工的基本原理，掌握调味类罐头的加工方法。

三、实验材料和设备

1. 实验材料

各种鱼类。

2. 实验设备

切刀，抗硫涂料罐（或玻璃瓶），油炸锅，杀菌锅，封罐机，真空包装机等。

四、实验内容

以红烧鱼为例介绍调味鱼罐头的加工方法。

1. 工艺流程

原料处理→油炸→装罐、调味→排气、密封→杀菌→冷却

2. 参考配方

如表 7-3 所示。

表 7-3 产品配方

组分	番茄	食盐	白砂糖	鲜姜	五香粉	洋葱	花椒	酱油	味精	琼脂	水
用量/g	10000	3500	6000	500	80	1500	50	100	0.045	360	70000

3. 操作要点

（1）原料处理　将原料去头、鳞、内脏后洗净，横切成 5.5cm 长的鱼块，再一次清洗，用 3% 的盐水盐渍 5~10min（鱼：水＝1：1），取出，沥去水分。

（2）油炸　油温为 180~210℃，油炸时间为 3~6min，炸至鱼块呈金黄色即可，鱼与油之比为 1：10。

（3）装罐　256g 罐中加入鱼肉 150g、麻油 0.46g、调味汤汁 106g（温度在 80℃以上），鱼块竖立整齐。

（4）排气、密封　中心温度达 80℃以上或抽真空 5.3×10^4 Pa。

（5）杀菌、冷却　杀菌公式：15min—90min—15min/116℃，冷却至 40℃以下。

4. 成品评价

① 评价样品的感官质量。红烧鱼罐头色泽红褐，口味鲜美，具有鱼类自身的风味。

② 测定样品的 pH 值和水分活度。

五、问题讨论

1. 影响调味鱼罐头质量的因素有哪些？

2. 油炸调味的关键问题是什么？

3. 调味类罐头有何特点？

参 考 文 献

[1] 赵良主编. 罐头食品加工技术 [M]. 北京：化学工业出版社，2007.

[2] 吴云辉主编. 水产品加工技术 [M]. 北京：化学工业出版社，2009.

[3] 李雅飞主编. 水产食品罐藏工艺学 [M]. 北京：中国农业出版社，1996.

（天津农学院　刘铁玲）

实验五　鱼香肠的制作

一、实验原理

鱼香肠是以鱼糜为主要原料，配以优质淀粉、少量猪肉及各种调料，经过擂溃、充填、成型、结扎、杀菌、冷却而制成的水产方便食品。因其具有外包衣（畜肠衣或塑肠衣），使鱼肉与外界隔绝，流通方便，卫生条件较好。

二、实验目的

通过本实验，掌握鱼糜及鱼香肠的加工方法。

三、实验材料和设备

1. 实验材料

新鲜鱼或冷冻鱼糜、猪肉、肠衣、精盐、味精、亚硝酸钠、抗坏血酸钠等。

2. 实验设备

秤、绞肉机、斩拌机、灌肠机等。

四、实验内容

1. 工艺流程

原料选择与整理→采肉→绞肉→配料→擂溃→灌肠、结扎→杀菌、冷却→擦干、成品

2. 参考配方

如表7-4所示。

表7-4　产品配方

组分	鱼肉	猪肉	食盐	白砂糖	白酒	生姜	五香粉	无色酱油	蛋清	砂仁粉	味精	抗坏血酸钠	亚硝酸钠	复合磷酸盐
用量/g	500	60	15	15	5	4	3	6	8	0.5	4	0.2	0.07	0.8

3. 操作要点

（1）原料选择与整理　原料一般以新鲜（或冷冻）小杂鱼为主（以肌肉纤维较长、刺少、脂肪含量稍多的原料鱼为好），去头、去皮、去内脏后洗净。冷冻鱼糜自然解冻。

（2）采肉　手工采取鱼肉待用。

（3）绞肉、配料、擂溃　将猪肉（肥肉可占5%左右）和鱼肉放入绞肉机中搅碎，然后转入斩拌机中，添加食盐，搅拌约5min，再将淀粉、白砂糖、味精等调味料以及复合磷酸盐、亚硝酸钠、抗坏血酸钠加入，擂溃约20min。在擂溃过程中不断加入水或碎冰块，使鱼糜呈酱状，有黏性。

（4）灌肠、结扎　将鱼糜放入灌肠机料斗中，开启机器，进行充填结扎。要求：灌肠结扎成形的香肠无气泡，长短一致，粗细均匀，黏合牢固。不符合要求的应挑出。

（5）杀菌、冷却　将水烧开，再使水温降到90℃左右，将香肠放入，使水温保持在80～95℃之间，煮约40min，天然肠衣的鱼香肠在杀菌过程中要随时注意扎破气泡，防止爆裂。鱼香肠杀菌完毕后应立即冷却。塑料肠衣制品首先检查并除去爆破的和扎口泄漏的，然后放在洁净的冷水中冷却至20℃以下。天然肠衣制品要在空气中自然冷却。

注意：塑料肠衣冷却以后，因热胀冷缩会产生很多皱纹。除皱的方法是将香肠放入98℃左右的水中浸泡10～20min后，立即取出，自然冷却。

（6）擦干、成品　杀菌完毕的香肠要逐根检查，擦干即得到成品。

4. 成品评价

① 评价样品的感官质量。鱼香肠色泽微红,肉质紧实有弹性,切面光滑,具有鱼的正常气味和滋味,有良好的咀嚼性。

② 测定样品的 pH 值和水分活度。

五、问题讨论

1. 原料鱼对鱼香肠的质量有何影响?

2. 生产冷冻鱼糜应注意什么?

3. 鱼香肠中添加猪肉有什么作用?

4. 加热操作前应注意什么?

参 考 文 献

[1] 郝涤非主编. 水产品加工技术 [M]. 北京:中国农业科学技术出版社,2008.

[2] 叶桐封主编. 水产品深加工技术 [M]. 北京:中国农业出版社,2007.

[3] 宋文铎主编. 名特海产品加工技术 [M]. 北京:农业出版社,1996.

(天津农学院　刘铁玲)

实验六　鱼肉饺子的加工

一、实验原理

水饺是中国的传统家常美食,是餐桌上的主食,按照馅料的成分可将水饺简单划分为肉饺和含肉饺。鱼肉饺是以小麦粉制皮,以鱼肉糜为主料,加入猪肉糜、蔬菜、植物油、食用盐、调味品等制成馅料,经成型、冻结、包装制作而成的水产冷冻调理食品。产品在−18℃以下的低温条件保藏,较好地保持了其营养成分,同时抑制了酶及微生物的活动,延长了保藏期。

二、实验目的

通过本实验,掌握鱼肉水饺的加工方法。

三、实验材料和设备

1. 实验材料

各种鲜鱼、面粉、猪肉、韭菜、香油、酱油、精盐、味精、熟花生油、料酒。

2. 实验设备

绞肉机、斩拌机、和面机、低温冰柜等。

四、实验内容

1. 工艺流程

原料选择与处理→采肉→漂洗→脱水→绞肉→馅料调制→饺子成型→冻结→定量包装→成品→冻藏

面粉→和面→饧面→制皮

2. 参考配方

如表 7-5 所示。

表 7-5　产品配方

组分	鱼肉	猪肉	韭菜	食盐	料酒	生姜	无色酱油	味精	芝麻油	花生油	面粉	复合磷酸盐
用量/g	500	50~75	150~200	11	5	4	40	4	30	适量	500	0.8

3. 操作要点

（1）原料选择与处理　鲜鱼应洗净鱼体表面泥沙、黏液和杂质，除去鱼鳃及内脏，洗净、沥干。冷冻鱼应完全解冻，洗净、沥干。为方便采肉，提高得率，最好选择个体较大的鱼。

（2）采肉　将经过上述处理的鱼斩头去尾，剔骨、去皮、取肉。

（3）漂洗、脱水　采肉后用 pH 值中性附近的水进行低温漂洗 3～4 次，且最后一次漂洗采用 0.15％的食盐水进行，之后脱水至鱼肉含水量约为漂洗前的 95％。

（4）绞肉　将脱水的鱼肉切成适当的大小，放入绞肉机中搅成鱼糜，并将猪肉搅碎。

（5）馅料调制　将鱼糜置于搅拌机中，添加食盐，搅拌至上劲后，添加适量水、香辛料、调味料、馅料及品质改良剂等，最后加入猪肉糜、蔬菜拌匀。

（6）面粉制皮　用冷水和面，并于面粉中添加少许食盐，饧面约 15min 后压延成皮。面皮要求大小大致相同，厚薄均匀适度。

（7）成型　将适量的馅料放于面皮上包制成型，按标准摆放整齐，待冻。

（8）速冻　速冻库内温度达到－25℃以下时，将摆好饺子的盘子放到速冻链条上进行冻结。至饺子中心温度≤－18℃时从速冻机中取出。

（9）定量包装　将检查合格的饺子装入袋中，按规定称重，热合密封。封口要平整、牢固。封口的产品经过检查合格后装入纸箱内，封箱。纸箱外面注明产品名称、生产日期、重量等。

（10）冻藏　冻藏库温度应保持在－18℃以下。产品堆垛不得超过 10 层，离地面 30cm，距离墙 15cm。

4. 成品评价

① 评价样品的感官质量。速冻水饺颜色为白色或奶白色，面皮光滑不开裂。

② 评价样品煮熟后的品质。

五、问题讨论

1. 鱼肉饺子馅的调制如何进行？

2. 影响冻鱼肉水饺品质的因素有哪些？

参 考 文 献

[1] 张国治主编. 速冻及冻干食品加工技术 [M]. 北京：化学工业出版社，2008.
[2] 杨铭铎，孙兆远. 面粉品质性状与速冻水饺品质关系的研究 [J]. 农产品加工. （学刊），2006，5：4-7.

（天津农学院　刘铁玲）

实验七　鱼肉丸的加工

一、实验原理

鱼肉丸属于典型的鱼糜制品，鱼糜制品是将鱼肉擂溃成糜状加以调味成型的水产制品。其主要是利用鱼糜蛋白的凝胶特性加工制成的一类产品。这是一项古老的加工技艺，在中国烹饪史上相传已久。一方面鱼糜制品生产适合机械化和自动化生产，处理能力大，能解决渔汛期鱼货集中的矛盾，节省了大量劳力，并使产品质量得到了控制；另一方面，鱼糜在加工中可根据人们需要进行合理调配，生产出不同风味的制品。

二、实验目的

本实验要求学生对典型传统鱼糜制品的加工原理、加工过程有所了解，并熟练掌握其加工方法。

三、实验材料和设备

1. 实验材料

新鲜鱼或鱼肉、淀粉、砂糖、黄酒、食盐、味精、葱、姜等调味料。

2. 实验设备

洗鱼机、采肉机、离心机或压榨机、精滤机、绞肉机、擂溃机、成型机、真空包装机等。

四、实验内容

1. 工艺流程

原料鱼整理→洗涤→采肉→漂洗→脱水→精滤→擂溃→成丸→加热→冷却→包装→冷藏

2. 参考配方

水发鱼丸：鱼肉 20kg，淀粉 4kg，砂糖 0.2kg，黄酒 2kg，食盐 0.5kg，味精 0.1kg，清水适量。

油炸鱼丸：鱼肉 50kg，淀粉 5kg，味精 0.5kg，砂糖 0.8kg，姜末 1kg，葱末 1.2kg，黄酒 0.7kg，清水适量。

3. 工艺要点

（1）原料处理　先将原料鱼洗涤，除去表面附着的黏液和细菌。然后去皮，去头，去内脏。剖割方法有两种：一种是背割，即沿背部中部往下剖；另一种是切腹，即从腹部中线剖开。再用水清洗净腔内残余内脏、血污。

（2）采肉　采肉时，鱼肉穿过采肉机滚筒的网孔眼进入滚筒内部，骨刺和鱼皮留在滚筒表面从而使鱼肉与骨刺、鱼皮得到分离。采肉机滚筒上网眼孔选择范围在 3～5mm，根据实际生产需要可自由选择。

（3）漂洗　漂洗方法有清水漂洗和稀碱盐水漂洗两种，根据鱼类肌肉性质的不同而选择不同的漂洗方法。

漂洗技术关键：一般来讲，漂洗用水量和次数与鱼糜质量成正比，用水量和次数视原料鱼的新鲜度及产品质量要求而定，鲜度好的原料漂洗用水量和次数可降低，甚至可不漂洗，一般对鲜度极好的鱼肉可不漂洗。生产质量要求不高的鱼糜制品，可降低漂洗用水量和次数。漂洗用水一般为自来水，水温要求控制在 10℃以下，避免使用富含钙镁等离子的高硬度水及富含铜铁等重金属离子的地下水。

（4）精滤　用精滤机将鱼糜中的细碎鱼皮、碎骨头等杂质除去。网孔直径为 0.5～0.8mm。精滤分级过程中必须经常向冰槽中加冰，使鱼肉温度保持在 10℃以下，以防鱼肉蛋白变性。

（5）脱水　鱼肉经漂洗后含水量较多，必须进行脱水。脱水方法有两种：一种是用螺旋压榨机除去水分，另一种是用离心机离心脱水，少量鱼肉可放在布袋里绞干脱水。温度越高，脱水速度越快，越容易脱水，但蛋白质易变性，从实际生产工艺考虑，温度在 10℃左右较理想。

（6）擂溃　此工序在鱼丸生产中相当关键，直接影响鱼丸质量。经过擂溃使鱼肉蛋白质充分溶出形成空间网状结构，水分固于其中，使制品具有一定的弹性。擂溃操作应注重以下几点：一是温度，擂溃是研磨破坏组织的过程，会使鱼糜温度升高，需添加冰水或碎冰降低温度，也可选用带冰水冷却夹套的擂溃机（又称双锅擂溃机型）进行擂溃，控制擂溃投料量，把握擂溃时间不能太长。二是空气，擂溃时空气混入过多，加热时膨胀会影响制品外观和弹性，理想的方法是采用真空擂溃。三是添加配料次序，首先分数次加入精盐、多磷酸盐、糖等品质改良剂，擂溃半小时左右，具体视投料品种、数量而定。再加入淀粉和其他调味料擂溃至所需黏稠度。

（7）成丸　现代大规模生产时均采用鱼丸成型机连续生产，生产数量较少时也可用手工成型，随即投入冷清水中，使其收缩定型。

（8）加热　鱼丸加热有两种方式：水煮和油炸。水发鱼丸用水煮熟化，油炸鱼丸用油炸熟化。水煮鱼丸最好采用分段加热法，先加热到40℃保持20min，再升温到75℃至完全熟化。

油炸鱼丸保藏性好，可消除腥臭味并产生金黄色泽。油炸开始时油温保持在180～200℃之间，否则鱼丸投入后油温下降，产品易老化，失去鲜香味。油炸1～2min，待鱼丸炸至表面坚实、浮起呈浅黄色时捞起，沥油片刻。用自动油炸锅则经二次油炸，第一次油温120～150℃，鱼丸中心温度至60℃左右，第二次油温160～180℃，鱼丸中心温度75～80℃。

（9）冷却、包装、冷藏　熟化后的鱼丸用水冷或风冷的方法快速冷却。剔除不成型、焦枯、油炸不透等不合格品，凉透后按规定用塑料袋分装或采用罐头包装。塑料包装的鱼丸在5℃以下可保存3～5天，冻藏品和罐藏品可保存数月。

4. 成品评价

（1）感官指标　外表光洁，不发黏，有弹性；具有鱼肉特有的香味，无异臭，无杂质；煮汤较清、不浑浊。

（2）理化指标　蛋白质含量参考冻鱼丸标准，一般要求大于7%。微生物指标按照GB 10145—1988熟制鱼丸（半成品）卫生标准执行。

五、问题讨论

1. 不同品种原料对鱼丸加工工艺有何不同的要求？
2. 擂溃在鱼丸加工中起什么作用？擂溃工艺有何注意事项？
3. 简述一般鱼糜制品加工工艺。

参 考 文 献

[1] 姚磊，罗永康，沈慧星. 鱼糜制品凝胶特性的控制及研究进展 [J]. 肉类研究，2010，2：18-22.
[2] 任宏伟，胡柳. 我国鱼糜制品现状及发展态势 [J]. 中国水产，2010，08：25-26.
[3] 陆烨，王锡昌，刘源. 冷冻鱼糜及其制品品质评价方法的研究进展 [J]. 食品科学，2010，31（11）：278-281.
[4] 彭增启主编. 水产品加工学 [M]. 北京：中国轻工业出版社，2010.
[5] 夏松养主编. 水产食品加工学 [M]. 北京：化学工业出版社，2008.

（长江大学　孙卫青）

实验八　鱼糕的加工

一、实验原理

鱼糕，又名百合糕，是鱼糜制品中的一种。在碎鱼肉中添加一定量的食盐后，由于机械作用，肌纤维进一步破坏，促进了鱼肉中盐溶性蛋白的溶解，与水混合发生水化作用并聚合成黏性很强的肌动球蛋白溶胶，调味成型并加热后形成具有弹性的凝胶体。

目前认为鱼肉蛋白质形成凝胶过程主要经过三个阶段，即凝胶化、凝胶劣化和鱼糕化。在鱼糜制品加工的擂溃过程中，所加入的食盐将盐溶性的肌原纤维蛋白溶出，使鱼肉蛋白呈溶胶状态。凝胶化通常指在 50℃ 以前，肌球蛋白和肌动蛋白分子形成一个较松散的网状结构，由溶胶变成凝胶。当鱼肉蛋白质凝胶化后，升高温度到一定范围时，形成的凝胶分裂成断裂的网状结构，出现凝胶劣化现象，凝胶劣化一般是由于内源性组织蛋白酶类水解肌球蛋白引起的。经过凝胶劣化温度带（50～70℃）后，若再升高温度凝胶则变成有序和非透明状，凝胶强度明显加大，形成鱼糕。所制成的鱼糕具有入口鲜香嫩滑，清香可口，营养丰富的特点。

二、实验目的

本实验要求掌握鱼糕的加工原理与方法，以及主要工艺操作要点。

三、实验材料和设备

1. 实验材料

新鲜草鱼、猪肥膘肉、鸡蛋、淀粉、食盐、味精、葱、生姜、胡椒粉、水。

2. 实验设备

绞肉机、斩拌机、蒸锅、电磁炉。

四、实验内容

1. 工艺流程

```
                            猪肥膘肉 → 绞碎
                                      ↓
原料选择 → 前处理 → 采肉 → 漂洗 → 擂溃 → 成型 → 蒸制 → 冷却 → 包装 → 冷却 → 成品
                                      ↑
                            调味液
```

2. 参考配方

鲜鱼 5000g，猪肥膘肉 820g，食盐 70g，生姜水 1600g（姜末：水＝3：100），鸡蛋清480g，淀粉 410g，味精 9g，白胡椒粉 9g，葱白末 18g，鸡蛋黄 310g。

3. 操作要点

（1）原料选择　由于鱼糕对弹性及色泽的要求较高，所以要选择原料新鲜，脂肪较少，肉质鲜美，弹性强的白色鱼肉，如草鱼。

（2）前处理　将原料鱼去头、鳞、内脏等，并清洗干净。

（3）采肉　采用人工采肉法。将洗净的鱼从背部剖开，剔去脊骨和胸刺，取出鱼肉，从尾部下刀推去鱼皮，剔除筋膜和鱼肉上附着的红色鱼肉。

（4）漂洗　将鱼肉剔下用流动清水进行漂洗 2～3min，然后用相当鱼肉 6 倍的清水浸漂15min，重复 2～3 次（使产品色泽更洁白鲜亮）。最后将鱼肉放在纱布里用力绞干脱水。

（5）擂溃　擂溃是鱼糜制品加工中的一个重要工序，是将鱼肉斩成泥状并和其他辅助材料拌制均匀的过程。擂溃可分为空擂、盐擂和调味擂溃 3 个阶段：空擂是将鱼糜放入擂溃机内直接擂溃，通过搅拌和研磨作用，鱼肉的肌纤维组织进一步破坏，为盐溶性蛋白的充分溶出创造了良好的条件，时间一般为 10min 左右。盐擂是在空擂后的鱼糜中加入鱼肉量 1%～3% 的食盐继续擂溃的过程，使鱼肉中的盐溶性蛋白质充分溶出，形成黏性很强的溶胶，时间一般控制在15min。调味擂溃是将其他辅料加入，并使与鱼糜充分拌匀，俗称"拌擂"，生姜水可以分次加入，擂溃时间为 20min。为了防止擂溃中鱼糜的凝胶化，整个擂溃过程的温度不超过 10℃。

（6）成型　搅拌混合好的料加入蒸锅后必须整理成表面光滑且厚度均匀，厚度一般为2～3cm 适宜，若太厚其蒸制时间过长，使油脂流失过多，风味损失；太薄则在切片加工后成型不美，不利于加工成各种形状的产品。

（7）蒸制　将成型后的鱼糕先在 45～50℃保温 20～30min，再很快升温至 90～100℃蒸煮 20～30min。这样蒸的鱼糕，其弹性将会大大提高。等蒸 25min 后开笼，用洁净干纱布擦去鱼糕表面汽水，涂上调好的蛋黄，然后再蒸约 5min 即可出笼。

（8）冷却　鱼糕蒸煮后须立即在冷水（10～15℃）中急速冷却，使鱼糕吸收加热时失去的水，防止干燥而发生皱皮和褐变等，并能使鱼糕表面柔软和光滑。

（9）包装　按要求加工成不同形状和大小的产品，然后密封包装于 0～5℃条件下贮藏。

4. 成品评价

① 评价样品的感官质量。鱼糕成品要求外形整齐美观，肉质细嫩雪白，无骨刺感，富有弹性，并具有鱼糕制品的特有风味，咸淡适中，味道鲜美。

② 微生物指标参照 GB 10132—2005 鱼糜制品卫生标准进行。

五、问题讨论

1. 简述鱼糕加工原理。

2. 详细叙述鱼糕加工的关键控制工序。

3. 鱼糕弹性形成的机理及其影响因素是什么？如何提高其弹性？

4. 温度控制在鱼糕加工中有什么样的重要性，并说明其原理。

参 考 文 献

[1] 叶桐封主编. 水产品深加工技术 [M]. 北京：中国农业出版社，2007.

[2] 林洪，曹立民，刘春娥等主编. 水产品资源有效利用 [M]. 北京：化学工业出版社，2007.

[3] 罗登林，聂英，向进乐. 鱼糕加工工艺的研究 [J]. 食品工业，2007，（5）：27-28.

[4] 刘海梅. 鳞鱼糜凝胶及形成机理的研究 [D]. 华中农业大学，2007.

（长江大学　马静）

实验九　鱼肉酱的加工

一、实验原理

鱼肉酱是由传统工艺与现代技术相结合而制成的一种调味品。以鱼肉和甜面酱为主要原料，再添加花生仁、核桃仁、芝麻仁以及各种调味料和淀粉调配而成。产品经过罐装、杀菌、冷却形成现代家庭、饭店、餐馆必备的方便调味佳品。

二、实验目的

本实验要求掌握鱼肉酱的加工原理、调配方法和操作要点。

三、实验材料和设备

1. 实验材料

新鲜鱼碎肉、甜面酱、花生仁、芝麻仁、杏仁、瓜子仁、核桃仁、淀粉、砂糖、黄酒、食盐、味精、辣椒粉、花椒粉等。

2. 实验设备

洗鱼机、采肉机、压榨机、绞肉机、粉碎机、搅拌机、蒸煮锅、罐装机、高压灭菌锅等。

四、实验内容

1. 工艺流程

原辅料选择与处理→鱼肉煮制、绞碎→调配→灌装→杀菌→冷却→成品

2. 参考配方

（1）香辣味配方　煮熟绞碎的鱼肉 390g，辣椒粉 18g，花椒粉 7.5g，花生油 200g，甜面

酱 240g,食盐 20g,白糖 30g,花生仁 117.5g,核桃仁 88g,味精 4.5g,变性淀粉 25g,杏仁 20g,瓜子仁 50g,料酒 10mL,生姜末 20g,葱末 10g,水 190g,芝麻仁 50g,焦糖色素 1.5g。

(2)麻辣味配方　煮熟绞碎的鱼肉 350g,辣椒粉 100g,花椒粉 10g,花生油 200g,甜面酱 240g,食盐 20g,白糖 35g,花生仁 200g,核桃仁 100g,味精 5g,I+G 0.15g,变性淀粉 15g,味仙粉 1g,杏仁 20g,瓜子仁 30g,料酒 15mL,生姜末 20g,葱末 10g,水 730g,芝麻仁 80g,焦糖色素 1.5g,胡椒粉 10g。

(3)五香味配方　煮熟绞碎的鱼肉 350g,五香粉 25g,花生油 200g,甜面酱 240g,食盐 15g,白糖 30g,花生仁 100g,核桃仁 80g,味精 5g,变性淀粉 10g,杏仁 20g,瓜子仁 30g,料酒 15mL,生姜末 20g,葱末 10g,水 470g,芝麻仁 50g,焦糖色素 1g,I+G 0.15g,味仙粉 0.5g。

(4)果味配方　煮熟绞碎的鱼肉 350g,番茄酱 100g,甜面酱 240g,白糖 100g,食盐 5g,花生仁 100g,核桃仁 50g,瓜子仁 30g,味精 5g,芝麻仁 30g,苹果浓缩汁 10mL,变性淀粉 30g,水 730g,焦糖色素 1.5g。

3. 操作要点

(1)原辅料选择与处理　鱼肉先煮熟绞碎备用;各种坚果仁烘烤熟化去皮;淀粉先用部分凉水调成糊状。

(2)香辛料粉的调制　当油温达 140℃时加入姜末、葱末和花椒粉,炸出香味后加入辣椒粉,注意勿焦。

(3)鱼肉酱的调配　将清水 720g 烧开后先投入食盐、白糖溶化,之后依次加入甜面酱、鱼肉、花生仁、核桃仁、芝麻仁,边加边搅拌,然后根据调味需要加入一些调味料粉,最后加入淀粉、麦芽糊精、酵母精和味精等料。应注意所有原辅料应搅拌均匀。

(4)罐装　可以采用罐装或软包装,抽真空封口。

(5)杀菌　酱制品一般都采用高压灭菌,以保证其卫生和保质期。

4. 成品评价

(1)感官指标　具有鱼肉酱特有的香味,且乳化性强、冻融稳定性好。

(2)理化、微生物指标　参考香菇肉酱的标准 QB/T 3601—1999。

五、问题讨论

1. 鱼肉酱调配的关键技术有哪些?
2. 淀粉在鱼肉酱中起什么作用?

<h2 style="text-align:center">参 考 文 献</h2>

[1] 蒲彬,贺玉凤,刘磊,王营丰.羊肉酱加工技术 [J].农村新技术,2009.
[2] 蒲彬,贺玉凤,刘磊,王营丰.羊肉酱产品的加工技术 [J].食品科技,2007,12:121-122.
[3] 彭增启主编.水产品加工学 [M].北京:中国轻工业出版社,2010.
[4] 夏松养主编.水产食品加工学 [M].北京:化学工业出版社,2008.

(长江大学　孙卫青)

<h1 style="text-align:center">实验十　盐渍酶香鱼的加工</h1>

一、实验原理

酶香鱼是用发酵方法加工的腌制品,其制作的原理是:利用鱼体酶类的自溶作用以及微生物在食盐抑制下的部分分解作用，使蛋白质、核酸等分解成为氨基酸、核苷酸等呈味物质，从而使制品具有特殊的风味和滋味，同时更易于人体消化吸收。酶香鱼在广东、福建等省有较久的加工历史。

二、实验目的

通过本实验，熟知酶香鱼的加工原理，掌握酶香鱼的加工方法。

三、实验材料和设备

1. 实验材料

新鲜鱼类、食盐。

2. 实验器具

腌制容器、压石等。

四、实验内容

1. 工艺流程

原料选择与整理→撞盐→腌制→发酵→洗涤→晾晒→包装

2. 操作要点

（1）原料选择与整理　原料宜选用鳞片完整、无创伤、鲜度良好、重 0.75kg 以上的鲜鱼，洗去鱼体表黏液，按大小分开。

（2）撞盐　掀开鱼鳃盖，用小木棒自鳃部向鱼腹塞盐，注意不要捅破腹肉（以免影响发酵）。

（3）腌制　将装好肚盐的鱼，在两腮和鱼体上敷盐，用盐量以 4 天能全部溶化为宜。敷盐后入桶腌渍，先在桶底撒上 1 层薄盐，再将鱼投入桶内，排列整齐，使鱼头向桶边缘，鱼背压鱼腹，1 层鱼 1 层盐。用盐总量为鱼重的 28％～30％，其中鱼鳃和鱼腹 7％，鱼面敷 10％，下桶盐 11％～13％。

（4）发酵　鱼体发酵时间根据气温高低调整，20℃左右时为 2～3 天，25～35℃时为 1～2 天，在发酵期间不加压石，发酵过后即加压石，使卤水浸没鱼体 3～4cm 为度，然后加盖。腌渍成熟 6～7 天。

（5）洗涤　将逐条成品鱼抖出腹鳃内盐粒，手持鱼头浸入清水中，边脱盐，边用软刷将鳃盖内、腹腔中和表皮污物洗涤干净，严防脱鳞，小心放于竹筐内，鱼头向下排列，滴干水分后出晒。

（6）晾晒　最好将鱼鳃盖掀开塞进纸团，平排放于竹帘上。竹帘置于朝阳通风场所，倾斜放置，便于沥净腹腔内的积水。每天翻晒 3～4 次。每逢中午，因为阳光强，气温高，故要移放于阴凉处风干，至午后再日晒。晒至六成干即为成品。

（7）包装　用木桶或竹筐装，内置防潮竹叶片，平放排列，每 50kg 成品用经晒干的粗盐 150g，每件 25kg，标明品名、重量、等级等。

4. 成品评价

① 评价样品的感官质量。酶香鱼咸腥味较浓，质地松软。

② 测定样品的含水量。

五、问题讨论

1. 加工酶香鱼对原料有什么要求？

2. 发酵腌制的原理如何？

3. 加工酶香鱼时应注意哪些问题？

参 考 文 献

[1]　叶桐封主编. 水产品深加工技术 [M]. 北京：中国农业出版社，2007.

[2]　高福成主编. 新型海洋食品 [M]. 北京：中国轻工业出版社，1999.

（天津农学院　刘铁玲）

实验十一　熏鱼的加工

熏鱼又称爆鱼，是人们非常喜爱的特色鱼制品。它的制作工艺和配料简便，色、香、味俱美，宜于直接食用。宴席上常作冷盘、拼盘，也可作炒菜、烧菜或汤类的配料，是较高档的水产熟食品之一。

一、实验原理和目的

熏鱼的生产是利用风干脱水、熏烟杀菌形成保护层，达到长期保存的目的。熏鱼所特有的烟熏香味形成的独特风味已超过了用于保存的加工目的，所以受到了消费者的欢迎。

二、实验目的

通过本实验，熟知熏鱼的加工原理，掌握熏鱼的加工方法。

三、实验材料和设备

1. 实验材料

原料鱼、食盐、豆油、酱油、生姜、白糖、黄酒、红糖、茴香、甘草、花椒。

2. 实验设备

蒸煮锅、烟熏炉、包装机、刀具等。

四、实验内容

1. 产品配方

鱼块 100kg、红酱油 3~6kg、精盐 1~2kg、黄酒、茴香、桂皮、白糖、植物油适量、姜汁、葱、味精少许。

2. 工艺流程

原料鱼→前处理→洗净→盐渍→沥水→风干→熏制→冷却→包装→成品

3. 工艺要点

（1）原料

① 熏鱼的原料以鲤鱼、青鱼、草鱼、鲅鱼为主，鳊鱼、鲢鱼为辅，个体在 500g 以上。

② 选用一级鲜度的鱼为原料。

③ 按鱼的种类和大小分别进行剖割、腌渍和烟熏，使制品的质量规格划一。

（2）清洗

① 在剖割前，必须洗净鱼体上的黏液和污物。

② 体重 1000g 以内的鲜鱼采用背开法，并挖出两鳃，1000g 以上的鱼采用开片法，先去掉头尾，然后背开剖成两片。

③ 剖割后的鱼，除去内脏、血污，刮尽腹膜。

④ 剖割去内脏后的鱼立即用清水洗刷干净，然后进行漂洗。

⑤ 漂洗的水最好是清洁的流水或井水，夏季炎热时可用 5% 左右的稀盐水，以加快脱血速度和缩短漂洗时间。

⑥ 漂洗的时间应根据季节的气温高低而定，春、冬季为 30min 左右，夏、秋季为 10min 左右。

⑦ 漂洗后的鱼应取出，滴去表面的水分，大型鱼如需切块时，每块的大小要求一致，其质量不应小于 250g。

（3）腌渍

① 背开鱼及鱼块均采用过滤后的饱和食盐水（25°Bé）腌渍法，这种腌渍法的优点是：盐分渗入鱼体均匀，并兼有漂洗作用，盐水的用量以浸没鱼体为适度。

② 不同大小的背开鱼和厚度相差较大的鱼块应分别腌渍，使鱼的咸度一致，并便于以下工序。

③ 腌渍时间可根据气温的高低而定，以不超过 24h 为原则。

④ 腌鱼的盐水可以使用两次，第一次用过后，必须另加适量的食盐，使盐水浓度达到 25°Bé，过滤后才能使用。

（4）脱盐

① 脱盐最好用井水，夏秋季气温高时可用 5％左右的稀盐水。

② 脱盐的时间可根据成品规格含盐量的要求加以掌握。

③ 脱盐后的鱼，滴水 30min，并使鱼体内的盐分扩散均匀。

（5）风干

① 背开的鱼最好采用挂晒，鱼块可放在竹帘上晒，但竹帘要离地 0.5m 以上（使空气流通，避免尘土黏附鱼体），不应将鱼放在草地或着地的竹帘上晒。

② 鱼的晒干程度以脱盐后的鱼晒干至原重量的 75％左右为适宜，鱼在晒干过程中，应常翻面，不得在炎热的正午日晒。

（6）熏烟

① 应选用含树脂较少的阔叶树的木屑如柞木、杉木、杨木等锯屑为熏材，并使适当干燥后备用。

② 背开鱼用挂熏法，鱼块可放在熏折（竹帘）上熏，约达熏制时间一半时，将熏折上下倒换和翻转鱼面一次。

③ 冷熏温度为 20～40℃，熏烟时间为 24h 以上。

（7）包装

① 熏好的鱼，充分冷却后才能包装，包装前必须按规定标准分级。

② 熏鱼最好用木箱包装，内铺一层牛皮纸，熏鱼紧密排列，最好加盖密封，每件熏鱼净重为 10kg。

③ 包装容器上附以标签，并注明商品名称、等级、毛重、净重、包装日期、加工厂名称。

4. 熏鱼的贮藏

鱼经熏制后，脂肪的氧化比盐干鱼慢得多，但由于熏鱼的含水量较多，盐分较少，故易腐败变质。用热熏法加工的熏鱼，在常温下只能保存三五天的时间，为了延长贮藏期，可将熏鱼装入坛内，喷洒上少量的白酒，然后密封，则可存放半月以上。

5. 熏鱼的食用

把熏鱼放在容器内，加入葱、姜、花椒等调料，在锅中蒸 1h 左右，将鱼取出放在热花生油中炸成棕红色即可食用。

6. 产品评定

一级品：剖割正确，大小一致，无破伤，鳞完整，鱼腹与表面均洁净，颜色金黄，无盐霜，肉结实，有香味，鱼肉含水量不超过 45％，含盐量不超过 10％。

二级品：剖割稍不正确，无破伤，鳞片部分脱落，表面稍有脂肪流出，但内外均洁净，颜色金黄，稍有盐霜，肉稍软，有香味，略有树脂气味，鱼肉含水量不超过 45％，含盐量不超过 10％。

三级品：体表稍有损伤，鳞片脱落较多，由于剖割不正确，部分肋骨露出，肉有裂纹，稍有黑膜，出油较多，熏烟色泽不匀，呈暗褐色，有盐霜，树脂气味较重，鱼肉含水量与含盐量不符合一、二级品标准。

五、问题讨论

论述熏鱼加工的主要工艺流程及要点。

参 考 文 献

[1] 马汉军. 食品工艺学实验技术 [M]. 北京：中国科学出版社，2009.
[2] 赵金樑. 熏鱼的制备方法. 专利号 ZL 200410015162. 9. 天津市中英保健食品有限公司，2009.
[3] 张芳. 真空油炸技术在熏鱼制品加工中的应用 [J]. 食品科学，2008：29.
[4] 郑坚强主编. 食品工艺与配方系列——水产品加工工艺与配方 [M]. 北京：化学工业出版社，2008.

（东北农业大学　夏秀芳）

实验十二　鱼骨多肽饮料的加工

一、实验原理

骨胶原蛋白经蛋白酶的降解产生活性肽类物质，活性肽在母体蛋白序列中并不具有生物活性，但是经过在体内或体外的酶解，它们的活性就释放出来，就有可能作为具有激素样活性的生理调节剂调节机体的重要生理功能。鱼骨经过酶解以后，可将酶解液脱苦、调配制成不同风味的多肽饮料。

二、实验目的

本实验要求学生对鱼骨的酶解工艺以及饮料的配制工艺有所了解，并熟练掌握其操作方法。

三、实验材料和设备

1. 实验材料

新鲜鱼骨、中性蛋白酶、蔗糖、甘氨酸、柠檬酸、糖、黄原胶、CMC、果汁等。

2. 实验设备

高压灭菌锅、蒸煮锅、榨汁机、均质机、数显温度计、精密 pH 计等。

四、实验内容

1. 工艺流程

新鲜鱼骨→预处理→脱脂→匀浆→加酶水解→灭酶→离心→脱苦→调配→均质→杀菌→冷却→包装→冷藏

2. 操作要点

（1）原料的预处理　将新鲜鱼骨、鱼皮和鱼头用清水洗净表面污物，经 0.1MPa 高压蒸煮 0.5h，目的是将骨软化和杀菌。然后将高压后的骨烘干、粉碎。

（2）脱脂　脱脂的目的是为了使蛋白质更好地酶解。用石油醚浸提去脂（55℃恒温4h），待石油醚完全挥发后进行酶解。

（3）酶解　运用中性蛋白酶水解鱼骨，底物浓度为 0.33kg/L、温度 50℃、加酶量 198μ/g、时间 4h，按料水比为 1∶2 加水进行水解，水解过程调节 pH 值。

（4）灭酶　酶解时间到时再沸水浴 10min 将酶灭活，将酶解液取出冷却。

（5）离心　降温后将酶解液以 3000r/min 离心 10min，取上清液，装入消过毒的容器内，放在冰箱内冷藏备用。

（6）脱苦　蛋白水解前，大部分疏水性侧链藏在内部，不接触味蕾，使人感觉不到苦味。当蛋白质水解时，肽链含有的疏水性氨基酸侧链暴露出来，接触味蕾而产生苦味。水解物必须经过脱苦处理。一般采用外源添加物质通过掩蔽法对酶解液进行脱苦。不同的蛋白水解液，其中的氨基酸组成有所不同，那么采用的脱苦剂也不同，需进行试验。

鲶鱼鱼骨酶解液脱苦参考方案：6％蔗糖、0.7％甘氨酸和0.5％柠檬酸进行联合脱苦。

（7）调配　经过脱苦的酶解液进行饮料调配：白砂糖6.5％、果汁5％、柠檬酸0.2％、蜂蜜1.4％，黄原胶0.1％和CMC 0.1％。

（8）杀菌　根据酶解饮料加工的实际情况选择是否二次杀菌，杀菌条件控制在巴氏杀菌范围，尽可能保持多肽的活性。

3. 成品评价

（1）感官指标　成品澄清透明，无异味，无杂质，酸甜适中，清爽可口。

（2）理化、微生物指标　参考GB 10789—2007饮料通则。

五、问题讨论

1. 影响鱼骨酶解的因素有哪些，如何控制酶解条件？

2. 如何根据酶解液的成分选择脱苦剂？

3. 简述鱼骨多肽饮料的加工工艺。

4. 如何最大程度地保持鱼骨多肽饮料的活性成分？

参 考 文 献

[1]　史智佳，成晓瑜，陈文华，杨巍. 牛骨蛋白酶解制备呈味肽工艺优化 [J]. 肉类研究，2010，2：37-41.

[2]　王金玲，何国. 酶解法制备带鱼脊骨降血压肽及其降血压效果 [J]. 食品与发酵工业，2010，36（4）：54-58.

[3]　谭贝妮，马美湖，魏涛. 牛骨蛋白酶解工艺条件的优化 [J]. 食品科学，2010，31（10）：20-25.

[4]　彭增启主编. 水产品加工学 [M]. 北京：中国轻工业出版社，2010.

[5]　夏松养主编. 水产食品加工学 [M]. 北京：化学工业出版社，2008.

（天津农学院　任小青）

第八章　软饮料工艺学实验

实验一　果肉饮料的制作

一、实验原理

果蔬汁饮料的生产是采用物理的方法如压榨、浸提、离心等方法，破碎果实制取汁液，再通过加糖、酸、香精、色素等混合调整后，杀菌灌装而制成。变色、变味是果蔬汁饮料生产中常见的质量问题，主要原因是酶促褐变、非酶褐变和微生物的生长繁殖。在加工过程中可以采取加热漂烫钝化酶的活性，添加抗氧化剂、有机酸，避免与氧接触等措施和加强卫生管理、严格灭菌操作等手段来加以防止。对于果肉饮料来讲，因为果肉的存在，沉淀的出现是其另一常见的质量问题，可以通过适当的均质操作来加以克服。

二、实验目的

熟悉和掌握果肉饮料生产的工艺过程和操作要点，了解主要生产设备的性能和使用方法，了解防止出现质量问题的措施并理解措施的理论依据。

三、实验材料与设备

1. 实验材料

山楂、苹果或橘子等水果，白砂糖、稳定剂、酸味剂、抗氧化剂、香精、色素等。

2. 实验设备

不锈钢锅、打浆机、榨汁机、胶体磨、脱气机、均质机、压盖机、糖量计、玻璃瓶、皇冠盖、温度计、烧杯、台秤、天平、电磁炉等。

四、实验内容

1. 工艺流程

原料处理→加热软化→打浆过滤→配料→脱气→高压均质→灌装、密封→杀菌→冷却→成品

瓶、盖准备

2. 参考配料

原果浆 35%～40%，砂糖 13%～15%，稳定剂 0.2%～0.35%，色素、香精适量。

3. 操作要点

（1）原料处理　采用新鲜无霉烂，无病虫害、冻伤及严重机械伤的水果，成熟度八至九成。然后以清水清洗干净，并摘除过长的果把，用小刀修除干疤、虫蛀等不合格部分，最后再用清水冲洗一遍。

（2）加热软化　洗净的果实以 2 倍的水进行加热软化，沸水下锅，加热软化 3～8min。

（3）打浆过滤　软化后的果实趁热打浆，浆渣再以少量水打一次浆。用 60 目的筛过滤。

（4）混合调配　按产品配方加入甜味剂、酸味剂、稳定剂等在配料罐中进行混合并搅拌均匀。

（5）真空脱气　用真空脱气罐进行脱气，料液温度控制在 30～40℃，真空度为 55～65kPa。

（6）均质　均质压力为 18～20MPa，使组织状态稳定。

（7）灌装、密封　均质后的果汁经加热后，灌入事先清洗消毒好的玻璃瓶中，轧盖密封。

（8）杀菌、冷却　轧盖后马上进行加热杀菌，杀菌条件为 100℃、20～30min，杀菌后分段冷却至室温。

4. 成品评价

（1）感官指标　具有原料果特有的色泽、香味和气味，果肉细腻并均匀地分布于液汁中。

（2）理化指标　水果原浆含量符合 GB 10789 要求，总糖 8%～15%，总酸 0.1%～0.3%。

（3）评价方法　按照《产品质量监督抽查实施规范果、蔬汁饮料 CCGF 120.4—2008》操作。

五、问题讨论

1. 哪些措施可以防止果汁饮料生产中褐变问题的发生？

2. 浑浊型果汁的稳定性与哪些因素有关？怎样保证和提高其稳定性？

3. 目前饮料工业的灌装和杀菌方式有哪些？

参 考 文 献

[1]　胡小松，蒲彪主编. 软饮料工艺学 [M]. 北京：中国农业大学出版社，2002.

[2]　郭梅，刘金福主编. 食品工艺学实验任务书 [M]. 天津：天津农学院院内教材，2003.

（天津农学院　李昀）

实验二　黄瓜、芹菜复合蔬菜汁的制作

一、实验原理

复合蔬菜汁是利用不同种类的蔬菜原料取汁，并以一定的配合比例进行混合，进而制成的一种蔬菜汁产品。在果蔬组织内含有多种酚类物质和多酚氧化酶，在加工过程中，由于组织破坏与空气接触，使酚类物质被多酚氧化酶氧化，生成褐色的醌类物质，色泽会由浅变深，这种褐色主要来源于酶促褐变；同时，由于果蔬汁中含有氨基酸和还原糖，在贮存过程中还会出现非酶促褐变反应，即美拉德反应。

二、实验目的

本实验要求掌握蔬菜加工中色泽改变的机理和采取的护色措施，理解澄清和均质工艺的不同作用，了解蔬菜的榨汁、过滤以及杀菌方法。

三、实验材料和设备

1. 实验材料

芹菜、黄瓜、白砂糖、蜂蜜、柠檬酸、异维生素 C-Na、维生素 C。

2. 实验设备

打浆机、榨汁机、灌装机、杀菌机、均质机、温度计、pH 计、秤、天平等。

四、实验内容

1. 工艺流程

芹菜→预处理→护绿→榨汁→过滤→澄清→过滤→芹菜汁①

黄瓜→预处理→杀青→榨汁→过滤→澄清→过滤→黄瓜汁②

①②混合→调配→灌装→杀菌→保温试验→成品

2. 参考配方

芹菜汁 2kg、黄瓜汁 8kg、白砂糖 4kg、蜂蜜 0.5kg、柠檬酸 15g、异维生素 C-Na 20g、果胶酶 4g、纯净水 40kg。

3. 操作要点

(1) 芹菜汁的制取　①预处理：选新鲜无霉烂的芹菜，去根、去杂，剔除腐烂的叶和茎，然后洗净，切成 3～5cm 的小段。②护绿：芹菜放入 0.02% 的氯化锌溶液中，在 85℃ 温度下，烫漂 5min。③榨汁：将护绿好的芹菜用破碎机破碎，然后用裹包式液压机压榨，去叶、去杂质，出汁率可达 70%～75%。④过滤：榨出的汁用 200 目的滤布过滤，过滤后的芹菜汁立即加入 0.01% 的异维生素 C-Na 护色。⑤澄清、过滤：将过滤好的汁液加入 0.04% 的果胶酶，澄清 4h，过滤，汁液备用。

(2) 黄瓜汁的制取　①预处理：选择品质优良、水分大、刚摘下的黄瓜，剔除有病虫害的黄瓜，清洗干净，切成 2～3mm 厚的片状。②烫漂护色：在 90℃ 热水中热烫 3～5min，然后投入 0.04% 的醋酸锌护色液中，pH8.0 浸泡 15min。③榨汁、过滤：用打浆机榨汁，并用 200 目的滤布过滤。④澄清、过滤：将过滤好的汁液加入 0.04% 的果胶酶，澄清 4h，过滤，汁液备用。

(3) 混合调配　按配方量取芹菜汁、黄瓜汁、白砂糖、蜂蜜、柠檬酸先用适量的水溶解均匀后加入到蔬菜汁中，再加入余下的全部纯净水并混合均匀。

(4) 灌装、杀菌　将调配好的料液用灌装机进行灌装，在 90～95℃ 温度下，杀菌 10min，然后分段冷却至常温。

(5) 保温试验　将杀菌后的饮料在 28～30℃ 的温度下保温 1 周，若不出现浑浊、沉淀现象，即达到成品的要求。

4. 样品评价

(1) 感官指标　产品澄清无沉淀，无正常视力可见的外来杂质；具有蔬菜的清香，不得有异味。

(2) 理化指标　二氧化硫≤10mg/kg。

(3) 检测方法　按 GB/T 5009.34 规定的方法测定。

五、问题讨论

1. 果蔬在加工中色泽为什么会发生变化，采取的护色措施有哪些？

2. 如何防止果蔬汁在存放过程中发生浑浊、沉淀现象？

3. 制作澄清果蔬汁时澄清工艺的目的是什么？

参 考 文 献

[1] 李瑜主编. 复合果蔬汁配方与工艺 [M]. 北京：化学工业出版社，2007.

[2] 朱秀明，张昶，骆延平. 芹菜、番茄、胡萝卜复合蔬菜汁的研制 [J]. 广州食品工业科技，2001，4：30-32.

[3] 张丽华，韩永斌，顾振新等. 均质压力和稳定剂对复合果蔬汁体态稳定性研究 [J]. 食品科学，2006，1：112-114.

[4] 阚欢，蓝增全，刘惠民. 诺丽、西番莲复合果汁的研制 [J]. 西南林学院学报，2009，3：71-73.

（天津农学院　黄宗海）

实验三　植物蛋白质饮料的制造

一、实验原理

植物蛋白饮料是指用蛋白质含量较高的植物果实、种子以及核果类或坚果类的果仁等为原料，与水按一定比例磨碎、去渣后加入配料制得的乳浊状液体制品。其成品蛋白质含量不低于 0.5%（m/v）。用于生产植物蛋白饮料的原料如大豆、花生、杏仁、核桃、椰子、玉米胚芽等，除了含有蛋白质以外，还含有脂肪、碳水化合物、矿物质、各种酶类如脂肪氧化酶、抗营养物质等。这些成分在加工中的变化和作用往往会引起成品的质量问题，表现在蛋白质沉淀、脂肪上浮、豆腥味或苦涩味的产生、变色及抗营养因子或毒性物质的存在等。另外，根据植物蛋白的性质，如何提高原料中蛋白质的提取回收率和改善制品的口感也是生产中要注意的问题。造成上述问题的原因比较复杂，要进行认真分析，在实验操作时采取具体的措施，如添加稳定剂、乳化剂，通过热磨等方法钝化脂肪氧化酶，真空脱臭去除豆腥味，原料浸泡的 pH 值，原料与水适宜的比例，洗渣用水量及温度，均质时的压力、温度和次数，均质与乳浊液中颗粒大小的关系及对乳浊液稳定性的影响等。还要根据中性（pH7 左右）饮料产品的特点和性质，选择适宜的灌装与杀菌方式。

二、实验目的

通过豆奶或花生乳、杏仁露、椰子汁、玉米胚芽等植物蛋白饮料的制造实验，熟悉和掌握植物蛋白饮料的生产工艺过程，胶体磨、均质机等设备的使用，尤其是蛋白饮料的生产特性及保证和提高产品质量的方法和措施。本实验中学生可以应用所学的饮料工艺学和其他专业知识以及管理学的知识，自主设计和开展实验。

三、实验材料与设备

1. 实验材料

大豆（或花生、杏仁、核桃、椰子、玉米胚芽等）、白砂糖、乳化剂、香精等。

2. 实验设备

玻璃瓶、易拉罐等包装容器、蒸煮设备、磨浆机、过滤机、胶体磨、均质机、真空脱气罐、灌装压盖机等。

四、实验内容

1. 工艺流程

原料→浸泡→钝化脂肪氧化酶→磨浆→分离→真空脱臭→调配→均质→灌装封口→杀菌→冷却→成品

2. 产品配方（以豆奶饮料为例）

大豆：25%，白砂糖：$10\%\sim12\%$，香精：$0.1\%\sim0.3\%$，乳化剂：$0.1\%\sim0.3\%$。

3. 操作要点

（1）大豆浸泡　软化细胞结构，降低磨浆时的能耗与磨损，提高胶体分散程度和悬浮性，增加固形物收得率，用 3 倍于大豆的水浸泡 $8\sim10h$，可在浸泡水中加 $NaHCO_3$ 0.5%。

（2）钝化脂肪氧化酶　钝化脂肪氧化酶的主要方法是加热，可以采用预煮法、干热加热、蒸汽加热和热磨的方法，也可采用调节 pH 值，降低脂肪氧化酶活性的方法。可以根据实验实际情况灵活应用。

（3）磨浆　用磨浆机，一般为砂轮磨，加热水磨碎大豆，温度一定要在 $80℃$ 以上，使酶失活。注意磨浆时的用水量。

（4）分离　用离心机（或筛网）把浆液和豆渣分开。采用热浆分离，可降低黏度，提高固形物回收率。豆渣再用热水洗涤，作为磨浆用水，充分回收蛋白质。

（5）脱臭　在真空脱臭罐中进行脱臭处理。注意真空度和温度。

（6）调配　加入砂糖、乳化剂、香精等进行混合调制，提高豆奶的口感和改善风味等。注意乳化剂的选择及 HLB 值范围。

（7）均质　可采用两次均质，第一次压力为 20～25MPa，第二次压力为 25～35MPa，均质温度在 70～80℃左右。分析乳化体系的构成和性质以及对乳浊液稳定性的影响。可采用比色法检测粒径大小，用离心法对稳定性进行快速判断。

（8）灌装、杀菌　可采用高温装填法，或高压杀菌 121℃，15～30min。杀菌后分段冷却。

4. 成品评价

（1）感官要求

外观：乳白色，无分层、沉淀现象。

滋味气味：具有主要植物蛋白原料（如大豆、花生、杏仁、核桃、椰子）纯正的香味。

（2）理化指标　蛋白质（%，m/v）$\geqslant 0.5$，总糖 4%～8%。砷（以 As 计，mg/L）$\leqslant 0.2$，铅（以 Pb 计，mg/L）$\leqslant 0.3$，铜（以 Cu 计，mg/L）$\leqslant 5.0$，氰化物（以杏仁等为原料，mg/L）$\leqslant 0.05$，脲酶试验（以大豆为原料）阴性，食品添加剂按 GB 2760 规定。

（3）微生物指标　菌落总数（mL^{-1}）$\leqslant 100$，大肠菌群（MPN/100mL）$\leqslant 3$，致病菌（系指肠道致病菌和致病性球菌）不得检出，霉菌、酵母（mL^{-1}）$\leqslant 20$。

五、问题讨论

1. 植物蛋白乳状液性质与产品的稳定性有何关系？
2. 怎样保证和提高产品的稳定性？如何快速判断或测定稳定性？
3. 植物蛋白饮料生产中如何确定均质的次数、压力和温度？
4. 植物蛋白饮料生产中如何提高原料中蛋白质的提取回收率？
5. 在加工环节中如何避免腥味的产生？
6. pH 在中性范围的蛋白饮料生产过程中如何更好地控制微生物污染？

参 考 文 献

[1]　胡小松，蒲彪主编. 软饮料工艺学 [M]. 北京：中国农业大学出版社，2002.
[2]　黄来发主编. 蛋白饮料加工工艺与配方 [M]. 北京：中国轻工业出版社，1996.
[3]　邵长富，赵晋府主编. 软饮料工艺学 [M]. 北京：中国轻工业出版社，1999.

（天津农学院　刘金福）

实验四　碳酸茶饮料的制造

一、实验原理

茶饮料是指以茶叶的萃取液、茶粉、浓缩液为主要原料加工而成的含有一定分量的天然茶多酚、咖啡碱等茶叶有效成分的软饮料。茶饮料可分为很多不同的品种。碳酸茶饮料是指含有 CO_2 的茶饮料，又称茶汽水，一般是由红/绿茶提取液、水、甜味剂、酸味剂、香精、色素等成分调配后，加入碳酸水混合灌装而成。茶饮料的生产首先要保证制备的茶汁的质量。由于茶叶中含有复杂的成分，加工中容易出现茶汁浑浊（茶乳酪）、氧化等现象，影响饮料的外观、口感和风味等。生产中可采取冷却、酶法分解、膜过滤、微胶囊技术等方法解决。在碳酸化过程中，CO_2 的溶解度与压力成正比、与温度成反比，要根据饮料对 CO_2 含量要求、灌装方式和设备的特性，控制合适的温度和压力。

二、实验目的

通过碳酸茶饮料的制造实验，熟悉和掌握茶汁的提取或茶汤的制备过程及解决冷浑浊（茶乳酪）的措施和方法；熟悉和掌握碳酸饮料生产工艺，尤其是碳酸化的原理、设备和操作。

三、实验材料和设备

1. 实验材料

水、茶叶、白砂糖、甜味剂、CO_2、酸味剂、香精、抗氧剂等。

2. 实验仪器和设备

温度计、糖度计、台秤、天平、不锈钢加热锅、过滤机、碳酸化罐、灌装压盖机、PET瓶或玻璃瓶、皇冠盖等。

四、实验内容

1. 工艺流程（一次灌装法）

```
                添加剂          CO₂    消毒←冲瓶←刷瓶←空瓶
                  ↓              ↓        ↓
茶叶→浸泡→茶汁→混合→过滤→冷却→碳酸化→罐装→压盖→检验→成品
                ↑
              糖浆 灭菌←水
```

2. 参考配方

茶叶 1%、砂糖 3%～4%、甜味剂按甜度折算、柠檬酸 0.1%～0.2%、香精、色素等。

3. 操作要点

（1）空瓶清洗　玻璃瓶先用 2%～3% 的 NaOH 溶液于 50℃ 温度下，浸 5～20min，然后用毛刷洗净，灭菌水冲洗，沥干。

（2）用水处理　茶饮料品质的优劣与水质密切相关。茶饮料用水必须经过处理，采用离子交换、电渗析、反渗透的方法，去除金属离子，尤其是铁离子，防止茶饮料产生沉淀、浑浊、变色等现象。

（3）茶汁提取　茶水比例 1:6～1:12，用沸水（90～95℃）浸泡 5～10min，可提取 2次。提取的茶汁要进行转溶处理，解决冷后浑的问题。采取的办法有酶法转溶、碱法转溶、冷冻离心、超滤等。经处理后再与糖浆等混合。

（4）糖的溶解　溶时将配制成的 75% 浓糖液投入锅内，边加热边搅拌，升温至沸，撇除浮在液面上的泡沫。然后维持沸腾 5min，以达到杀菌的目的，取出冷却到室温。

（5）糖浆的配制　糖浆加料顺序极为重要，加料顺序不当可能会失去各原料应起的作用。按照产品配方，其顺序为：茶汁→糖液→防腐剂液→香精→着色剂液→抗氧剂→加水到规定容积。配料时不要过分搅拌，避免吸入空气，影响灌装和产品质量。

（6）碳酸化　根据碳酸化器或汽水混合机的类型，采用低温冷却吸收式或压力混合式进行碳酸化。一般低温冷却吸收式一次灌装法糖浆和水的混合液被冷却到 16～18℃，在 0.784MPa 的压力下与 CO_2 混合进行碳酸化。

（7）灌装　根据灌装机的类型，采用压差式、等压式或负压式灌装。容器可以是玻璃瓶、易拉罐或 PET 瓶。灌装要求达到预期的碳酸化水平，保证合理和一致的灌装高度，密封严密有效，保持产品的稳定性。

4. 成品评价

实验制作的产品应符合下列质量指标。

（1）感官要求

色泽：颜色红棕色或茶叶品种应有的色泽。

气味与滋味：具有茶叶品种应有的香气和滋味，酸甜适口，杀口感强。

外观：清澈透明。

（2）主要理化指标　可溶性固形物（20℃折光计法，%）≥4.5，总酸（以1分子水柠檬酸计，g/L）≥0.6，茶多酚（mg/L）≥100，咖啡因（mg/L）≥20，二氧化碳气容量（20℃时容积倍数）≥2.5。

（3）卫生指标　符合 GB/T 10792—1995 的要求。

五、问题讨论

1. 与其他软饮料相比，茶饮料有何特点？如何控制其质量特性指标？

2. 茶饮料的"冷后浑"是如何形成的？怎样解决？

3. 碳酸饮料生产中为什么要十分注意配料时原辅料添加的顺序和搅拌操作？

4. 本实验为一次灌装法，试分析一次灌装法与二次灌装法的区别？

参 考 文 献

[1] 胡小松，蒲彪主编. 软饮料工艺学［M］. 北京：中国农业大学出版社，2003.

[2] 赵桂玲. 茶饮料的加工技术［J］. 山西师范大学学报（自然科学版），2001，（3）.

（天津农学院　刘金福）

实验五　固体饮料的制作

一、实验原理

固体饮料是由液体饮料除去水分而制成的，其水分含量在5%以内，具有一定形状（如颗粒状、片状、块状、粉末状），需经冲溶才可饮用的饮料。去除水分一是防止固体饮料由于其本身的酶或微生物引起的变质或腐败，可以安全贮藏；二是便于贮存和运输。与液体饮料相比，固体饮料的质量显著减轻，体积显著变小，而且速溶性好，应用范围广。按其主要原料的类别，固体饮料可分为蛋白型固体饮料、可可粉固体饮料及普通型固体饮料。其中，普通型固体饮料又包括果香型固体饮料和其他型固体饮料（依据 CCGF 120.7—2010）。

二、实验目的

本实验要求熟悉和掌握固体饮料生产的工艺过程和操作要点，了解主要生产设备的性能和使用方法，了解防止出现质量问题的措施并理解措施的理论依据。

三、实验材料与设备

1. 实验材料

山楂、白糖（白砂糖）、柠檬酸、食用色素。

2. 实验设备

真空干燥箱、不锈钢锅、打浆机、筛网、不锈钢刀、台秤、天平、电磁炉等。

四、实验内容

1. 工艺流程

原料→清洗→破碎→预煮→浓缩→配料→成型→干燥→包装→成品

2. 参考配料

山楂2kg、白糖（白砂糖）2kg、柠檬酸1g、食用色素适量。

3. 操作要点

（1）原料处理　选取成熟、新鲜、无病虫害的山楂果，用清水冲洗干净。

（2）破碎、预煮　用不锈钢刀将其破碎，再放入锅中，加 1.2 倍量的水预煮 20～30min，使果汁、果胶充分溶出。

（3）浓缩　滤出果渣，将滤液放入不锈钢锅加热浓缩。在浓缩过程中，为了防焦糊要不断地搅拌。浓缩到可溶性固形物达 55％以上，浓缩汁呈酱褐色的黏稠液为止。

（4）配料　按照浓缩汁与白砂糖的比例为 1：（1.0～1.5）加入糖粉，再加入总重量 0.04％的柠檬酸、适量的食用色素，充分搅拌均匀，然后制成适宜的软材，以能"握之成团，按之即散"为度。

（5）成型　将成团的配料手工挤压过 10～20 目筛，手工造粒。在生产上也可以直接使用造粒机造粒。

（6）干燥　将制得的颗粒平铺在瓷盘（或钢化玻璃）上，一般不超过 3cm 厚。在 65～70℃温度下烘烤 4～6h，每 2h 翻动一次。注意均衡温度和定时除湿，待颗粒干燥至水分含量≤5％，将烤盘取出，在室温下冷却，成为颗粒状果晶。

4. 成品评价

（1）感官指标　呈粉红色圆粒形颗粒，大小均匀，疏松，无结块，具有山楂应有的香气和滋味，冲溶后呈均匀浑浊状，无絮状悬浮物，无沉淀。

（2）理化指标　溶解时间≤60s，颗粒度≥85％，水分含量≤5％。

（3）评价方法　按照《产品质量监督抽查实施规范　固体饮料 CCGF 120.7—2010》操作。

五、问题讨论

1. 如果在固体饮料生产中使用沸腾床或流化床，那么生产工艺可以做哪些改进？
2. 有的固体饮料生产中会用到麦芽糊精，其作用是什么？
3. 在固体饮料的工业生产中，应选用哪些设备？

参 考 文 献

[1] 胡小松，蒲彪主编. 软饮料工艺学 [M]. 北京：中国农业大学出版社，2002.

[2] 田呈瑞，徐建国编著. 软饮料工艺学 [M]. 北京：中国计量出版社，2005.

[3] 辛修锋，余小林，胡卓炎. 杨梅颗粒固体饮料的工艺研究 [J]. 食品与发酵工业，2009，35（2）：162-165.

（天津农学院　李昀）

第九章 发酵食品工艺学实验

实验一 果酒的酿造

一、实验原理

果酒是以新鲜水果或果汁为原料，经全部或部分发酵酿造而成的、酒精度在 7%～18% vol 的发酵酒。它可以各种水果为原料进行酿制，品种多，且具有果实的典型风味，包括苹果、梨、葡萄、石榴、桑葚、山楂、山葡萄、枣、樱桃、桃、猕猴桃、杨梅、草莓等水果酒，其中葡萄酒是最著名的也是单品种最多的国际性饮料。果酒可分为平静果酒、起泡果酒和特种果酒三类。

果酒是利用酿酒酵母的作用将果汁中的糖分经发酵分解为酒精、二氧化碳和其他一些副产物（高级醇、甘油、酯类、脂肪酸等），同时将水果中的色素、单宁、有机酸等物质溶入酒中。通常包括两个过程，即酒精发酵和苹果酸-乳酸发酵。酒精发酵即酵母菌利用糖生成酒精的过程，而苹果酸-乳酸发酵则是通过乳酸菌作用降低酒的酸度和生青苦涩味、提高生物稳定性的过程，但并不是所有的果酒都需进行苹果酸-乳酸发酵，只有苹果酸含量高的果酒和红葡萄酒才需苹果酸-乳酸发酵。果酒具有酒精度低，适宜人群多，营养丰富（含有机酸、酯类、氨基酸、维生素、矿物质以及抗氧化成分等）等特点，因此越来越成为消费者青睐的酒精饮料。

果酒的酿造工艺基本近似，不同的水果因为糖度、酸度、出汁率等不同而略有差别。果酒的酿造大多以白葡萄酒酿造工艺为基础。

二、实验目的

本实验要求掌握干白葡萄酒酿造的原理，掌握工艺控制要点，理解发酵过程中的各种物理化学变化。

三、实验材料和设备

1. 实验材料

新鲜的酿酒用白葡萄品种、专用酿酒酵母、白砂糖、果胶酶、酒石酸或柠檬酸、皂土。

2. 实验设备

糖度仪、水浴锅、控温发酵罐、恒温培养箱、冰箱、离心机、温度计、pH 计、天平等。

四、实验内容

1. 工艺流程

$$\text{添加 } SO_2 \quad \text{果胶酶} \qquad\qquad \text{酵母活化 } SO_2$$
$$\downarrow \qquad\quad \downarrow \qquad\qquad\qquad \downarrow \quad\ \downarrow$$

葡萄→分选、清洗→破碎、压榨→葡萄汁→分离清汁→调整糖、酸→发酵→封罐（终止发酵）→皂土澄清→硅藻土过滤→白葡萄原酒→品尝勾兑→冷冻过滤→无菌过滤→干白葡萄酒

2. 操作要点

（1）原料的分选和压榨　选择无病、果穗整齐、成熟度好的白葡萄，剔除霉烂果、杂

果、农药污染果以及其他杂物叶片等进行清水冲洗。然后进行取样检验，测糖度和酸度。将清洗后的葡萄进行除梗破碎、压榨，去掉皮渣，取汁备用。注意破碎时应尽量避免撕碎葡萄皮、弄碎葡萄籽，以免劣质单宁进入葡萄汁。

（2）添加 SO_2　葡萄榨汁后，应立即添加 SO_2，通常使用亚硫酸，要求无色、澄清、透明、无沉淀、二氧化硫含量 6％vol 以上，使用量一般为游离二氧化硫含量 60～80mg/L。SO_2 具有抑菌、抗氧化和澄清的作用。添加 SO_2 后一般在 15℃下静置澄清 2～4h。

（3）添加果胶酶　要求添加的果胶酶纯度高、活性强，出汁率高，无杂味，并有助于释放葡萄汁中的香味物质，使用量根据使用说明来定。在此阶段，温度应控制在 15～18℃，果胶酶添加时要用 10 倍的葡萄汁溶解，加入果胶酶后，视情况静置澄清 8～12h，之后分离清汁。

（4）调整成分　对分离出的清汁进行调糖、调酸。调糖：一般对于糖度低于 204g/L 的果汁要用白砂糖进行调糖，以保证终产品的酒精含量达到葡萄酒标准，调糖量视葡萄汁的具体情况而定。调酸：通常将葡萄汁的酸含量用酒石酸或者柠檬酸调整至总酸 8.0～8.5g/L，加酸量也视葡萄汁情况而定。调酸时用葡萄汁溶解酒石酸或者柠檬酸。

（5）发酵　酵母的活化：将活性干酵母溶于相当于其重量 10 倍的 40℃的水中活化 20min，再加入葡萄汁中。将调整成分后的葡萄汁加入控温发酵罐，也可使用发酵瓶置于恒温培养箱中进行发酵，酵母的接种量约为 15％，具体添加量根据活性干酵母的使用说明而定，一般为 0.1～0.2g/L。发酵温度控制在 18～20℃。发酵中每天需测量发酵液的糖度变化并绘制变化曲线。

（6）封罐　当发酵液中的残糖含量低于 4g/L 时，添加 SO_2 40～60mg/L，并将发酵罐密闭以终止发酵。发酵液静置 5～7 天，保持温度在 15～18℃。

（7）皂土澄清　根据小试计算皂土的最适用量，取 10 倍的冷水溶解皂土并搅拌，完全溶解后静置过夜，然后搅拌并加入待澄清的葡萄酒中，操作时避免接触空气，加入后静置5～7 天，再进行硅藻土过滤，所得澄清液即为干白葡萄原酒。

（8）品尝勾兑　将不同组酿造的原酒进行品尝分级，然后根据级别按比例进行勾兑，使得酒体口感协调，平衡，适口。

（9）冷冻、无菌过滤　由于葡萄酒可能出现酒石沉淀，故在灌装前需要提前进行冷冻处理，在葡萄酒冰点以上 0.5～1℃冷冻 3～5 天，然后过滤去除沉淀，并采用超滤膜进行无菌过滤，即可得到成品干白葡萄酒。

3. 成品评价

（1）成品的感官质量　干白葡萄酒应为浅黄绿色，具有悦人的葡萄品种香，口感清新爽口，酒体和谐平衡。

（2）理化指标　酒精度 11％～13％vol，还原糖≤4g/L，总酸 6.5～7.5g/L，游离 SO_2 30～40mg/L，SO_2≤150mg/L；挥发酸≤0.8g/L。

（3）检测方法　按照《中华人民共和国国家标准葡萄酒、果酒通用分析方法》GB 15038—2005 操作。

五、问题讨论

1. 原料葡萄的选取对成品酒的质量有何影响？
2. 葡萄汁澄清时保持低温有何作用？
3. 发酵过程中发生了哪些变化？发酵的条件应如何控制，为什么？
4. 添加皂土的作用及其原理是什么？
5. 怎样保证葡萄酒的最终酒精度能达到 10％vol？

<h1 style="text-align:center">参 考 文 献</h1>

[1] [美] Roger B Boulton 等著. 葡萄酒酿造学——原理和应用 [M]. 赵光鳌译. 北京：中国轻工业出版社，2001.

[2] 李华主编. 葡萄酒工艺学 [M]. 北京：科学出版社，2007：165-179.

[3] 贾士儒主编. 生物工程专业实验 [M]. 北京：中国轻工业出版社，2004：170-180.

[4] 李明元等. 干白葡萄酒生产工艺研究 [J]. 西南师范大学学报（自然科学版），2008，(5)：33.

（天津农学院 崔艳）

<h1 style="text-align:center">实验二 啤 酒 酿 造</h1>

一、实验原理

啤酒是以麦芽为主要原料先制成麦汁，添加酒花，再用啤酒酵母发酵而制成的一种酿造酒。啤酒生产过程主要分为：麦芽制造（制麦）、麦汁制备（糖化）、发酵、罐装四个部分。啤酒工业化生产可采用传统发酵槽工艺或大型露天发酵罐发酵。小型啤酒酿造设备常用于宾馆饭店和啤酒吧等鲜啤酒的制造。啤酒酿造要把握好以下主要技术问题：啤酒酵母菌株的选择、大麦发芽、麦汁的组分、酵母接种量和接种技术、起酵温度和发酵温度、发酵设备和酵母在发酵中的流态、后酵（或双乙酰还原）条件选择、酵母分离时间和方法、贮酒条件和时间、发酵中压力或 CO_2 的浓度、啤酒过滤方法以及灌装杀菌等。可见啤酒的生产过程比较复杂，涉及和应用到微生物学、生物化学、酶学、化工原理、机械设备和发酵工艺等方面的理论和技术。

二、实验目的

通过啤酒的酿造实验，熟悉和掌握啤酒生产工艺过程，包括麦汁制备、酵母活化培养、啤酒发酵控制的措施和方法；熟悉和掌握啤酒酿造的原理、设备及操作。

三、实验材料和设备

1. 实验材料

大麦或麦芽、大米、啤酒酵母、淀粉酶、麦芽汁琼脂培养基、麦芽汁液体培养基等。

2. 实验仪器和设备

温度计、糖度计、台秤、天平、生化培养箱、麦汁煮沸罐、啤酒发酵罐、过滤机、灌装压盖机、啤酒瓶、皇冠盖等。

四、实验内容

根据实验条件可以选择不同的实验内容和重点。可以从麦芽制造开始到成品啤酒，也可以从麦汁制备（糖化）开始；可以生产熟啤酒或酿造鲜啤酒。啤酒生产的全过程如下：

原料大麦→粗选→精选→分级→大麦→称量贮藏→浸麦→湿大麦→发芽→绿麦芽→干燥→除根→干麦芽→贮藏→成品麦芽→粉碎→麦芽粉→（大米粉→糊化→对醪）→糖化→保温→过滤→（加酒花）煮沸→冷却→（加啤酒酵母）发酵→贮酒→过滤→杀菌→罐装→成品

下面从麦汁制备开始简述实验方法。

1. 麦芽汁的制备（俗称糖化）

准确称取麦芽粉280g，倒入糖化锅，加54℃热水990mL，搅拌混匀，于50～52℃保温60～90min。准确称取大米粉130g，倒入糊化锅，加入50℃的热水630mL，并加入α-淀粉酶（6U/g大米粉），搅拌均匀，于80～85℃保温30～40min。将糊化锅中的醪液升温至100℃，迅速倒入糖化锅中，混匀，于 68℃ 保温 60~90min。其间用碘液进行检查，直至糖化完全。将糖化完全的醪液（糖化醪）升温至 78℃ 后，倒入过滤槽，静置 10min 后进行过滤、洗槽处理。将过滤和洗槽得到的麦芽汁合并，加入 0.12% 的酒花，煮沸 90min。酒花亦可分次加入，目前国内啤酒生产厂家通常分三次或四次加入酒花，例如，第一次是在通麦汁初煮沸时，加入酒花用量的五分之一，第二次是在煮沸 40min 后，加入酒花用量的五分之二，第三次在煮沸终了前 10min，加入剩下的五分之二。煮沸结束后，用糖度计测定麦芽汁浓度，并加入热水使之合乎要求（啤酒成品的酒度）。降温，经分离出酒花的麦芽汁从 95~98℃ 急速冷却至适合于发酵的温度 6~8℃。麦汁冷却后增加了麦汁中的溶解氧，有利于酵母生长繁殖。

2. 低温发酵法生产啤酒的操作步骤

① 发酵罐的清洗和灭菌处理。用 2% 氢氧化钠溶液冲洗锥形发酵罐，然后以清水冲洗至 pH7，用 2% 的甲醛溶液浸泡 2h 以上，再以清水冲洗至无甲醛味。使用前用 75% 乙醇（或 80℃ 热水）灭菌。将麦芽汁冷却后装入发酵罐，接好冷却设备，对啤酒酵母进行扩大培养。②斜面试管→试管培养→三角瓶扩大培养。加入 0.8% 泥状酵母，接种温度 9~10℃，进行低温发酵。发酵过程要严格控制发酵温度，及时观察啤酒产气情况，避免造成杂菌污染而出现异常发酵。发酵时间一般为 15~20 天。主发酵时间为 7~8 天，发酵温度最高不超过 15℃，最好以发酵温度 6~9℃ 为宜，发酵终了温度为 4℃。后酵期间采用"先高后低"的温度控制原则，3℃ 保持 1.5 天左右，然后至 1.5℃ 1 天，贮酒 0~1℃，时间 5~7 天左右。

3. 过滤、杀菌、包装

将贮好的啤酒经过滤装置进行过滤，得到澄清透明的酒体。再进行巴氏杀菌，最后进行罐装成为成品。

4. 产品评定

对啤酒成品进行感官评定、理化指标和卫生指标方面评定。感官评定包括外观、色泽、香气、滋味。理化指标包括原麦汁含量（%）、总酸、糖度、色度、pH、氨基酸含量等。卫生指标包括细菌总数、大肠杆菌数、致病菌等。

五、问题讨论

1. 糖化过程中麦芽中各种酶的作用是什么？
2. 菌种扩大过程中为什么要慢慢扩大，培养温度为什么要逐级下降？
3. 麦芽粉碎程度会对过滤产生怎样的影响？
4. 如何应用酵母菌的生理特性指导啤酒酿造？

参 考 文 献

[1] 管敦仪主编. 啤酒工业手册 [M]. 北京：中国轻工业出版社，1998.
[2] 徐斌主编. 啤酒生产 [M]. 北京：中国轻工业出版社，1998.
[3] 陈宇等译编. 啤酒工艺学 [M]. 南宁：广西大学出版社，2003.
[4] 崔云前著. 微型啤酒酿造技术 [M]. 北京：化学工业出版社，2008.

（天津农学院　刘金福）

实验三　腐乳的制作

一、实验原理

以豆腐为原料，以霉菌为发酵菌种，进行豆腐的发霉、搓毛、盐腌、后发酵及贮存，通过豆腐发霉过程中形成的蛋白酶、淀粉酶等酶将豆腐中的有效物质分解，同时与后发酵中添加的辅料一起形成腐乳特有的色、香、味、体。

二、实验目的

本实验要求掌握腐乳的酿造过程及工艺要点，学习发霉型腐乳酿造过程中的工艺控制及如何避免酿造过程中的一些异常现象。

三、实验材料和设备

1. 实验材料

蔗糖、磷酸氢二钾、硫酸镁、硫酸亚铁、琼脂、豆腐、面粉。

2. 实验设备

恒温箱、高压蒸汽灭菌锅、制曲箱、超净工作台、发酵缸。

四、实验内容

腐乳的制作工艺流程为：

豆腐坯→接种→前发酵→搓毛→腌坯→装坛→后发酵→成品

                               灌配汤料

工艺操作过程如下所述。

1. 前期发酵

豆腐乳的前期发酵过程就是豆腐坯发霉的过程，此过程可通过自然发霉与纯种培养两种形式完成。在实验中采用毛霉进行发酵。以下介绍毛霉菌种保存及扩大培养。

（1）试管菌种　试管菌种是纯种培养的基础。毛霉的原始菌种一般从中国科学院微生物研究所菌种保藏室或各地方微生物研究单位取得。取得的菌种需要传代移接才能使用。菌种的移接传代，首先需要制作培养基，提供菌种的生长条件。培养基可用豆汁培养基或察氏培养基。

察氏培养基：

蔗糖	2g	硫酸亚铁	0.01g
磷酸氢二钾	1g	琼脂	2.5g
硫酸镁	0.5g		

用蒸馏水稀释至1000mL，置于电炉上加热至沸，分装于试管中，再将试管放于高压灭菌器中或常压锅（普通闷罐也可）进行蒸汽灭菌。如用高压灭菌锅，可在0.07MPa压力下保持15min。如用普通锅，可间歇二三次。灭菌后取出，凉成斜面，备用。

用上述培养基接上原来的毛霉菌种，于28～30℃恒温培养箱中培养一周，长出白色绒毛，即为毛霉试管菌种，准备做扩大培养之用。

（2）菌种的扩大培养　若制作生产菌种，需将试管菌种进行扩大培养，扩大培养的培养基有：

① 察氏培养基　配方从略，配于三角瓶中，灭菌后接入试管菌种的菌丝。

② 豆汁培养基　取大豆500g，洗净、加水1500mL浸泡，至豆粒无硬心，捞出，加清水1000mL，温水煮沸3～4h（在煮沸过程中随时加水补充损失量），用脱脂棉过滤得豆汁1000mL，加2.5%饴糖（或麦芽汁500mL），煮沸，备用。

③ 固体培养基　常用的固体培养基多用于扩大培养，以做成菌粉供生产接种用。一般用三角瓶培养，取豆腐渣与大米粉（或面粉）混合［其配比为1∶1（质量比）］，装入三角瓶，其量不可过多，以1～2mL厚度为宜，加棉塞，高压灭菌（0.1MPa）1h，加至室温接

种，于 20～25℃培养 6～7 天，风干后，每瓶加少量大米粉，混匀即成菌种粉。

（3）接种培养

① 接种 当白坯降至 35℃时，即可进行接种。如为固体菌粉，可筛至码好的白坯上，要求均匀，每面都应有菌粉。如为液态原菌，可采用喷雾法接种，或将白坯浸蘸菌液。将原液加入 4 倍冷开水，对成接菌用菌液，一般盛在搪瓷盆中，白坯蘸匀菌液即离开菌液，以防水分侵入坯内，增大其含水量而影响毛霉生长。喷雾法操作简单，坯子吸水机会少有利于原菌的生长，但不易做到六面均蘸原菌，所以要喷涂均匀。

② 摆坯 接好种的白坯放在笼屉内，行间留间隔，以利通风调节温度。在制曲箱内保温培养。

③ 发霉 制曲箱温度宜控制在 20～25℃，最高 28℃，干湿差保持 1°左右，在生长正常情况下，一般 48h 菌丝开始发黄，转入衰老阶段，这时即可错笼，降温，停止发霉。

发霉好后应及时腌制，防止发霉过老发生"臭笼现象"。

2. 腌坯

前发酵是让菌体生长旺盛，积累蛋白酶，以便在后发酵期间将蛋白质缓慢水解。在进行后发酵之前，须将毛坯的毛搓倒以便腌坯操作。

（1）搓毛 发霉好的毛坯要即刻进行搓毛。将毛霉或根霉的菌丝用手抹倒，使其包住豆腐坯，成为外衣，同时要把毛霉间粘连的菌丝搓断，分开豆腐坯，这一操作与成品块状外形有密切关系。

（2）腌坯 毛坯经搓毛之后，即行盐腌，将毛坯变成腌坯。

腌制的目的在于：

① 渗透盐分，析出水分。腌制后，菌丝与腐乳坯都收缩，坯体变得发硬，菌丝在坯体外围形成一层被膜，经后发酵之后菌丝也不松散。

腌制后的盐坯水分含量从豆腐坯的 72％左右下降为 56.4％左右，使其在后发酵期间也不致过快地糜烂。

② 食盐有防腐能力，可以防止后发酵期间感染杂菌引起腐败。

③ 高浓度食盐对蛋白酶有抑制作用，使蛋白酶作用缓慢，不致在未形成香气之前腐乳就糜烂。

④ 使腐乳有一定的咸味，并容易吸附辅料的香味。

腌坯的用盐量及腌制时间有一定的标准，食盐用量过多，腌制时间过长，不但成品过咸，而且后发酵期延长，食盐用量过少，腌制时间虽然可以缩短，但易引起腐败。

用盐量可根据每万块加盐 50～60kg，腌坯时间为 7 天。

3. 后期发酵

后期发酵，即发霉毛坯在微生物的作用下以及辅料的配合下进行后熟，形成色、香、味的过程，包括装坛、灌汤、贮藏等几道工序。

（1）装坛 取出盐坯，将盐水沥干，装入坛或瓶内，先在木盆内过数，装坛时先将每块坯子的各面蘸上预先配好的汤料，然后立着码入坛内。

（2）配料灌汤 配好的汤料灌入坛内，要淹没坯子 1.5～2cm，如汤料少，没不过汤的坯子就会生长各种杂菌，如霉菌、酵母、细菌，再加上浮头盐，封坛进行发酵。

豆腐乳汤料的配制，各地区不同，各品种也不相同。

青方腐乳装坛时不灌汤料，每 1000 块坯子加 25g 花椒，再灌入 7°Bé 盐水（用豆腐黄浆水掺盐或腌渍毛坯时流出的咸汤）。

红方腐乳一般用红曲醅 145kg，面酱 50kg，混合后磨成糊状，再加入黄酒 255kg，调成

10°Bé 的汤料 500kg，再加 60°白酒 1.5kg，溶糖精 50g、药料 500g。搅拌均匀，即为红方汤料。

4. 贮藏

豆腐乳的后期发酵主要是在贮藏期间进行的。由于豆腐坯上生长的微生物与所加入的配料中的微生物在贮藏期内引起复杂的生化作用，促使豆腐乳成熟。

豆腐乳按品种配料装入坛内，擦净坛口，加盖，豆腐乳封坛后即放在通风干燥之处，利用户外的气温进行发酵，红方一般需贮藏 3～5 个月。

五、产品评价

产品营养丰富，色泽鲜艳，具有腐乳特有的香气。

六、问题讨论

对各环节作详细记录，并对实验现象进行分析。

参 考 文 献

[1] 梁定羹. 豆腐乳制作技术 [J]. 农村新技术，2000，10.
[2] 李光河. 自制豆腐乳 [J]. 农家参谋，2003，5.
[3] 丽娜. 豆腐乳制作技术 [J]. 农村新技术，2010，10.
[4] 邸瑞芳. 加工豆腐乳新技术 [J]. 小康生活，2006，4.
[5] 杨书玺. 豆腐乳好吃也好做 [J]. 农村百事通，2000，5.

（天津农学院　孔庆学）

实验四　食醋酿造

一、实验原理

利用微生物细胞内各种酶类，进行淀粉糖化、酒精发酵和醋酸发酵。

二、实验目的

通过实验，掌握食醋的生产过程及工艺控制。

三、实验材料与设备

白酒或食用酒精为原料，醋酸菌种，恒温培养箱等。

四、实验内容

1. 菌种扩培

（1）试管菌种培养　常用培养基有以下两种。

A：葡萄糖 0.3g、酵母膏 1g、碳酸钙 2g、6°酒液 100mL、琼脂 2～2.5g。

B：6～7°Bé 米曲汁 95%、酒精 4%、碳酸钙 1.5%、琼脂 2%。

在无菌操作条件下，接入醋酸菌，31℃恒温培养 48h。

（2）三角瓶培养　常用以下两种培养基培养。

A：酵母膏 1%、葡萄糖 0.3%、水 100mL，灭菌后，无菌条件添加 95°酒精 4%。

B：6～7°Bé 的米曲汁 100mL，灭菌后，无菌操作添加 95°酒精 4%。

三角瓶容量为 500mL，装入培养基 100mL，每支试管菌种接 2～3 瓶，摇匀，30℃下静置培养 5～7 天，液面上长有菌膜，嗅之有醋酸清香即为成熟。如果用摇床振荡培养，三角瓶内培养即可增至 120～150mL，31℃恒温培养 24h 即可。

2. 接种

将白酒或食用酒精稀释，使其含量达到 7％～8％，接入三角瓶醋酸菌，接种量 2％～3％。

3. 发酵

温度控制在 28～30℃，当醋酸含量达到 7％～9％，及时加入 3％左右的食盐，终止醋酸发酵，并使产品具有一定的咸味。

4. 灭菌

80℃，40min。

五、产品评价

国家一级食醋醋酸含量达到或超过 3.5％，色泽淡黄色。具有正常滋味与气味。无沉淀、无杂质。

六、问题讨论

1. 液态发酵法的优缺点是什么？并指出生产的关键。

2. 在现有条件下，如何进行工艺控制，并提出改进的措施。

参 考 文 献

[1] 王标，杜鹏宁. 四种食醋酿造方法优劣之探讨 [J]. 中国调味品，1995，8.

[2] 逯伟防. 营养食醋酿造工艺 [J]. 中国酿造，1994，1.

[3] 韩风华. 谈谈食醋酿造工艺 [J]. 山东食品发酵，2003，3.

[4] 信溪. 中国酱油、食醋酿造业发展概况 [J]. 中外食品，2004，8.

[5] 蔡美珠. 关于食醋酿造合理掌握用曲量问题的探讨 [J]. 中国酿造，1992，1.

[6] 沈龙青. 食醋酿造工艺 [J]. 中国酿造，1991，1.

（天津农学院　孔庆学）

实验五　白酒勾兑

一、实验原理

白酒又名烧酒，它是以曲类、酒母等为糖化发酵剂，利用粮谷或代用料，经蒸煮、糖化发酵、蒸馏、贮存、勾兑而成的蒸馏酒。按糖化发酵剂分类有大曲酒、小曲酒和麸曲酒；按发酵特点分为固态发酵、半固态发酵和液态发酵酒；按原料分为粮食酒、薯类酒和代粮白酒；按香型分为酱香型、浓香型、清香型、米香型和兼香型白酒。

白酒生产素有"七分技术，三分艺术"之说，三分艺术就是指白酒的勾兑。在白酒中，98％左右的成分是乙醇和水；其余为上百种微量成分，尽管它们的总和不到 2％，但其作用颇大，它们在酒中的含量及其比例关系决定着白酒的风格和质量。在白酒生产过程中，由于生产周期长，影响因素多，即使用同样的原料和工艺，不同季节、不同班次、不同窖池蒸馏出的白酒，其香味特点和质量上的波动也很大，很难达到质量和风格上的统一，因此必须在出厂前，把生产出的各具不同特点的酒，按照标准酒样，对其色、香、味作适当的调兑、平衡，重新调整酒内不同成分的组成和比例，以保证出厂产品的品质一致性，并兼具该酒的风格特点，这一过程就是勾兑。

白酒的勾兑即酒的掺兑、调配，包括基础酒勾兑和调味两个过程，是平衡酒体、使之保持一定风格的一门技术，对于稳定和提高白酒质量有明显的作用。现代化的勾兑是先进行酒体设计，按统一标准和质量要求进行检验，最后按设计要求和质量标准对微量香味成分进行综合平衡的一种特殊工艺。白酒中的主要成分是醇类物质，同时还含有酸、酯、醛、酮、酚等微量成分，它们之间的比例关系决定着产品的风格。基础酒勾兑是将酒中各种微量成分以不同的比例兑加在一起，使其分子重新排布和缔合，进行协调平衡，烘托出基础酒的香气、口味和风格特点；调味是对基础酒进行精加工，是一项非常精细的工作，用极少量的精华调味酒，弥补基础酒在香气和口味上的不足，使其更为优雅细腻，完全符合质量标准。因此调味和勾兑是密切相关、相辅相成的。另外不同香型的白酒，因其生产工艺不同而导致酒中微量成分含量的不同，其勾兑、调味比例也是有很大不同的。

二、实验目的

本实验要求掌握白酒勾兑的基本原理，了解浓香型新型白酒勾兑的基本方法，并能对白酒的品评知识有一定的认识和了解。

三、实验材料和设备

1. 实验材料

原酒（大曲酒，曲酒，固态发酵酒），各种酒用香精香料（己酸乙酯，乙酸乙酯，丁酸乙酯，乳酸乙酯，戊酸乙酯，乙醛，乙缩醛，糠醛，丙酸，丁酸，乙酸，己酸，乳酸，丙三醇，正丁醇，异戊醇，正丙醇，仲丁醇，异丁醇，甘油等）；优质食用酒精 95% vol；纯净水，酒用活性炭。

2. 实验仪器

酒精度计；不同规格的吸管、具塞三角瓶、量筒、烧杯；玻璃棒；微量移液枪或微量进样器；无色无花纹酒杯（60mL）；硅藻土过滤器；天平等。

四、实验内容

1. 工艺流程

原酒　　香精、香料

食用酒精 → 加浆降度 → 勾兑 → 检验 → 调味 → 加浆降度 → 活性炭除浊 → 静置(24～48h) → 硅藻土过滤 ┐

成品 ← 贮存 ← 检验 ┘

2. 参考配方

浓香型大曲酒和食用酒精的勾兑用调味液为：己酸乙酯 0.08%～0.2%，冰醋酸 0.01%～0.04%，异戊醇 0.006%～0.008%，乙酸乙酯 0.08%～0.15%，己酸 0.006%～0.015%，2,3-丁二酮 0.004%～0.008%，乳酸乙酯 0.01%～0.04%，丁酸 0.006%～0.01%，乙缩醛 0.002%～0.004%，丁酸乙酯 0.006%～0.02%，乙醛 0.002%～0.004%，甘油 0.01%～0.04%，戊酸乙酯 0.002%～0.01%。

3. 操作要点

（1）原酒的选择　选择浓香型大曲酒、曲酒或固态法白酒作为酒基，取 100mL 置于量筒中，测其酒精度。

（2）食用酒精的加浆降度　首先将优质的 95% vol 的食用酒精降度为 50%～60% vol，计算纯净水的加量。降度后的酒精备组合勾兑之用。

（3）勾兑　将上述降度后的食用酒精和选择的原酒组合勾兑到酒精度为 55% vol，再进行调香调味。根据实验设计的成品酒精度和质量，对降度食用酒精和原酒的添加量进行计算[也可按常用比例：20%～30%（质量分数）原酒＋70%～80%（质量分数）食用酒精进行添加]。

（4）检验　取少量上述勾兑后的酒进行感官品尝、理化指标检验和气相色谱分析，以确定目前酒中各主要成分含量、理化指标及其优缺点。

（5）调味　根据浓香型白酒的国家标准（见5.成品评价）、所设计成品白酒的控制标准（即该酒的主要成分含量或含量范围）以及上述检验结果进行调香调味，各种香精香料的添加量可通过计算得出。通常浓香型白酒中各种成分的比例如下，该比例保证了浓香型白酒所应具有的风格和香气特点（也可参考上面配方）。

己酸乙酯：乳酸乙酯：乙酸乙酯：丁酸乙酯＝1：0.65：0.5：0.1；

己酸：乙酸：乳酸：丁酸＝35％：35％：20％：10％；

乙醛：乙缩醛＝3：4；

异戊醇大于丁醇，可适量添加；双乙酰、甘油及其他成分可按品尝结果适量添加。

例如55％vol勾兑后酒的内控指标可设计为：总酸0.45～0.7g/L，总酯＞1.5g/L，乙酸乙酯0.6～1.5g/L，乙缩醛0.06～0.2g/L，异戊醇0.06～0.2g/L。其他成分含量可根据上面比例计算得出（假定乙酸乙酯为1g/L，则根据比例，己酸乙酯为2g/L、乳酸乙酯为1.3g/L）。

因此在调味时即可按照主要成分的设计内控指标和前面的检验结果进行各种成分的相应添加。注意调香调味过程中应遵循先调香，后调味；先调酯，后调酸的原则进行。因为这些成分含量极少，应采用移液枪或色谱用微量进样器进行加样。

（6）加浆降度　根据所设计成品酒的酒精度和质量要求（一般实验要求酒精度在38％～50％vol之间），进行最后的加浆降度，计算出纯净水的添加量。

（7）活性炭处理　添加专门的浓香型酒用活性炭对上述再次降度后的酒进行除浊净化处理，活性炭加量及处理时间可参考使用说明，静置12～24h后，硅藻土过滤，得澄清酒液。

（8）检验贮存　对上述酒再次进行感官、理化指标以及气相色谱检验，检验合格后，贮存一段时间，使酒体中各组分平衡协调，即为勾兑成品。如不合格，可进行微调味，直到合格为止。

4. 计算

（1）将高度酒调整为低度酒（质量百分比计算法）

$$加浆量 = \frac{原酒质量 \times 原酒质量百分数}{设计酒的质量百分数} - 原酒质量 \qquad (9\text{-}1)$$

例：将100kg酒精度65％vol的原酒勾兑成60％vol，计算加浆量。

65％vol对应的质量百分数为57.1527，60％vol对应的质量百分数为52.0829，则

$$加浆量 = 100 \times 57.1527/52.0829 - 100 = 9.73kg$$

（2）将低度酒调整为高度酒

$$加高度酒体积 = \frac{(设计酒酒度 - 低度酒酒度) \times 原酒体积}{高度酒酒度 - 设计酒酒度} \qquad (9\text{-}2)$$

例：将100L酒度为45％vol的原酒，用95％的食用酒精调至酒精度40％，需多少酒精？

$$加酒精量 = (45-40) \times 100/(95-45) = 10L$$

（3）两种不同酒精度的酒勾兑成一定数量和酒精度的酒

$$高度酒质量 = \frac{勾兑后酒的质量 \times (勾兑后酒的质量分数 - 低度酒的质量分数)}{高度酒的质量分数 - 低度酒的质量分数} \qquad (9\text{-}3)$$

$$低度酒质量 = 勾兑后酒的总质量 - 高度酒的质量 \qquad (9\text{-}4)$$

注：质量分数可查相关附表——酒精分数、密度、质量分数对照表。

5. 成品评价

（1）感官指标　外观要求无色、清亮透明、无悬浮物、无沉淀，但当酒温低于 10℃时，允许出现白色絮状物或失光，10℃以上时恢复正常；酒体入口纯正，后味较净，具有浓香型白酒的风格。参照 GB/T 10345。

（2）理化指标

原料：食用酒精要符合 GB 10343—2002 优级或普通级；香精香料要符合 GB 2760—2007 食品添加剂卫生标准，无异香；纯净水应符合 GB 5749—2006。

成品：低度酒为酒精度 25%～41%vol，总酸≥0.25g/L（以乙酸计），总酯≥1.00g/L（以乙酸乙酯计），己酸乙酯 0.40～2.20g/L，固形物≤0.70g/L；高度酒为酒精度 41%～60%vol，总酸≥0.3g/L（以乙酸计），总酯≥1.50g/L（以乙酸乙酯计），己酸乙酯 0.60～2.80g/L，固形物≤0.40g/L。

（3）卫生指标　应符合 GB 2757。

（4）检测方法　按照《中华人民共和国国家标准理化要求的检验》GB/T 10345 操作。

五、问题讨论

1. 什么是白酒的勾兑？

2. 白酒的勾兑中应注意什么？

3. 调味的原理是什么？

4. 浓香型白酒中哪种酯类含量较高？

参 考 文 献

[1] 沈怡方，李大和. 低度白酒生产技术 [M]. 北京：中国轻工业出版社，1996.

[2] 章克昌主编. 酒精与蒸馏酒工艺学 [M]. 北京：中国轻工业出版社，2005：505-510.

[3] 陆寿鹏，张安宁. 白酒生产技术 [M]. 北京：科学出版社，2004.

[4] 杨应伶，秦士杰. 也论新型白酒的勾兑生产 [J]. 酿酒，2000，(5)：26-27.

[5] GB/T 10781.1—2006，浓香型白酒国家标准 [S].

（天津农学院　崔艳）

实验六　纳豆的制作

一、实验原理

纳豆是一种发酵豆制品，作为日本人的主要佐餐食品已有 1000 多年的历史了。由于纳豆的医疗保健作用其得到了越来越多而广泛的承认，目前，纳豆已成为盛行于日本、加拿大、美国等一些国家的一种保健食品，消费量在逐年增加。纳豆之所以成为举世公认的医疗保健食品，是因为不仅其原材料大豆是一种营养保健型食品，而且，纳豆枯草芽孢杆菌在发酵大豆的过程中又分泌和合成了很多种酶类、维生素、氨基酸及其他纳豆特有的营养素和生理活性物质，如纳豆激酶（Nattokjnase，NK）、Pyrazine、抗菌肽、VKZ。其中，NK 和 Pyrazine 是两种在人体内直接和间接溶解血栓的活性物质，既可以阻止血栓的形成又可以溶解血栓，因此它们可以有效地预防和治疗心肌梗死、脑血管梗死、中风等死亡率和癌症近乎同等的疾病。

二、实验目的

掌握纳豆的传统制作工序，了解纳豆的保健功能以及其加工工艺优化的条件。

三、实验材料与设备

1. 实验材料

大豆（市售）、盐、糖、纳豆枯草芽孢杆菌（或市售纳豆发酵剂）。

2. 实验设备

高压锅（或灭菌锅）、锡箔纸、恒温箱。

四、实验内容

1. 工艺流程

大豆→浸泡约 12h、使体积增加 2 倍左右→蒸煮、消毒→冷却→铺层→发酵→后熟

芽孢、糖和盐→混匀→接种

2. 实验步骤

① 将大豆彻底清洗后用 3 倍量的水进行浸泡。浸泡时间：夏天 8～12h、冬天 20h。以大豆吸水重量增加 2～2.5 倍为宜。

② 将浸泡好的大豆放进蒸锅内蒸 1.5～2.5h，或用高压锅煮 10～15min。实验室中也可用普通灭菌锅在充分放气后，121℃高温高压处理 15～20min。其中在盛装大豆的容器中铺好锡箔纸，用筷子等尖细物在锡箔纸上打多个气孔，然后将容器密封好，以免灭菌后拿出时污染杂菌。蒸到以大豆很容易用手捏碎为宜。宜蒸不宜煮，煮的水分太大。

③ 搅拌时使用的橡胶手套也要用开水灭菌。

④ 大豆蒸熟后，不打开容器的盖子，倾去容器内的水，移入超净工作台中，以免杂菌污染。

⑤ 在事先灭菌的杯子里用 10mL 开水溶解盐（约 0.1％）、糖（约 0.2％）和 0.01％纳豆杆菌芽孢（或市售纳豆发酵剂，按其说明使用），将其混合液喷洒于大豆中搅拌均匀。

⑥ 把接种好的大豆均匀地平铺于之前灭好菌的锡箔纸上，厚约 2～3cm，不宜太厚。将锡箔纸折过来（或用另一张锡箔纸）铺盖于豆层上面。

⑦ 于 37～42℃的环境下培养 20～24h。也可在 30℃以上的自然环境中发酵，时间适当延长。当发酵完成时，纳豆就基本做成了。

⑧ 发酵好的纳豆还要在 0℃（或一般冷藏温度）保存近 1 周进行后熟，便可呈现纳豆特有的黏滞性、拉丝性、香气和口味。

3. 成品评价

成品纳豆产品应该呈现纳豆特有的黏滞性、拉丝性、香气和口味。

五、问题讨论

1. 怎样判断做好的纳豆没有被杂菌污染？

2. 发酵好的纳豆为什么要进行后熟？

3. 通气情况对接种好的大豆的发酵过程有什么影响？

参 考 文 献

[1] 郭军，孙玉萍，苏玉枝. 纳豆的制作及保健功能 [J]. 中药材，2002，1.

[2] 欧阳涟，李曼，徐尔尼，郑辉. 纳豆食品的研制 [J]. 大豆科学，2007，1.

[3] 鞠洪荣. 纳豆的保健性与制作方法 [J]. 中国酿造，2000，6.

[4] 郭德军，孙晶东，肖念平. 纳豆加工工艺的研究 [J]. 黑龙江八一农垦大学学报，2005，5.

（天津农学院　孔庆学）

实验七　酱油酿造

一、实验原理

酿造酱油（fermented soy sause）是以大豆和（或）脱脂大豆、小麦和（或）麸皮为原料，经微生物发酵制成的具有特殊色、香、味的液体调味品。国内外酱油生产的工序基本是一致的，即：原料处理、制曲、制醅（醪）发酵、取油、加热配制。但在具体的方法上有所不同，主要是以发酵的方法来区分。将成曲加入多量盐水，使呈浓稠的半流动状态的混合物称为酱醪；将成曲拌加少量盐水，使呈不流动状态的混合物，称为酱醅。根据醪及醅状态的不同可分为稀醪发酵、固稀发酵、固态发酵；根据加盐多少的不同又可分为高盐发酵、低盐发酵、无盐发酵；根据发酵控温状况又有常温发酵及保温发酵之分。上述几种发酵方式各有优点，使得成品酱油在风味上有所不同。酱油酿造的基本原理包括：淀粉的糖化、蛋白质的分解、脂肪的分解、纤维素的分解及色香味体的形成等复杂的化学和生物化学反应，使酱油中除食盐外还含有 18 种氨基酸以及多肽、还原糖、多糖、有机酸、醇类、醛、酯、酚、酮、维生素、多种微量元素等成分。优质的酱油必定是鲜、咸、甜、酸、苦五味调和，色、香、味、体俱佳的产品。

二、实验目的

通过酱油酿造实验，熟悉和掌握酱油生产工艺过程，包括种曲和成曲制备、酱油发酵控制的措施和方法；熟悉和掌握酱油酿造的原理、设备及操作。

三、实验材料和设备

1. 实验材料

水、大豆或脱脂大豆（豆饼、豆粕）、小麦、麸皮和食盐；米曲霉菌种、酵母菌种、霉菌培养基、酵母培养基等。

2. 实验仪器和设备

温度计、台秤、天平、三角瓶、生化培养箱、蒸锅、发酵罐、过滤机、包装瓶等。

四、实验方法

下面介绍固态低盐发酵法制造酱油的过程和方法。工艺流程如下：

　　　　　　　　　　麸皮　热水　　　　　　　种曲　　　　　　食盐→溶解
豆饼或豆粕 → 粉碎→混合→润水→蒸煮→冷却→接种→通风培养→成曲→制醅┐
成品酱油←配制←加热←生酱油←浸出淋油←酱醅成熟←入池保温发酵(移池法中间移醅 1～2 次)←┘

1. 种曲制备 （以培养沪酿 3.042 米曲霉为例）

（1）种曲原料配比　可选用下列各种配比：①麸皮 80，面粉（干薯粉）20，水 70 左右；②麸皮 85，豆饼（或豆粕）粉 15，水 90 左右；③麸皮 100，水 95 左右。

（2）原料处理　原料混匀后，用 3.5 目筛子过筛，适当堆积润水后即可蒸料，常压为 60min，加压为 30～60min（0.1MPa），出锅后过筛，以便迅速冷却，熟料水分为 50%～54%。有的处理是，混料后加 40%～50%水，蒸熟后过筛，然后再加 30%～45%冷开水，在冷开水中添加 0.3%冰醋酸或醋酸钠 0.5%～1%（以原料量计算），能有效地抑制制曲中细菌的繁殖。

（3）接种　将试管原菌用三角瓶扩大培养后作为菌种进行接种，温度为夏季 38℃左右，接种量为 0.5%。接种后快速充分拌匀，装入曲盘，上盖灭菌的干纱布后，送入种曲室或恒温恒湿培养箱。

（4）培养　曲盘制种曲操作方法：曲盘装料摊平后（厚度为 6～7cm），先用直立式堆叠，维持室温 28～30℃ 及品温 30℃，干湿相差 1℃。培养 16h 左右，当品温上升至 34～35℃，曲料表面稍有白色菌丝及结块时，进行第 1 次翻曲，翻曲后堆叠成十字形，室温按品温要求适当降低至 26～28℃。翻曲后 4～6h，当品温又上升至 36℃ 时，进行第 2 次翻曲，每翻毕一盘，上盖灭菌湿纱布一块，曲盘改堆成品字形。掌握品温在 30～36℃，培养 50h 揭去纱布，继续培养一天进行后熟，使米曲霉孢子繁殖良好，种曲全部达到鲜艳的黄绿色。实验室可以用大三角瓶按照上述条件要求制备种曲。

2. 成曲制备

工业化生产大多采用厚层通风制曲，实验中可采用小型固态发酵罐或恒温培养箱制曲。厚层通风制曲工艺如下。

　　　　　　　　　　麸皮　热水　　　　　　　种曲
豆饼或豆粕 → 粉碎→混合→润水→蒸煮→冷却→接种→通风培养→成曲

（1）制曲原料及处理　主要原料为豆饼或豆粕和麸皮。豆饼与麸皮的配合比例也有采用 8：2 或 7：3 或 6：4 者。以豆饼为原料要进行适度的粉碎，要求颗粒大小为 2～3mm，粉末量不超过 20%。

（2）润水　原料配比用豆粕（或豆饼）100：麸皮 10，按豆粕（或豆饼）计，加水量为 80%～85%，使曲料水分达到 50% 左右。一般润水时间为 1～2h，润水时要求水、料分布均匀，使水分充分渗入料粒内部。

（3）蒸料　用蒸锅蒸料，一般控制条件约为 0.18MPa，5～10min；或 0.08～0.15MPa，15～30min。在蒸煮过程中，蒸锅应不断转动。蒸料完毕后，立即排汽，降压至零，然后关闭排汽阀，开动水泵用水力喷射器进行减压冷却。锅内品温迅速冷却至需要的温度（约 50℃）即可开锅出料。对蒸熟的原料要求达到一熟、二软、三疏松、四不粘手、五无夹心、六有熟料固有的色泽和香气。原料蛋白质消化率在 80%～90%，曲料熟料水分在 45%～50%。

（4）接种曲　熟料出锅后，打碎并冷却至 40℃ 左右，接入种曲。种曲在使用前可与适量经干热处理的鲜麸皮充分拌匀，保证接种均匀。种曲用量约为原料总重量的 0.3%。

（5）通风制曲　将曲料置于曲箱（恒温恒湿培养箱），厚度一般为 10～30cm 左右，利用风机供给空气，调节温湿度，促使米曲霉在较厚的曲料上生长繁殖和积累代谢产物。接种后料层温度调节到 30～32℃，促使米曲霉孢子发芽，静置培养 6～8h，当曲料开始升温到 37℃ 左右时应开机通风，开始时采用间歇通风，以后再连续通风来维持品温在 35℃ 左右，并尽量缩小上下料层之间的温差。接种 12～14h 以后，品温上升迅速，米曲霉菌丝生长使曲料结块，此时应进行第 1 次翻曲，使曲料疏松，保持温度 34～35℃，继续培养 4～6h，根据品温上升情况进行第 2 次翻曲，翻曲后则继续连续通风培养，米曲霉开始着生孢子并大量分泌蛋白酶，此阶段品温以维持产酶适温 20～30℃ 为宜，使蛋白酶活力大幅度上升。培养至 24～30h，酶的积蓄达最高点，即可出曲。

3. 发酵

（1）盐水的配制　食盐加水溶解，调制成需要的浓度，要求食盐含量为 14～15g/100mL，盐水量为制曲原料的 150%，酱醪含水分在 57%，一般的经验数据是每 100kg 水加盐 1.5kg 即为 1°Bé。

（2）酵母菌和乳酸菌菌液的制备　酵母菌和乳酸菌菌种选定后，分别进行逐级扩大培养，使之得到大量强壮而纯粹的细胞，再经过混合培养，最后接种于酱醪中。制备酵母菌和乳酸菌菌液以新鲜为宜，必须及时接入酱醪内，使酵母菌和乳酸菌迅速参与发酵作用。

（3）制醅　先将准备好的盐水或稀糖浆盐水加热到 50～55℃再将成曲粗碎，拌入盐水或稀糖浆盐水，进入发酵罐（池）。

（4）发酵及管理

① 前期保温发酵　成曲拌和盐水或稀糖浆盐水入池后，品温要求在 40～45℃之间，如果低于 40℃，即采取保温措施，务使品温达到并保持此温度，使酱醅迅速水解。每天定时定点检测温度。前期保温发酵时间为 15 天。

② 后期降温发酵　前期发酵完毕，水解基本完成。此时将制备的酵母菌和乳酸菌液浇于酱醅面层，并补充食盐，使总的酱醅含盐由 8％左右提高到 15％以上，使其均匀地淋在酱醅内。菌液加入后酱醅呈半固体状态，品温要求降至 30～35℃，并保持此温度进行酒精发酵及后熟作用。后期发酵时间为 15 天。

4. 浸出

酱醅成熟后，利用浸出法将其中的可溶性物质浸出。

5. 加热和配制

生酱油需经加热、配制、澄清等加工过程方可得成品酱油。还可以在原来酱油的基础上，分别调配助鲜剂、甜味剂以及其他某些香辛料等以增加酱油的花色品种。常用的助鲜剂有谷氨酸钠、肌苷酸和鸟苷酸；甜味剂有砂糖、饴糖和甘草；香辛料有花椒、丁香、桂皮、大茴香、小茴香等。

6. 产品评定

（1）感官质量标准和理化指标　符合 GB 18186—2000《酿造酱油》的要求。

（2）卫生指标　符合 GB 2717—2003《酱油卫生标准》的要求。

五、问题讨论

1. 酱油不同发酵方式的优点及对风味的影响有哪些？
2. 酱油酿造中主要的生化反应是什么？
3. 酱油特有的色、香、味、体由哪些成分构成以及如何形成？

参 考 文 献

[1] 何国庆主编. 食品发酵与酿造工艺学 [M]. 北京：中国农业出版社，2001.
[2] 张艳荣，王大为主编. 调味品工艺学 [M]. 北京：科学出版社，2008.
[3] 赵晋府主编. 食品工艺学 [M]. 第 2 版. 北京：中国轻工业出版社，2007.

（天津农学院　刘金福）

实验八　米酒的酿造

一、实验原理

米酒是糯米或者大米经过根霉（还有少量的毛霉和酵母）发酵后的产品，化学成分以及物理状态都发生了很大的变化。其中的淀粉转化为小分子的糖类，蛋白质部分分解成氨基酸和多肽，脂类的变化以及维生素和矿物质等结合状态的变化都为它的营养功能的提高产生了有效的促进作用。它的营养功能也正是基于这种化学和物理变化而产生的。而且，在发酵的过程中产生的一些风味物质对于它的口味也有很大提高。

（1）糖的分析　大米中的淀粉转化成单糖和低聚糖，这更有利于它快速补充人体的能量，以及改变口味。主要的单糖和双糖有葡萄糖、果糖、麦芽糖、蔗糖、异麦芽糖。

（2）酸的分析　酸对于米酒的口味以及刺激消化液的分泌有很重要的作用，这些有机酸大部分是大米淀粉在发酵过程中由根霉发酵产生的。所含的有机酸主要有乳酸、乙酸、柠檬酸等。

（3）蛋白质和氨基酸　大米中大部分的蛋白质是不溶于水的，经过发酵的过程，很多会被分解成为游离氨基酸和多肽类物质，这对其营养的提高很有帮助。

（4）维生素和矿物质　这些物质大部分都是大米中本身含有的，主要是它们的结合形式产生了变化，以及根霉在发酵时也会产生一些维生素。主要有维生素 B，维生素 E，矿物质。

二、实验目的
掌握米酒的传统制作方法，了解米酒的保健功能。

三、实验材料与设备
1. 实验材料
糯米若干、酒曲若干。

2. 实验仪器与设备
高压锅、带盖塑料桶、恒温箱、研钵、筷子、冰箱（选用）等。

四、实验内容
（1）煮糯米饭　将糯米用高压锅煮熟成米饭（要求软硬适中、不夹生）。

（2）摊凉和松散米饭　将米饭摊开散热至不烫手，大约 30℃。加入少量凉开水搅拌，将饭粒松散开（要求宜冷不宜烫，不能让饭粒沾油腻）。

（3）碾碎酒曲　把酒曲放入研钵，碾成粉末状。

（4）混合米饭与酒曲　在塑料桶中铺一层米饭均匀撒一层酒曲，重复，最后在米饭的上面撒一层酒曲。每一层米饭都要压实，最后在米饭中间插一个圆孔到底。

（5）发酵　将塑料桶盖盖严，放入温度为 30℃的恒温箱中发酵 36h 左右。

（6）保存　放入冰箱保存。

五、成品评价
成品米酒含有发酵过程中产生的许多营养及风味物质如氨基酸和多肽、维生素和矿物质等，并且呈现浓郁的酒香味。

六、问题讨论
1. 做酒酿之前最关键的一个步骤是什么？
2. 为什么在混合米饭与酒曲时要采用这种层铺法？

参 考 文 献

[1] 吴小兰. 家庭作坊米酒生产工艺 [J]. 新农村，2008，1.
[2] 张雪松，张兵. 米酒酿制技术 [J]. 安徽科技，2000，9.
[3] 范悦. 怎样做米酒 [J]. 食品与健康，1998，12.

（天津农学院　孔庆学）

第十章　高新技术在食品加工中的应用

实验一　臭氧杀菌技术

一、臭氧杀菌原理、特点及应用

1. 臭氧杀菌技术的基本原理

臭氧的化学分子式为 O_3，即三原子形式的氧。常温、常压下为无色，有特殊臭味的气体，具有强氧化作用，在水中的氧化还原电位为 2.07V，仅次于氟（2.87V）、氧化能力高于氯（1.36V）和二氧化氯（1.5V）。

臭氧在常温、常压下分子结构极不稳定，很快自行分解成氧气和单个氧原子，后者具有很强的活性，对病原菌有极强的氧化作用，可抑制其生长繁殖或将其杀死，多余的氧原子则会自行重新结合成为普通氧原子。因此，利用臭氧杀菌不存在任何有毒残留物，故称无污染消毒技术。臭氧不仅对多种细菌和病毒（包括肝炎病毒、大肠杆菌、铜绿假单胞菌等）有极强的杀灭能力，而且对杀死霉菌也有良好效果。一般认为臭氧杀菌的基本原理有以下几方面：

① 氧化分解细菌内部氧化葡萄糖所必需的葡萄糖氧化酶。

② 直接与细菌、病毒发生作用，破坏其细胞器和核糖核酸，分解 DNA、RNA、蛋白质、脂质类和多糖等大分子聚合物，使细菌的新陈代谢受到破坏，导致细菌死亡。

③ 渗透胞膜组织，侵入细胞膜内作用于外膜脂蛋白和内部的脂多糖，使细胞发生通透畸变，导致细胞溶解死亡。

2. 臭氧杀菌技术的特点

① 广谱性　臭氧是一种广谱杀菌剂，可杀灭细菌繁殖体和芽孢、病毒、真菌等，并可破坏肉毒杆菌毒素。臭氧在水中杀菌速度较液氯快 3000 倍以上。

② 高效性　臭氧杀菌速度是急速的，当浓度超过一定阈值后，消毒杀菌甚至可以瞬间完成。采用臭氧水消毒杀菌更快速有效。例如大肠杆菌、沙门菌、铜绿假单胞菌、金黄色葡萄球菌、白色念球菌等，当臭氧水的浓度达到 4mg/L 时，5s 对上述病原菌的杀灭率在 99% 以上。

③ 无污染　臭氧利用其强氧化性能消毒，不产生有害生成物，剩余臭氧会自行分解为氧气，因而不产生残余污染。

3. 臭氧杀菌技术在食品加工中的应用

臭氧的强杀菌能力及无残余污染优点使其在食品行业的消毒除味、防霉保鲜方面得到广泛应用。早在 1904 年就有利用臭氧保存牛奶、肉制品、奶酪、蛋白等食品的报道，1909 年法国德波涅冷冻厂正式使用臭氧对冷却肉表面杀菌，取得了微生物数量显著减少的效果。1928 年英国人在天津建立"合记蛋厂"，其打蛋车间就是利用臭氧消毒。20 世纪 30 年代末，美国 80% 的冷藏蛋库都装有臭氧发生器，提高了鸡蛋的贮藏期。目前，臭氧杀菌技术在食品加工领域应用最广泛的是饮用水的消毒杀菌处理。此外，食品加工厂原料的清洗杀菌处理、制造过程中制品和成品的杀菌处理、加工车间内环境空气的消毒杀菌等，也广泛应用臭氧杀菌技术。

1997 年 4 月，美国食品及药物管理局（FDA）修改了一直把臭氧作为"食品添加剂"限制使用的规定，允许不必申请即可在食品加工、贮藏中使用臭氧。这是臭氧技术发展的里程碑。

二、实验目的

先利用臭氧发生器产生一定浓度的臭氧化水（或臭氧化空气），再利用臭氧化水浸泡处理一定时间进行杀菌或臭氧化空气密闭处理一定时间进行杀菌。本实验采用臭氧化水浸泡处理果品和蔬菜，学习臭氧化水产生装置的使用、浓度的控制，了解臭氧处理果蔬后延长货架期的效果和不适宜浓度对果蔬的伤害作用等。

三、实验材料与设备

1. 实验材料

植物性或动物性原料。以新鲜黄瓜和葡萄作为蔬菜和水果的代表。

2. 实验设备

高浓度臭氧水发生装置（采用氧气源、臭氧产量大于 10g/h、水中臭氧浓度不小于 5mg/L，如 TCA-20 高浓度臭氧水发生装置）；高浓度臭氧水在线分析仪（一般分析测量，精度 5%；高精度研究测量，精度 1%）；打孔 PE 包装袋；显微镜；塑料容器等。

四、实验内容

1. 工艺流程

果蔬实验材料挑选→臭氧水制备及其浓度测定→将实验材料在臭氧水中浸泡一定时间→沥去表面水分→打孔 PE 包装袋免口包装→常温或低温货架观察果蔬质量的变化

2. 操作要点

（1）材料挑选　选取成熟度一致、大小均一、无病虫伤害和无机械伤的果蔬。

（2）不同臭氧水浓度的制备　可通过先制备高浓度，随时间推移逐步得到所需要浓度的方式。

（3）打孔 PE 包装袋　PE 包装袋包装的目的是，为了减少臭氧水处理后的试材在观察期间的水分散失，便于效果观察，在包装袋上打孔且采用免口方式的目的是尽量排除包装的简易气调作用。

3. 实验设计

臭氧化水的浓度、浸泡时间、臭氧水的温度都影响果蔬的杀菌效果，因此应采用正交实验的方法确定最佳工艺条件。参考处理浓度为 0.5～2.0mg/L，处理时间 2～5min，处理水温为常温，处理重复 3 次。

五、实验结果

（1）处理条件的确定　得出臭氧化水处理供实验的果品和蔬菜的实用参数，即臭氧化水的浓度、浸泡时间、水温的最佳组合。

（2）处理效果的确定　与对照浸水组相比，臭氧化水处理对产品的外观、病害发生情况、货架寿命、果蔬表面带菌量的影响。

六、问题讨论

1. 为什么臭氧处理要综合考虑浓度与时间的综合效应？
2. 臭氧化水处理参数不适宜的后果是什么？

参 考 文 献

[1] White G C. Ozone Handbook of chlorination and alternative disinfectants (4th Edition) [M]. New York：Wiley-Interscience，1999：1203-1261.

[2] 杨虎清，王文生. 臭氧在食品生产中的应用 [J]. 食品研究与开发，2001，22（2）：61-62.

[3] 方敏，沈月新，方竞等. 臭氧水在水产品保鲜中的应用研究 [J]. 食品研究与开发，2004，25（2）：132-136.

[4] 郝淑贤，李来好，杨贤庆等. 臭氧水对水产品中微生物的杀菌效果研究 [J]. 现代食品科技，2005，21（2）：72-73.

[5] 王文生. 臭氧化空气保鲜果品的应用技术及作用机理的研究 [D]. 中国农业大学博士学位论文，2005.

（国家保鲜中心　王文生）

实验二　超临界流体萃取技术

一、实验原理

1. 超临界流体萃取技术的基本原理

超临界流体萃取是一种新型的萃取分离技术。任何物质都具有气、液、固三态，对一般物质而言，当液相和气相在常压下成平衡状态时，两相的物理性质，如黏度、密度等相差很显著，而在较高的压力下，这种差别逐渐缩小，当达到某一温度与压力时，两相差别消失合并成一相，此状态点称为临界点，此时的温度与压力分别称为临界温度与临界压力，当温度和压力略超过临界点时，其流体的性质介于液体和气体之间，称为超临界流体。该技术是利用流体（CO_2 溶剂）在临界点附近某一区域（超临界区）内，与待分离混合物中的溶质，具有异常相平衡行为和传递性能，它具有对溶质溶解能力随压力和温度改变而在相当宽的范围内变动这一特性，从而达到溶质的分离。它可从多种液态或固态混合物中萃取出待分离的组分。

超临界流体的密度与压力和温度有关。因此，在进行超临界萃取操作时，通过改变体系的温度和压力，改变流体密度，进而改变萃取物在流体中的溶解度，以达到萃取和分离的目的。在各种可作为超临界流体物质中，CO_2 的临界温度为 31.1℃，接近室温，临界压力为 7.24MPa；溶解力强；挥发性强；无毒，无残留，安全，不会造成环境污染；价格便宜，纯度高；性质稳定，避免产物氧化；节能。因此对保护热敏性和活性物质十分有利，更适于作为天然物质的萃取剂。

通常，超临界流体萃取系统主要由四部分组成：①溶剂压缩机（即高压泵）；②萃取器；③温度压力控制系统；④分离器和吸收器。

2. 超临界流体萃取技术的特点

① 由于在临界点附近，流体温度或压力的微小变化就会引起溶解能力的极大变化，使萃取后溶剂与溶质容易分离。

② 由于超临界流体具有与液体接近的溶解能力，同时它又保持了气体所具有的传递性，有利于高效分离的实现。

③ 利用超临界流体可在较低温度下溶解或选择性地提取出相应难挥发的物质，更好地保护热敏性物质。

④ 萃取效率高，萃取时间短。可以省去清除溶剂的程序，彻底解决了工艺繁杂、纯度不够，且易残留有害物质等问题。

⑤ 萃取剂只需再经压缩便可循环使用，可大大降低成本。

⑥ 超临界流体萃取能耗低，集萃取、蒸馏、分离于一体，工艺简单，操作方便。

⑦ 超临界流体萃取能与多种分析技术，包括气相色谱（GC）、高效液相色谱（HPLC）、质谱（MS）等联用，省去了传统方法中蒸馏、浓缩溶剂的步骤，避免样品的损失、降解或污染，因而可以实现自动化。

3. 超临界流体萃取技术在食品加工中的应用

由于超临界流体萃取技术在农产品加工中的应用日益广泛，已开始进行工业化规模的生产。例如：美国等国的咖啡厂用该技术进行脱咖啡因；澳大利亚等国用该技术萃取啤酒花浸膏；欧洲一些公司也用该技术从植物中萃取香精油等风味物质，从各种动物油中萃取各种脂肪酸，从奶油和鸡蛋中去除胆固醇，从天然产物中萃取药用有效成分等。迄今为止，超临界二氧化碳萃取技术在农产品加工中的应用及研究主要集中在五大方面：

① 农产品风味成分的萃取，如香辛料、果皮、鲜花中的精油、呈味物质的提取。

② 动植物油的萃取分离，如花生油、菜籽油、棕榈油等的提取。

③ 农产品中某些特定成分的萃取，如沙棘中的沙棘油、月见草中的 γ-亚麻酸、牛奶中的胆固醇、咖啡豆中咖啡碱的提取等。

④ 农产品脱色、脱臭、脱苦，如辣椒红色素的提取、羊肉膻味物质的提取、柑橘汁的脱苦等。

⑤ 农产品灭菌防腐方面的研究。

二、实验目的

利用超临界流体萃取技术分离提取某种成分，如风味物质、色素的提取等。本实验从干姜中萃取姜油。

三、实验材料与设备

1. 实验材料

市售鲜姜。

2. 实验设备

干燥箱、粉碎机、天平、分析筛等；钢瓶装 CO_2 气体：纯度 99.5% 以上（食品级）；国产超临界萃取设备。

四、实验内容

1. 工艺流程

鲜姜清洗→切片→低温干燥→粉碎→过筛

CO_2 钢瓶→冷凝器→高压器→加热器→萃取罐→过滤→减压→分离罐(CO_2 循环)→姜油

2. 操作要点

（1）鲜姜预处理　鲜姜清洗后，去皮、切成薄片约 2～3mm，在干燥箱内 45～50℃ 低温烘干，粉碎至 20 目左右备用。

（2）萃取分离　称取 0.5kg 重的干姜粉，加到萃取罐中，通入 CO_2 提高萃取压力到预定试验值，加热升温并保持在设定温度，用一定流量的超临界 CO_2 流体连续萃取。溶于 CO_2 流体的油脂流入分离罐，经降温降压，CO_2 在分离釜中重新汽化，并循环压缩、冷却为 CO_2 流体使用，姜油从分离罐底部取出。

3. 实验设计

由于萃取的压力、萃取温度、萃取时间等因素都影响到萃取率，因此采用正交实验的方法确定最佳工艺条件。

4. 萃取率的计算

$$萃取率(\%)=\frac{萃取油量}{装样量}\times100 \tag{10-1}$$

$$有效萃取率(\%)=\frac{萃取油量}{装样量\times总含油量}\times100 \tag{10-2}$$

五、实验结果

1. 萃取条件的确定

如萃取压力为25MPa、萃取温度为50℃、萃取时间为2h时的萃取率较高。

2. 产品质量指标

将萃取物（姜油）称重计算萃取率，再做进一步分析。超临界CO_2萃取的姜油，外观为棕黄色、油状液体，具有姜的天然香气和辛辣味；折射率（20℃）为1.495～1.499；密度（25℃）为0.86～0.91g/cm^3；微生物及重金属检查应符合国家标准。

六、问题讨论

1. 干姜为什么要粉碎到一定的细度？
2. 除了萃取压力、温度和时间，还有哪些因素影响姜油的萃取率？

参 考 文 献

[1] 蔡同一等. 三大高新分离技术在农产品加工中的应用 [C]. 2001中国（天津）农产品加工及贮藏保鲜国际研讨会论文集.

[2] 张谦等. 安息茴香油脂的超临界CO_2提取工艺研究 [J]. 新疆农业科学, 2001, 38（5）：273-274.

[3] 梁洁等. 超临界CO_2萃取食用姜油的研究 [J]. 广州食品工业科技, 2000,（1）：23-27.

[4] 高福成等. 现代食品工程高新技术 [M]. 北京：中国轻工业出版社, 1997.

（天津农学院　郭梅）

实验三　微胶囊造粒技术

一、实验原理

微胶囊造粒技术就是将固体、液体或气体物质包埋、封存在一种微胶囊内，成为一种固体微粒产品的技术，这样能够保护被包裹的物料，使之与外界隔绝，达到最大限度地保持其原有的色香味、性能和生物活性，防止营养物质的破坏与损失。

1. 微胶囊造粒技术的特点

微胶囊化后的核心物质，其特点与微胶囊前有所不同，可归纳如下。

① 将液体或半固体的物料转化为固体粉末可以使核心物质稳定化，贮存期延长。

② 经胶囊化的核心物质将以一定速率逐渐释放，在食品中加入胶囊化的风味剂，回味延长。

③ 隔离物料，起保护作用，防止光、水、温度、气体可能引起的物料变质。

④ 掩盖不良风味，如异味、苦味、辛辣味等。

⑤ 胶囊化对食品的质构有改善作用，同时由于胶囊化可降低风味物质的损失，提高利用率。

2. 微胶囊技术在食品中的应用

（1）包埋酸味剂　由于酸味剂和食品中的许多成分相互作用，往往产生不良作用，影响到产品的质量，而微胶囊化的酸味剂可解决这些问题。

（2）胶囊化天然色素 许多天然色素应用时存在溶解度问题，微胶囊化后可明显改善它们的溶解度，增加色素的稳定性，消除分层现象，同时可延长保存期。

（3）微胶囊化的风味剂和香料 可改善风味剂和香料对光、氧化、挥发的稳定性，延长保存期等。

（4）微胶囊化的甜味剂 温度和湿度对甜味剂的品质有重要影响，微胶囊化的甜味剂吸湿性明显下降，改善了它们的流变特性，使甜味感更持久。

（5）微胶囊化的维生素和矿物质 微胶囊化的脂溶性维生素、水溶性维生素和矿物元素，其应用效果更好，能减少对产品品质的不良影响，提高了维生素的稳定性。

（6）微胶囊化酶制剂或微生物 微胶囊化的酶制剂或微生物，对热、pH 稳定性得到明显改善，拓宽了应用范围。

（7）微胶囊化防腐剂等添加剂 微胶囊技术包埋防腐剂，可利用其缓释特点，延长其防腐时间并减少其毒性。此外，用微胶囊技术可包埋生物活性物质等添加剂。

二、实验目的

通过实验了解微胶囊技术的基本知识，掌握常用的一种包埋方法。本实验采用离心喷雾（微胶囊包埋）技术制作粉末油脂。熟练掌握离心喷雾干燥的操作原理。

三、实验材料与设备

1. 实验材料

芝麻油，乳化剂（亲水亲油平衡值 HLB：4.0～6.0），包埋剂（麦芽糊精、变性淀粉、羧甲基纤维素钠等）。

2. 实验设备

均质机、离心喷雾干燥设备、电热恒温水浴箱、搅拌器、台秤、天平、扫描电子显微镜等。

四、实验内容

1. 工艺流程

原料混合→乳化原液→均质乳化（两次）→喷雾干燥→包装

2. 配方（乳化原液的配比）

芝麻油：乳化剂：包埋剂：水＝1：0.03：（1～2）：（4～6）。

3. 操作要点

（1）乳化原液的制备 先将包埋剂加水，搅拌、水浴加热溶解；芝麻油与乳化剂混合，稍加热、搅拌溶解后倒入包埋剂溶液中，搅拌制成乳化原液，温度控制在 45～55℃之间。

（2）均质 将乳化原液倒入均质机中，进行两次均质，第一次：压力控制在 15～25MPa 之间；第二次：压力控制在 30～40MPa 之间。经均质后，得到均匀稳定的 O/W 型乳化液。

（3）喷雾干燥（微胶囊包埋） 开始操作时，先开启电加热器，并检查是否正常，如正常即可运转，预热干燥器；预热期间关闭干燥器顶部用于喷雾转盘的孔口及出料口，以防冷空气漏进，影响预热；当干燥器内温度达到预定要求时，开动喷雾转盘，待转速稳定后，开始进料进行喷雾干燥；根据设定的工艺条件，通过电源调节和控制所需的进风温度、出风温度、进料速度，将乳化液送入离心喷雾干燥机内，进行脱水干燥。如进风温度控制在 130～140℃，出风温度控制在 60～75℃。

喷雾完毕后，先停止进料再开动排风机出粉，停机后打开干燥器，用刷子扫刷室壁上的粉末，关闭干燥器再次开动排风机出粉；必要时对设备进行清洗和烘干。

4. 实验设计

在离心喷雾干燥微胶囊过程中，由于包埋剂的种类、心材与壁材比例、均质的压力、干燥空气进出口温度以及进料速度等因素，都会影响产品质量，可进行多因素多水平的正交实验方法，确定最佳工艺参数。

五、实验结果

1. 膜表面结构的观察

取少量粉末芝麻油样品，用扫描电子显微镜进行观察。胶囊颗粒，表面光滑，有凹陷。由于喷雾造粒不可能均匀一致，因此其颗粒大小有所差异。

2. 产品评价

颜色、气味与滋味：淡黄色、无异味、具有芝麻油正常的香味，入口有滑感。

溶解性：热水冲泡就能很快溶解。

乳化性：无油滴上浮，无分层结膜现象，冲调后成均匀的乳状液，乳状液稳定性好。

吸潮性：不易吸潮。

卫生指标：应符合国家标准。

六、问题讨论

1. 试分析离心喷雾干燥时，进料速度对产品的影响？
2. 在离心喷雾干燥微胶囊过程中，所有的油脂是否都被包埋了？为什么？

参 考 文 献

[1] 高福成等. 现代食品工程高新技术 [M]. 北京：中国轻工业出版社，1997.
[2] 王喜泉等. 微胶囊技术生产粉末油脂 [J]. 豆通报，2000，（2）：21-25.
[3] 侯春友等. 微胶囊化粉末油脂的开发与年产 8000t 产品的生产线建设 [J]. 中国油脂，2000，（5）：55-56.
[4] 鲍鲁生. 食品工业中应用的微胶囊技术 [J]. 食品科学，1999，（9）：6-9.
[5] 檀亦兵. 微胶囊化芝麻油的研制 [J]. 中国油脂，1998，（5）：35-36.

（天津农学院　郭梅）

实验四　真空冷冻干燥技术

一、实验原理

1. 真空冷冻干燥技术的基本原理

水有三种相态，即固态、液态和气态，三种相态之间既可以相互转换又可以共存。真空冷冻干燥是把新鲜的食品如蔬菜、肉类、水产品等预先快速冻结，并在真空状态下，将食品中的水分从固态升华成气态，再解吸干燥除去部分结合水，从而达到低温脱水干燥的目的。冻干食品不仅保持了食品的色、香、味、形，而且最大限度地保存了食品中的维生素、蛋白质等营养成分。冻干食品具有良好的复水性，食用时只要将该食品加水即可在几分钟内复原。

真空冷冻干燥设备通常由干燥室、制冷系统、真空系统、加热系统和控制系统组成。

2. 真空冷冻干燥技术的特点

食品冷冻干燥是一种高质量的干燥保存方法，与通常的晒干、烘干及真空干燥相比，具有以下特点。

① 食品干燥是在低温（−60～−40℃）下进行，且处于高真空状态，因此，特别适用于热敏性高和极易氧化的食品干燥，可以保留新鲜食品的色、香、味及营养成分。

② 冻干食品体积、形状基本不变，保持原有的固体骨架结构，同时干制品可以加工成极细的粉状物料，用于制作调味品、保健品和速溶品等。

③ 冻干食品具有多孔结构，因此，具有理想的速溶性和复水性。复水时，比其他干燥方法生产的食品更接近新鲜食品。

④ 冻干食品在升华过程中溶于水的可溶性物质析出，避免了一般干燥方法中因物料内部水分向表面迁移而将无机盐和营养物携带到物料表面而造成表面硬化和营养损失的现象。

⑤ 冻干食品采用真空或充氮包装和避光保存，可保持 5 年不变，产品保存期长，常温下即可运输贮存，大大降低其经营费用。

3. 真空冷冻干燥技术在食品加工业中的应用

几乎所有的食品原料，如果蔬、肉禽类、蛋、水产品等都可进行真空冷冻干燥加工，但真空冷冻干燥设备比较昂贵，加工中耗能也大，一般生产成本较高，但从产品流通的总成本、销售价格高以及冷冻干燥法所独有的优点来看，冻干食品在实际生产中具有很高的应用价值。真空冻干食品的种类有：

① 蔬菜类：蒜、葱、蘑菇、香菜、芦笋、胡萝卜、黄花菜、豌豆、洋葱等。

② 水果类：香蕉、苹果、草莓、哈密瓜、菠萝等。

③ 肉禽类：猪肉、牛肉、羊肉、鸡肉等。

④ 水产品：虾仁、干贝、海参、鱿鱼、甲鱼、海蜇、海菜等。

⑤ 保健食品：人参、鹿茸、蜂王浆、蜂蜜、花粉、鳖粉等。

⑥ 饮料类：咖啡、茶叶等固体饮料。

⑦ 食品添加剂：胶原蛋白、天然色素等。

二、实验目的

通过实验了解真空冷冻干燥的基本知识及设备的操作过程。本实验是将香蕉片进行冻干。

三、实验材料与设备

1. 实验材料

市售成熟的香蕉、包装袋等。

2. 实验设备

速冻设备（−38℃以下）、真空冷冻干燥机、真空包装机、台秤与天平等。

四、实验内容

1. 工艺流程

一般食品真空冷冻干燥可按下面工艺流程进行。

原料→前处理→速冻→真空脱水干燥→后处理

2. 操作要点

（1）前处理　将新鲜成熟的香蕉切成 4～5mm 厚片，称重后放在托盘中（单层铺放）。冻干食品的原料若按其组织形态来分，可分为固态食品和液体食品。对固态食品原料的预处理过程，包括选料、清洗、切分、烫漂和装盘等。其目的是清除杂物，易升华干燥。避免加热过度，无论蒸煮还是浸渍，都要按工艺要求加工，只有把好前处理关，才有可能生产出高品质的冻干食品。液态食品原料的成分和浓度各不相同，若将它们直接干燥成粉末，耗能太大，一般采取真空低温浓缩或冷冻浓缩的方法进行预处理。

（2）速冻　将装好的香蕉片速冻，温度在－35℃左右，时间约2.0h。冻结终了温度约在－30℃，使物料的中心温度在共晶点以下（溶质和水都冻结的状态称为共晶体，冻结温度称为共晶点）。

速冻的目的是将食品内的水分固化，并使冻干后产品与冻干前具有相同的形态，以防止在升华过程中由于抽真空而使其发生浓缩、起泡、收缩等不良现象。一般来说，冻结得越快，物品中结晶越小，对细胞的机械损坏作用也越小。冻结时间短，蛋白质在凝聚和浓缩作用下，不会发生变质。

（3）真空脱水干燥　包括升华干燥和解析干燥两个阶段。

① 升华干燥　冻结后的食品须迅速进行真空升华干燥。食品在真空条件下吸热，冰晶就会升华成水蒸气而从食品表面逸出。升华过程是从食品表面开始逐渐向内推移，在升华过程中，由于热量不断被升华热带走，要及时供给升华热能，来维持升华温度不变。当食品内部的冰晶全部升华完毕，升华过程便完成。首先，将冷库预冷至－35℃，打开干燥仓门，装入预冻好的香蕉片并关上仓门，启动真空机进行抽真空，当真空度达到30～60Pa左右时，进行加热，这时冻结好的物料开始升华干燥。但加热不能太快或过量，否则香蕉片温度过高，超过共熔点，冰晶融化，会影响质量。所以，料温应控制在－20～25℃之间，时间约为3～5h。

② 解吸干燥　升华干燥后，香蕉片中仍含有少部分的结合水，较牢固。所以必须提高温度，才能达到产品所要求的水分含量。料温由－20℃升到45℃左右，当料温与板层温度趋于一致时，干燥过程即可结束。

真空干燥时间约为8～9h。此时水分含量减至3%左右，停止加热，破坏抽真空，出仓。如此干燥的香蕉片能在80～90s内用水或牛奶等复原，复原后仍具有类似于新鲜香蕉的质地、口味等。

（4）后处理　当仓内真空度恢复接近大气压时打开仓门，开始出仓，将已干燥的香蕉片立即进行检查、称重、包装等。

冻干食品的包装是很关键的。由于冷冻食品保持坚硬，外逸的水分逸出留出孔道，冻干食品组织呈多孔状，因此与氧气接触的机会增加，为防止其吸收大气水分和氧气可采用真空包装或充氮包装。为保持干制食品含水在5%以下，包装内应放入干燥剂以吸附微量水分。包装材料应选择密闭性好，强度高，颜色深的为好。

3. 实验设计

在真空冻干过程中影响因素很多，如物料厚度、预冻温度和升华真空度等条件，可进行多因素多水平的实验设计。通过实验结果确定最佳工艺参数。

五、实验结果

1. 产品的脱水率

$$冻干产品的脱水率 = \frac{W_1 - W_2}{W_1} \times 100 \qquad (10\text{-}3)$$

式中，W_1表示冻干前的质量，g；W_2表示冻干后的质量，g。

2. 产品评价

感官指标：外观形状饱满（不塌陷）；断面呈多孔海绵样疏松状；保持了原有的色泽；具有浓郁的芳香气味。复水较快，复水后芳香气味更浓。

卫生指标：应符合国家标准。

六、问题讨论

1. 加热升华时温度是不是越低越好？为什么？

2. 冻干食品与传统干燥食品相比有哪些优点？

参 考 文 献

[1]　高福成等. 冻干食品 [M]. 北京：中国轻工业出版社，1998.

[2]　王继先等. 真空冷冻干燥工艺及其在农产品加工中的应用 [J]. 包装与食品机械，2001，（2）：26-28.

[3]　廖敏. 小香葱真空冷冻干燥工艺的研究 [J]. 四川工业学院学报，2001，（1）：53-56.

[4]　付西光等. 食品真空冷冻干燥研究 [J]. 江苏理工大学学报，2001，（4）：19-23.

[5]　姜延舟等. 香菇真空冷冻干燥工艺的研究 [J]. 中国食用菌，1998，（1）：39-40.

（天津农学院　郭梅）

实验五　膜分离技术（超滤技术）

一、实验原理

1. 膜分离技术（超滤技术）的基本原理

膜分离技术是近几十年迅速发展起来的一类新型分离技术。膜分离技术是用天然或人工合成的高分子薄膜，以外界能量或化学位差为推动力，对双组分或多组分的溶质与溶剂进行分离、分级、提纯和富集的方法。膜分离过程具有无相态变化、设备简单、分离效率高、占地面积小、操作方便、能耗少、适应性强等优点。它主要包括超滤、微滤、纳滤、反渗透、电渗析等方法。

超滤（UF）是介于微滤和纳滤之间的一种膜过程，是指应用孔径为 1.0～20.0nm（或更大）的超滤膜来过滤含有大分子或微粒粒子的溶液，使大分子或微粒粒子从溶液中分离的过程。它是一种以膜两侧的压力差为推动力，利用膜孔在常温下对溶液进行分离的膜技术，所用静压差一般为 0.1～0.5MPa，料液的渗透压一般很小，可忽略不计。超滤膜一般为非对称膜，要求具有选择性的表皮层，其作用是控制孔的大小和形状。超滤膜对大分子的分离主要是筛分作用。超滤膜已发展了数代，第一代为醋酸纤维素膜；第二代为聚合物膜，如聚砜、聚丙烯膜、聚丙烯腈膜、聚醋酸乙烯膜、聚酰亚胺膜等，其性能优于第一代膜，应用较广；第三代为陶瓷膜，强度较高。其膜组件型式为片型、管型、中空纤维型及螺旋型等。

2. 膜分离技术的特点

① 膜分离过程是在常温下进行，适用于对热敏感的物质，如果汁、酶、药品等的分离、分级、浓缩与富集。

② 膜分离过程不发生相变化，能耗低，因此膜分离技术又称省能技术。

③ 膜分离过程可用于冷杀菌，代替多年沿袭的巴氏杀菌工艺等，保持了产品的色、香、味及营养成分。

④ 膜分离过程不仅适用于无机物、有机物、病毒、细菌直至微粒的广泛分离，而且还适用于许多特殊溶液体系的分离，如溶液中大分子与无机盐的分离、一些共沸物或邻近沸点物系的分离等。

⑤ 仅用压力作为膜分离的推动力，分离装置简便，操作容易，易自控、维修，且在闭合回路中运转，减少了空气中氧的影响。

⑥ 膜分离过程易保持食品的某些功效特性，如蛋白的泡沫稳定性等。

⑦ 膜分离工艺适应性强，处理规模可大可小，操作维护方便，易于实现自动化控制。

3. 超滤技术在食品工业中的应用

（1）饮料加工　经过超滤澄清的果汁可有效地防止后浑浊，保持果汁的芳香成分；以及茶饮料的澄清。

（2）乳品及豆制品加工　在乳品工业中采用超滤设备浓缩鲜奶，以降低运输成本，还可用于乳清蛋白的回收。

（3）酒类加工　主要用于低度酒的除浊澄清，能明显提高酒的澄清度，保持酒的色、香、味，还可以除菌，提高酒的保存期。

（4）糖类加工　美国和日本的一些制糖厂，先用超滤处理甘蔗原汁，可降低 20％黏度，使以后的加工设备更容易处理糖浆。

（5）除菌　用一定截留分子量的超滤膜处理果汁以后，可将各种造成食品的腐败菌和病菌除去，同时可保持果汁的原有风味。现在美国有许多啤酒厂用陶瓷微滤膜将生啤酒过滤除菌，既保持了啤酒的风味，又延长了货架寿命。

（6）酶加工　采用超滤膜浓缩和提取酶制剂，不仅节能，而且可降低酶的失活程度，提高了酶的回收率。

（7）肉制品加工废弃物的利用　从血清中回收无菌化的血清蛋白，从牛皮、猪皮、兽骨中提取浓缩动物胶，处理水产品（鱼、蟹、贝等）加工后含有机物的废水，回收有用物质。

二、实验目的

通过实验进一步了解膜分离技术的应用。本实验采用超滤技术处理茶汁，要求掌握超滤设备的原理和基本操作。

三、实验材料与设备

1. 实验材料

市售茶叶、200 目滤布等。

2. 实验设备

超滤设备、台秤、天平、容器、烧杯等。

四、实验内容

1. 工艺流程

茶叶→热水浸泡→过滤→冷却→超滤→澄清茶汁

2. 操作要点

（1）茶汁的制备　根据实验用量，配置浓度为 2％的茶汁。先称取一定重量的茶叶放入容器中，加入开水浸泡，保持温度在 85～95℃，时间约 30min。然后用 200 目滤布过滤，冷却后备用。

（2）超滤膜的选择　在茶饮料的生产过程中，由于技术原因，茶制品存放一段时间后呈浑浊状态，出现絮状物，俗称"冷后浑"。经研究发现，"冷后浑"现象与茶叶中所含的咖啡碱、多酚类物质及高分子量蛋白质、多糖、果胶等物质有关。超滤法是在保证茶饮料原有风味的前提下，保持茶饮料良好的澄清状态。可选用截留分子质量为 7 万～10 万的超滤膜，使茶中的蛋白质、果胶、淀粉等大分子物质得以分离，从而获得低黏度、澄清、稳定的茶饮料。

（3）操作压力的确定　在采用超滤技术过滤时，随着时间的延长，膜内所截的大分子和胶体物质增多，阻碍了膜的通量。此时，不能用提高操作压力的措施加快通量，否则，在较强的压力差的作用下，超滤膜会破裂，虽茶汁通量增加，但滤液质量会受很大影响。一般采用 0.3～0.35MPa 的操作压力效果较好。

3. 实验设计

影响超滤速度的因素很多，如膜的分子量截留值、料液的浓度、操作温度、操作压力等，可进行多因素多水平的正交实验方法，分析出最佳条件。

五、产品评价

1. 感官指标

具有原有的茶色；茶香较浓；清澈透明；无沉淀。

2. 卫生指标

应符合国家标准。

六、问题讨论

1. 超滤是否会使茶中的风味物质如茶多酚、咖啡碱损失？为什么？
2. 超滤膜的清洗和保养方法有哪些？

参 考 文 献

[1] 蔡同一等. 三大高新分离技术在农产品加工中的应用 [J]. 2001 中国（天津）农产品加工及贮藏保鲜国际研讨会论文集.
[2] 孙兰萍. 超滤——饮料工业中的新型澄清技术 [J]. 饮料与速冻食品工业，2001，(9)：18-19.
[3] 张静等. 超滤技术在澄清果汁加工中的应用 [J]. 落叶果树，2000，(6)：34-35.
[4] 扬春哲等. 超滤在苹果酒澄清中的应用 [J]. 食品工业，2000，(5)：46-47.
[5] 夏涛. 膜技术在茶叶深加工中的应用 [J]. 茶叶科学技术，1996，(2)：10-13.

（天津农学院　郭梅）

实验六　超微粉碎技术

一、实验原理

超微粉碎一般是指将 3mm 以上的物料颗粒粉碎至 $10\sim25\mu m$ 以下的过程。由于颗粒的微细化导致表面积和孔隙率的增加，超微粉体具有独特的物理化学性能，微细化的食品具有很强的表面吸附力和亲和力，因此，具有很好的固香性、分散性和溶解性，特别容易消化吸收。

1. 超微粉碎设备

超微粉碎依赖于超微粉碎设备。超微粉碎设备主要有下面几种。

（1）球磨机　它主要靠冲击进行破碎。

（2）胶磨机　胶磨机也称胶体磨，主要由固定表面和旋转表面所组成。胶体磨能使成品粒度达到 $2\sim50\mu m$，是一种较理想的超微粉碎设备，但胶体磨对料水比有一定要求。

（3）气流磨机　气流磨又称流能磨或喷射磨，是利用压缩空气或过热蒸汽通过一定压力的喷嘴产生超音速气流作为物料颗粒的载体，使颗粒获得巨大的动能。两股相向运动的颗粒发生相互碰撞或与固定板冲击，从而达到粉碎的目的。

（4）振动磨机　振动磨机是用弹簧支撑磨机体，由带有偏心块的主轴使其振动，磨机通常是圆柱形或槽形。

（5）冲击粉碎机　这种粉碎机利用围绕水平轴或垂直轴高速旋转的转子对物料进行强烈冲击、碰撞和剪切。

（6）超声波粉碎机　超声波发生器和换能器产生高频超声波。超声粉碎后颗粒粒度在

$4\mu m$ 以下，而且粒度分布均匀。

（7）均质乳化机　如果需要对液状物料进行细化、均质，可以通过均质和乳化机来实现。作用原理是通过机械作业或流体力学效应造成高压、挤压冲击和失压等使料液在高压下挤压，在强冲击下发生剪切，在失压下膨胀，从而达到细化和均质的目的。

2. 超微粉碎在食品加工中的应用

（1）饮料加工　利用超微粉碎技术已开发各种液体饮料和固体饮料，如蛋白饮料、粉茶、豆类固体饮料、超细骨粉富钙饮料、速溶绿豆精等。中国有着悠久的饮茶文化，传统的饮茶方法是用开水冲泡茶叶。但是人体并没有完全吸收茶叶的全部营养成分，一些不溶性或难溶的成分，如维生素 A、维生素 K、维生素 E 及绝大部分蛋白质、碳水化合物、胡萝卜素以及部分矿物质等都大量留存于茶渣中，大大地影响了茶叶的营养及保健功能。如果将茶叶在常温、干燥状态下制成粉茶，使颗粒直径小于 $5\mu m$，则茶叶的全部营养成分易被人体肠胃直接吸收，可以即冲即饮。

（2）果皮、果核经超微粉碎可转变为食品　蔬菜在低温下磨成微膏粉，既保存了全部的营养素，纤维质也因微细化而增加了水溶性，口感更佳。

（3）粮油加工　超微粉碎加工的面粉、豆粉、米粉的口感以及人体吸收利用率得到显著提高。将麦麸粉、大豆微粉等加到面粉中，可制成高纤维或高蛋白面粉。

（4）水产品加工　螺旋藻、海带、珍珠、龟鳖、鲨鱼软骨等通过超微粉碎加工制成的超微粉具有一些独特优点。

（5）功能性食品加工　超微粉碎技术在功能性食品基料的制备上起重要作用。例如以蔗渣为原料加工膳食纤维；各种畜、禽鲜骨经过超微粉碎成骨泥或骨粉，既能保持 95% 以上的营养素，而且营养成分又易被人体吸收，骨髓粉（泥）可以作为添加剂，制成高钙高铁的骨粉（泥）系列食品，具有独到的营养保健功能。

（6）巧克力生产　巧克力细腻滑润的良好口感要求巧克力配料的粒度不大于 $25\mu m$，当平均粒径大于 $40\mu m$ 时，巧克力的口感明显粗糙。因此，超微粉碎加工巧克力配料能保证巧克力的质量。

（7）调味品加工　微粉食品的巨大孔隙率造成集合孔腔，可吸收并容纳香气且香气经久不散，这是调味品加工重要的方法之一，因此，作为调味品使用的超微粉，其香味和滋味更浓郁、突出。

二、实验目的

了解超微粉碎的形式，超微粉碎产品的特点，掌握超微粉碎设备的操作。本实验采用超微粉碎机处理茶叶。

三、实验材料与设备

1. 实验材料

市售茶叶、分析筛（40～400 目）等。

2. 实验设备

干燥箱、粉碎机、超微粉碎机等。

四、实验内容

1. 工艺流程

茶叶→干燥→粗粉碎→过筛→超微粉碎→筛分→茶粉

2. 操作要点

（1）茶叶的干燥　称取一定量的茶叶，放入干燥箱内干燥，温度在 50℃ 左右，干燥一定时间，使茶叶有脆性，便于粉碎。

（2）粗粉碎　将干燥完毕的茶叶进行粗粉碎，以获得微粒，从而有利于超微粉碎。

（3）过筛　用 40 目标准筛过筛。

（4）超微粉碎　将过筛后的茶粒加到超微粉碎机内，开机、粉碎。

（5）筛分　超微粉碎完毕后，过 400 目筛达到一定标准，再用标准筛进行筛分，以获得不同目数的产品。

五、实验结果

1. 产品的得率

分别计算不同目数的产品得率。

2. 产品评价

感官指标：超微粉碎茶粉具有原有的茶色，茶香较浓，口感细腻。

卫生指标：应符合国家标准。

六、问题讨论

不同目数产品的溶解性、颜色、口感有何不同？

参 考 文 献

[1] 高福成等. 现代食品工业高新技术 [M]. 北京：中国轻工业出版社，1997.

[2] 袁惠新等. 超微粉碎的理论、实践及其对食品工业发展的作用 [J]. 包装与食品机械，2001，（1）：5-10.

[3] 孙君社等. 牡蛎壳和花生壳的超微粉碎及表证 [J]. 中国食品与营养，2000，（5）：26-28.

[4] 袁惠新等. 超微粉碎技术及其在食品加工中的应用 [J]. 农机与食品机械，1999，（5）：32-34.

（天津农学院　郭梅）

实验七　冷杀菌技术（超高压）

一、实验原理

1. 冷杀菌技术的概念及分类

食品工业采用的杀菌方法主要有热杀菌和冷杀菌两大类。传统热杀菌虽可杀死微生物、钝化酶活力、改善食品品质和特性，但同时也造成了食品营养与风味成分的很大损失，特别是食品热敏性成分。与传统热杀菌比较，冷杀菌是指在常温或小幅度升温的条件下进行杀菌，不仅能杀灭食品中的微生物，且能较好地保持食品固有的营养成分、质构、色泽和新鲜度，符合消费者对食品营养和原味的要求。

冷杀菌技术可以分为物理杀菌和化学杀菌。物理杀菌方法主要有：超高压杀菌、高压脉冲电场杀菌、高压脉冲磁场杀菌、脉冲强光杀菌、超声波杀菌、辐照杀菌、紫外线杀菌等；化学杀菌方法主要有：臭氧杀菌、高压二氧化碳杀菌、二氧化氯杀菌、生物杀菌等。下面以常用的超高压杀菌为例说明冷杀菌的原理和实验过程。

2. 超高压杀菌的原理

超高压杀菌（ultra high pressure processing，UHP）简称高压技术（high pressure processing，HPP）或高静水压技术（high hydrostatic pressure，HHP），是指将包装好的食品物料放入液体介质（通常是食用油、甘油、油与水的乳液）中，在 200MPa 以上（通常为 200～1000MPa）压力下处理一段时间使之达到灭菌要求的杀菌技术。

超高压状态下，使微生物的形态结构、生物化学反应、基因机制以及细胞壁膜发生多方面的变化，从而影响微生物原有的生理活动机能，甚至使原有的功能破坏或发生不可逆变化致死，从而达到灭菌和食品贮藏的目的。

高压使蛋白质原始结构伸展，体积发生改变而变性，酶钝化或失活；高压可使淀粉改性；常温下加压到 100～200MPa，油脂基本变成固体，但解除压力后，仍能恢复到原状；高压对食品中的风味物质、维生素、色素及各种小分子物质的天然结构几乎没有影响。

当细胞周围的流体静压达到一定值时，细胞内的气体空泡将会破裂；细胞的尺寸也会受压力的影响，譬如被拉长；加压有利于促进反应向减小体积的方向进行，推迟了增大体积的化学反应；在高压作用下，细胞膜的双层结构的容积随着磷脂分子横截面的收缩，表现为细胞膜通透性的变化。

3. 超高压杀菌在食品加工中的应用

由于超高压杀菌技术在食品加工中的应用日益广泛，在实验基础上逐步开始进行工业化规模的生产。目前，超高压杀菌技术在食品加工中的研究及应用主要集中在以下方面。

（1）肉制品加工　用高压技术对肉类进行加工处理，与常规方法相比，在制品的柔嫩度、风味、色泽、成熟度及保藏性等方面都会得到不同程度的改善。

（2）水产品加工　高压处理水产品可最大限度地保持水产品的新鲜风味。

（3）果酱及饮料加工　在果酱及饮料加工中采用高压杀菌，不仅可杀灭微生物，而且还可使果肉糜烂成酱，简化生产工艺，提高产品质量，保持果蔬特有的风味。

（4）乳制品加工　牛乳在室温下经 10min 的 650MPa 高压处理，其中初始活菌数减少了 6 个数量级。若牛乳在 1400MPa 下处理 1h，则由于微生物发酵所引起的酸败可延迟 4 天。

（5）腌菜加工　对腌菜进行 300～400MPa 高压处理时，可使酵母或霉菌致死。既提高了腌菜的保存期又保持了原有的生鲜特色。对低盐、无防腐剂的腌菜制品，高压杀菌更能显示其优越性。

二、实验目的

利用超高压技术可以杀菌灭酶，保持产品特有风味。本实验利用超高压技术对哈密瓜汁进行冷杀菌处理。

三、实验材料与设备

1. 实验材料

植物性或动物性原料。以哈密瓜为例。

2. 实验设备

600MPa 超高压装置一套、HL-60 榨汁机、胶体磨、均质机、超净工作台、pH38 型酸度计；糖度计。

四、实验内容

1. 工艺流程

哈密瓜→挑选、清洗→臭氧水消毒→去皮、籽→切分(2cm×8cm)→打浆→胶磨(10～15μm)→调配→瞬时升温→脱气→均质→冷却→UHP 处理→无菌灌装→检验

2. 操作要点

（1）哈密瓜原料质量　哈密瓜：要求 8～9 成熟，糖度大于 12°Brix，香气浓郁，肉色橘红，可利用率为 70% 以上，无腐败变质。

（2）原料初菌数的控制　最大限度地控制并减少食品原料中的初菌数有助于提高超高压杀菌的效果和效率，延长食品的保质期。原料初菌数主要受原料种植、采后处理及在车间生

产线上的挑选、清洗消毒、去皮、切分、打浆、贮料温度等因素和加工环节的影响。新鲜哈密瓜用臭氧水清洗消毒可将原料的初菌数控制在 10^4 cfu/mL 左右。切分、破碎温度控制在 $15\sim18℃$，果汁待料时间小于 30min，这样可降低哈密瓜榨汁后微生物的繁殖速度。

（3）脱气、均质和冷却　哈密瓜经过打浆、胶磨后会产生大量空气泡沫，采用瞬时升温 $60\sim65℃$、$450\sim470$kPa 脱气除去空气泡沫，避免超高压过程中压缩的高浓度氧对哈密瓜香气成分造成氧化破坏。40MPa 压力均质后可保持产品组织状态的均一性。冷却的目的是降低哈密瓜汁超高压加工过程的温度，减轻加热对哈密瓜汁香气的破坏。

（4）样品超高压处理　将经过冷却的哈密瓜汁装到 100mL 的复合袋中热封口，设计超高压处理条件，高压条件设计为 400MPa 和 500MPa，处理时间设计为 5min、10min、15min 和 20min。超高压设备有效体积 3L，升压速度 100MPa/min，解压时间 12s，腔内油温 $20\sim22℃$。

（5）包装材料和贮藏条件　超高压杀菌时根据物料特点和设备条件可将食品包装后杀菌或杀菌后再包装。若采用将食品包装后杀菌的方式，则要求包材有一定的柔韧性和可变形性，生产中一般采用复合软包装袋。若采用杀菌后再包装的方式，则包材只要适合食品无菌包装的要求即可，如饮料可使用利乐包、铝箔无菌袋、PET 瓶、玻璃瓶等。

一般超高压处理不能使微生物、酶完全致死和失活，因此，超高压食品贮藏、运输、销售的条件要比传统热力杀菌的食品要严格得多。超高压食品需冷链系统的支持才可保持食品优良的品质和商业无菌的状态。实验结果表明，在 $2\sim8℃$ 的冷藏条件下可使超高压处理后的哈密瓜汁中残存的微生物的活力限定到最低程度，而对食品的品质没有影响。

3. 实验设计

由于超高压的压力和处理时间会影响到杀菌效果，因此采用压力和时间不同组合来确定最佳工艺条件。按国家标准 GB 4789.2—2010 菌落总数测定方法检测哈密瓜汁的菌数，按照饮料感官评价来评判果汁杀菌效果和风味。

五、实验结果

1. 超高压条件的确定

如超高压压力为 400MPa、处理时间为 20min 时哈密瓜汁的果味浓郁、杀菌效果好。

2. 产品质量指标

超高压处理的哈密瓜汁外观为黄色或绿黄色、透明的液体，具有哈密瓜的天然香气和柔和的清鲜气味，符合饮料食品的卫生安全要求。

六、问题讨论

1. 超高压杀菌是否压力越高、时间越长杀菌效果越好？
2. 冷杀菌技术的优缺点有哪些？

参 考 文 献

[1]　高福成等. 现代食品工程高新技术 [M]. 北京：中国轻工业出版社，1997.

[2]　马永昆，陈计峦，胡小松等. 超高压鲜榨哈密瓜汁加工工艺技术的研究 [J]. 食品工业科技，2004，25（4）：75-77.

[3]　马永昆，刘威，胡小松. 超高压处理对哈密瓜汁品质酶和微生物的影响 [J]. 食品科学，2005，26（12）：144-147.

（天津农学院　闫师杰）

实验八　冷冻粉碎技术

一、实验原理

1. 冷冻粉碎技术的基本原理

冷冻粉碎技术是利用物料在低温状态下的"低温脆性",即物料随温度的降低,其硬度和脆性增加,而塑性和韧性降低,在一定温度下用一个很小的力就能将其粉碎。物料的"低温脆性"与玻璃化转变现象密切相关。首先使物料低温冷冻到玻璃化转变温度或脆化温度以下,再用粉碎机将其粉碎。

在金属材料中,除面心立方体晶格的金属外,其余金属材料都明显存在"低温脆性"。其表现为随着温度降低,机械与物理性质发生变化,如抗拉强度、硬度增高,塑性与韧性降低,体积也发生变化。因此,在脆点温度以下,可以用一个较小的冲击力使其破碎。

而一般非金属材料,随着温度降低,其抗拉强度、硬度和压缩强度增高,冲击韧性和延伸率降低,即呈现脆性。大部分非金属材料在低温下都具有独自的脆化点或玻璃化转移点,但并非所有的材料都有明显的脆点温度。

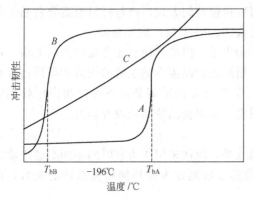

图 10-1　冷冻粉碎原理示意图

低温粉碎如图 10-1 所示:随着温度降低,曲线 C 不像曲线 A 或 B 那样呈明显的脆性转变,其冲击韧性均匀降低。因此,这种性质的材料没有明显的脆点温度,但随着温度下降,材料变脆、易于粉碎这一规律与曲线 A、B 一致。一般食品、水产品的低温特性与曲线 C 类似。

在食品产品快速降温过程中,会造成内部各部位不均匀的收缩而产生内应力,在内应力的作用下,物料内部薄弱部位微裂纹,并导致内部的结合力降低。在外部较小作用力下就能使内部裂纹迅速扩大而破碎。快速冻结使食品原料降低了黏性、弹性、变脆,从而容易粉碎。

冷冻粉碎中目前常用的制冷方法有两种:制冷剂制冷和空气膨胀制冷。常用制冷剂有二氧化碳、液氮和冰。二氧化碳制冷剂升华点为$-75℃$,不能贮于密闭容器中,运输损耗大,大量使用可使大气中缺氧,对人产生危害;液氮的沸点为$-196℃$,容易达到$-100℃$以下,几乎所有的易挥发性有害物(氢除外)都能被冷冻,液氮惰性,即使是剧烈粉碎,也能防止物料被氧化,液氮可直接输入粉碎机内,减少预冷时间,简化装置;空气膨胀制冷的原料为空气,来源广、无环境污染、制冷效果好且成本低。

通常,冷冻粉碎机是一整套机械设备的组合,根据加工工艺需要除粉碎机外,还有粉碎物的回收装置以及粉碎过程气体导入保护设备等。冷冻粉碎机一般由贮料预冷仓、螺旋推进器、低温粉碎机、低温鼓风机、旋风分离器、粉尘过滤器以及电控柜组成。

2. 冷冻粉碎技术的特点

① 低温下,易使油脂、糖类含量高的物料变软的油脂和水分都变成晶体状态,粉碎热被冷冻剂带走,避免了升温,物料软化、熔融、黏结粉碎室内腔、堵塞筛网和管道等情况。

② 由于低温消除了升温导致的品质劣化,快速降温将物料细胞壁的破坏程度降到最低,

且抑制了细菌活动、避免了污染，避免氧化，从而保持了芳香产品的色、香、味及有效营养成分。

③ 物料经低温处理后，冲击韧性、延伸率降低，呈脆性，物质内部组织结合力降低，当受到一定的冲击时，物料更易碎成细粒，且粉体的粒度分布均较好。

④ 等同条件时冷冻粉碎的处理能力显著高于常温粉碎，有的可高出 10 倍以上。

⑤ 低温处理时使物料温度短时间内急剧变化，薄弱部位迅速扩大，当受到冲击时，颗粒内部缺陷、裂纹等处产生的应力集中，使物料首先沿这些地方粉碎，而物料内部微观裂纹和脆弱面的数目相对减少，颗粒无撕裂毛边生成，表面变得更加光滑，其流动性得到很大的改善。这一特性对粉末在混合粉中的均匀分布起到很好的作用。

3. 冷冻粉碎技术在食品加工中的应用

冷冻粉碎技术产生于 20 世纪初，首先在橡胶及塑料行业得到应用，其工业化生产始于 1948 年。自 20 世纪 80 年代日本利用该技术在食品方面进行了研究后，欧洲、美国及我国也开始了这方面的开发研究。日本曾利用该技术生产出了 100% 保持原风味的甲鱼粉、鲨鱼骨粉；我国海南一公司利用该技术制成了纯龟鳖丸。有企业采用冷冻粉碎的工艺来提取蜂胶，还将枸杞冷冻粉碎后灌装做成枸杞冻干粉，该技术还用于魔芋、大蒜、南瓜、核桃仁、牛骨、羚羊角等多种产品的加工中。目前该技术在食品、保健品、农产品、水产品、辛香料等诸多方面都有应用，具体分类如下。

① 水产品及海藻类的加工，如鱼、虾、蟹、贝、海带、紫菜、马尾藻等。

② 畜、禽等肉类产品的加工，如肉、骨、角、筋、皮、内脏等。

③ 常温下黏性高且不易微粉碎的原料，如葡萄干、枸杞、核桃、栗子等均可浆状化、粉化粉碎。

④ 常温下油脂、脂肪含量高且不易微粉碎的原料，如芝麻、花生、杏仁等。

⑤ 常温下逸散的、含有挥发性成分的调味品的粉碎，如花椒、姜、蒜、辣椒、芥末等。

⑥ 常温下容易氧化褐变的水果、蔬菜等的粉碎，如苹果、香蕉、桃、山芋等，可以获得无褐变浆状品。

⑦ 其他，如蜂胶的提取，昆虫、花粉的粉碎，柑橘等水果食品果汁的分离等。

二、实验目的

本实验利用冷冻粉碎技术生产蔬菜粉。

三、实验材料与设备

1. 实验材料

常温下易褐变的蔬菜或水果。以山芋为例。

2. 实验设备

振荡筛或离心机、冷冻粉碎机、天平等。

四、实验内容

1. 工艺流程

选料→清洗→切片→护色→漂烫→冷淋→沥水→速冻→粉碎→包装→冷藏

2. 操作要点

（1）选料、清洗、切片　选取新鲜山芋，用流动的水清洗干净。去皮后切成厚度为 2mm 的薄片。

（2）护色、漂烫　将山芋片立即放入护色液中进行护色，护色液由柠檬酸 0.5%、食盐 1.5% 组成，在 95～100℃ 的水中预煮 2min，以减弱酶活力并排除组织中的氧气，从而抑制褐变发生。

（3）冷淋、沥水　漂烫后，将山芋片迅速放入冷水中冷淋，降低温度，然后用振荡筛或离心脱水。

（4）速冻、粉碎　将山芋片置于-35～-30℃的温度下冻结15min后，放进冷冻粉碎机在低温状态下将冻菜粉碎成粉末。

（5）包装、贮藏　称量与包装在-5℃的环境中进行。包装材料需预冷和进行紫外线杀菌，成品在-25～-18℃的冷库中贮藏即可。

3. 实验设计

由于物料的性质，如含水量、含糖量、软度等不同，故呈现冷脆性的玻璃化温度也不同，因此也就会有不同的冷冻温度。再加上粉碎的温度、粉碎机转速大小以及冷源的选择（空气或液氮）等对产品的粉碎粒度、营养物质的损失等品质均有影响，因此需要采用正交实验的方法确定最佳工艺条件。

五、实验结果

1. 冷冻粉碎条件的确定

在冷冻设备一定的条件下（即冷冻机的转速和冷源一定的条件下）需要确定冷冻粉碎温度和成品的粉碎细度（粒度）。

2. 产品质量指标

将粉碎后的山芋称重，并测量粒度。冷冻粉碎的山芋应颗粒细小均一，具有山芋颜色、香气和口感，微生物及理化指标应符合相关国家标准。

六、问题讨论

1. 为什么说蔬菜水果采用冷冻粉碎更好？
2. 影响粉碎后的蔬菜水果品质的因素有哪些？

参 考 文 献

[1]　江水泉等. 食品及农畜产品的冷冻粉碎技术及其应用 [J]. 粮油食品科技, 2003,（5）：44-45.
[2]　刘洪义等. 冷冻粉碎技术在蔬菜加工中的应用 [J]. 农机化研究, 2006,（2）：117-118.
[3]　刘学浩, 胥琪. 食品冷冻粉碎的原理、特点和目的 [J]. 冷藏技术, 2006 (2)：33-34.
[4]　魏文珑等. 冷冻粉碎技术及其应用 [J]. 低温工程, 第八届全国低温工程大会暨中国航天低温专业信息网 2007 年度学术交流会论文集, 2007：364-369.
[5]　张伟敏等. 低温粉碎技术在水产品加工中的应用 [J]. 冷饮与速冻食品工业, 2005,（4）：9-17.

（天津农学院　崔艳）

实验九　微波加热技术

一、实验原理

1. 微波加热技术的基本原理

微波与无线电波、红外线、可见光等属于电磁波，它们之间的区别在于频率不同，频率就是电磁波每秒振动的次数，每秒振动一次称为一周，每秒振动一百万次称为一兆周。通常所说的微波指的是频率在 300 兆周到 3000 千兆周之间的超高频率的电磁波。频率低于 300 兆周的电磁波就是通常的无线电波（包括长波、中波、短波），高于 3000 千兆周的电磁波依次属于红外线、可见光等。可见它们本质上是同一种物质（电磁波），只是由于频率相差很多，量变引起质变，才各自表现出不同的性质，具有不同的用途。

对微波加热规定了若干专用频率，这一方面是为了所用器件装置的规格化，便于配套互换，另一方面是为了避免使用更多的频率，以免对雷达和微波通讯产生干扰。世界上比较多的国家目前采用的微波加热专用波段，其中最常用的是 915 兆周和 2450 兆周两个波段。这两个波段也是目前我国常用的。

微波管是产生微波的电子管，微波加热所用的微波管主要有两种。一种叫磁控管，其主要特点是：能给出中等功率（约几十到几千瓦），最高可达 30kW，高效率（约 50%～80%），所需电压较低（约几百到几千伏），中等寿命（约 2000～3000 小时），结构简单，体积和重量较小，价格较低；另一种叫多腔速调管，其特点为：大功率（从几千瓦到兆瓦级），中等效率（约 40%～60%），需要电压（约几十到几百千伏），长寿命（10^4 小时以上），结构较复杂，体积和重量都大，价格较高。此外还有正交场放大管等。一般中等功率微波加热目前大量使用的是磁控管。

微波加热的原理基于微波与物质分子相互作用被吸收而产生的热效应。一般物质按其性质大致可分为两类：第一类是可以导电的导体。如银、铜、铝等金属都是良导体。微波在良导体的表面产生全反射而极少被吸收，所以一般不能用微波来加热。第二类是不导电的介质。如玻璃、陶瓷、石英、云母以及某些塑料等都是良好的介质。微波在其表面产生部分反射，其余部分透入介质内部继续传播而很少被吸收，所以这些良好的介质也不能用微波加热。但此外还有另一些吸收性介质，微波在其中传播时会显著地被吸收而产生热，这就是热效应。各种介质对微波的吸收各有不同，水能强烈地吸收微波，所以含水物质都是吸收性介质，都可以用微波来加热。

2. 微波加热技术的特点

（1）就地发热　微波加热的最大特点是，热是在被加热物体内部产生的，而不是从外部输入的，热源就分布在物体之内，这样加热"里外一起热"，温度很均匀，不会造成"外焦里不熟"的夹生现象，有利于提高产品质量。由于微波加热里外一起热，使加热时间显著缩短。

（2）选择性加热　微波加热与被加热物质的电性质有密切关系。各种介质的损耗正切值从 0.001 到 0.5 不等，可以相差很远，损耗正切值大的介质很容易用微波加热，损耗正切值太小的介质就不能有效地用微波加热。水的损耗正切值 0.3，很大，所以水能强烈地吸收微波。

（3）场强和频率对介质加热的影响　电场越强，在一定体积的介质中吸收的微波功率就越多，单位时间内在单位体积中产生的热量也就越多，在热容量与散热条件相同时的温升也就越高。因此为了有效地加热产品，必须将产品放在微波加热器中高频电场最强的地方，而且为了提高温度应设法提高作用区的高频电场强度。

（4）穿透能力　红外线比微波的频率高得多，照这样说采用红外线不是更有利吗？是的，在一定场强下从单位体积介质中获得高功率吸收这一点看红外线确比微波有利，但从对物体的穿透能力看红外线则远不如微波。

3. 工业微波加热设备基本结构

为适应连续生产的需要，工业微波加热设备应是连续式的，将物品由一端经传送带送入，中间经过微波加热区域，然后由另一端输出。这种装置称为隧道式工业微波加热设备。如果以外形来区分，有箱型、平板型或者圆筒形、蛇形波导的隧道式等设备。常用的有隧道式箱型和平板型两种。箱型微波设备可由几个箱体即微波加热区串联而成，每个箱体为一独立的均匀微波加热区。该装置结构方案的长处是几个箱体串联可以增加微波加热区域，功率总容量较大，为几千瓦至几十千瓦，甚至更多。平板型设备的微波加热区功率一般为千瓦。由于微波被物料吸收和传输衰减等原因，在设备入口处功率较大，其功率密度随着传输方向逐渐减弱。此设备比较有利于较湿或温度较低，需要较大微波功率来干燥或快速升温的物料，在接近完成干燥或温升到需要的温度时，物料已处于出口附近，这时物料不需要太多的微波功率，而出口附近已衰减到较弱的程度，正好符合物料干燥或温升的要求。箱型微波设备的出入口高度可视物料而定，从几厘米至几十厘米。如解冻分割肉时，整件包装高度大，故设备出入口高度很大。平板型微波设备外形较扁平，平板出入口尺寸一般就为波导尺寸，有固定规格，适用于薄板材、皮革、纸张以及能平铺的散装物料如茶叶、粉状和颗粒状物品的干燥。

4. 微波加热技术在食品加工中的应用

微波加热技术在食品工业中应用主要分成几大类：微波干燥和微波真空干燥，工业化微波食品烹调，工业化微波食品杀菌、保鲜以及解冻。近年来，在国内食品工业上的应用实例已达几十项之多，以下介绍一些典型应用实例。

（1）干燥物料 适合导热性较差或高黏稠物料干燥，微波对农副产品中导热性较差的、黏稠的，以及需最大限度保持原有色香味的物料，能发挥良好的加工效果。如日本某公司用微波烘烤茶叶，加工成精制茶，所需时间缩短为常规方法的1/5，茶叶含水率降为3%，很好地保持了茶叶原有的色香味。

（2）既干燥又膨化，产品复水性好 由于物料内水分受微波加热而急剧汽化，使物料内形成并保持细小微孔结构，获得了良好的复水性能。它尤其适合于玉米、果蔬脆片膨化，以及无油干制方便面和添加于咖啡、奶茶的易溶方糖的干燥。

（3）需在封闭环境下加工的物料干燥 一些如烤鱼片、紫菜或虾皮等需在封闭环境下保洁、不混入杂质和泥沙的水产品，均可用微波干燥。

（4）需要保持原色泽物料的干燥 魔芋是著名保健食品，其发热量低，且有化痰、散结消肿的药效。其产品质量的重要标志之一是它的色泽在加工成魔芋粉后能否保持白洁。近年来，用微波干燥魔芋制成粉料，较好地保持了原有色泽，受到外商青睐。同理，若用微波干燥姜片等物料，则可摒弃姜片硫熏漂白的旧工艺制法。

（5）较高杀菌温度或较长时间杀菌时会改变食品品质和风味 如海蜇含水率高达90%以上，过高杀菌温度会使其收缩失水僵硬而失去生食的风味和口感。而用微波杀菌处理能基本保持原海蜇脆嫩的口感和风味，产品也不收缩僵硬。

（6）常规方法难以达到杀菌效果 如众多方便面中的一个新品种——湿式带馅面条。其外径仅3mm，却分为两层，即直径为1mm的肉馅外包裹着层厚为1mm的面组成不同介质层的面条。用依靠外层热传导加热，结果内层肉馅还未达到杀菌温度时，其外层的面却已结成硬壳或焦煳，结果生产出来的面条只能冷藏保存。经微波杀菌后的带馅面条能在室温20℃左右条件下保存30天以上仍新鲜如初，复水食用时面条富有弹性。

二、实验目的

利用微波干燥技术干燥果蔬原料或解冻肉制品等。本实验以苹果为原料利用微波干燥生产苹果片。

三、实验材料与设备

1. 实验材料

果蔬或冷冻肉制品原料。以苹果为例。

2. 实验设备

微波炉、切片机、天平。

四、实验内容

1. 工艺流程

苹果挑选→清洗→去皮去心→切片→护色处理→沥干→铺平→微波干燥处理→成品

2. 操作要点

(1) 苹果预处理　用清水将苹果表面冲洗干净，去除表面的泥沙及杂质，去皮、去核后，切成半圆形薄片，再进行护色处理。具体操作如下：将切好的苹果片放入护色液中浸泡，护色液是由质量分数为 0.5％柠檬酸、0.2％亚硫酸氢钠、0.4％氯化钙、0.5％无水氯化钠所配置而成的水溶液，浸泡时间为 0.5h。苹果片护色处理后，将其捞出，反复冲洗干净，然后沥干苹果片的表面水。

(2) 微波干燥　称取一定质量苹果片，单层均匀平铺于微波炉转盘内，采用不同微波功率进行干燥（含水率均以干基含水率计），定时记录样品质量，记录干燥过程。

3. 实验设计

由于微波的功率、干燥时间、物料厚度等因素都影响到干燥率，采用正交实验的方法确定最佳工艺条件。

4. 含水量的计算

$$含水量 = \frac{m_0 - m_g}{m_0} \times 100\% \tag{10-4}$$

$$干燥速率 = \frac{\Delta m}{\Delta t}$$

式中，m_g 为干物质量；m_0 为物料初始质量；Δm 为相邻两次测量的失水质量；Δt 为相邻两次测量的时间间隔。

五、实验结果

1. 萃取条件的确定

如微波的功率、干燥的时间等。

2. 产品质量指标

将得到的产品进行理化指标分析，是否符合国家标准。

六、问题讨论

1. 苹果片为什么要护色？

2. 除了微波功率、时间，还有哪些因素影响干燥速率及产品质量？

参 考 文 献

[1]　王绍林. 微波加热技术在食品加工中应用 [J]. 食品科学，2000，2：6-9.

[2]　王绍林. 微波加热技术的应用——干燥和杀菌 [M]. 北京：机械工业出版社，2003.

[3]　杨洲等. 微波干燥及其发展 [J]. 粮油加工与食品机械，2000，5（3）.

[4]　高福成等. 现代食品工程高新技术 [M]. 北京：中国轻工业出版社，1997.

（天津农学院　王步江）

实验十　辐射杀菌技术

一、实验原理

辐射杀菌的机理是利用穿透力很强的 γ 射线（如 ^{60}Co 或 ^{137}Cs）或电子束杀死食品表面

和内部的寄生虫和致病菌，达到提高食品的卫生质量和延长保质期的目的。辐射杀菌目前已被广泛应用于保健食品、药用食品、蜂制品、熟食制品、豆制品、蔬菜和中成药等的杀菌和保鲜。在辐射杀菌中应用最多的是利用 ^{60}Co 产生的 γ 射线，^{60}Co 产生的 γ 射线有很强的穿透能力，一方面，高能 γ 射线能直接作用于生物体内部的活性分子，使核酸、蛋白质等产生电离和激发，引起这些生物大分子结构与功能的破坏；另一方面，γ 射线也能使细胞内的水分子发生电离和激发，产生各种活性自由基团，进而与生物大分子发生作用，使其结构和功能发生改变，表现出辐射对机体的间接作用。当这种作用达到一定程度时，会引起机体代谢功能紊乱，细胞不能正常生长繁殖，从而达到杀菌的目的。

辐射杀菌的特点如下。

① 能较好保持食品原有风味。辐射杀菌是利用射线产生的电离效应，不会使物质温度升高。可以避免高温杀菌对食品色泽、风味和营养物质造成的影响。

② 辐照食品安全性高。在解决好辐射剂量和包装的前提下，完全可以生产出不含任何防腐剂的安全食品，解决了添加防腐剂带来的问题。

③ 辐射杀菌更彻底。辐射杀菌是直接作用于物质内部，不存在热杀菌中由于热传递阻力造成杀菌作用的不均一性。并且辐射杀菌可以在包装后进行，避免了产品包装过程产生的二次污染，因此可有效解决胀袋问题。

④ 辐射杀菌综合效益高。辐射杀菌可以节省能源设备的投入，使产品中的能耗成本降低。由于有效避免了二次污染问题，使产品的成品率大大提高，综合效益十分明显。

对于辐射杀菌的安全性介绍如下。

1980 年世界卫生组织（WHO）宣布：用 10kGy（辐射计量单位）以下剂量辐照的任何食品不存在毒理学上的问题，可以安全食用。1984 年美国 FDA 报告：用 59kGy 辐照的鸡肉毒理学试验，在安全方面不存在问题。1997 年 9 月世界卫生组织废除 10kGy 的上限剂量，同时宣布以食物为对象的辐照剂量在 75kGy 以下是安全的。这是依据大量的动物毒性试验和辐解产物研究结果得出的权威性结论，从法规上保证了辐射技术在食品工业中的应用和推广。

据中国同位素与辐照行业协会 2001 年 6 月 25 日《信息与交流》介绍，目前全世界有38 个国家批准了可供人消费的 233 种辐照食品。我国批准的辐照食品也从 1998 年的 19 种增加到现在的 50 种。

二、实验目的

掌握辐射杀菌的机理，通过实验了解辐射杀菌设备的结构及操作方法。本实验对即食菜肴进行辐射杀菌。

三、实验材料与设备

1. 实验材料

酱羊肉、聚乙烯复合薄膜真空包装袋。

2. 实验设备

真空包装机、^{60}Co 辐照源、恒温培养箱、冰箱、硫酸亚铁剂量计（Fricke）、重铬酸银计量计。

四、实验内容

1. 工艺流程

酱羊肉→真空包装→辐射杀菌→冷藏→成品

2. 操作要点

（1）真空包装 酱羊肉制作完成冷却后装袋，真空密封。包装材料为聚乙烯复合薄膜真空包装袋。每袋样品 200～250g。辐照前在冰箱内 0～5℃预冷。

（2）辐射杀菌 预冷的酱羊肉用[60]Co 源辐照，用塑料泡沫盒保持辐照温度为 0～5℃。

（3）冷藏 辐照样品置冰箱 0～5℃贮藏。

3. 实验设计

预冷的酱羊肉用[60]Co 源辐照，用塑料泡沫盒保持辐照温度为 0～5℃，剂量分别为 0、2kGy、4kGy、6kGy 和 8kGy，通过感官品质评估、保温培养实验、微生物及理化指标检测确定最佳辐照剂量。

（1）感官品质评估 照射后第 2 天、60 天、90 天分别对辐照即食菜肴作感官品质评估，并与对照进行比较，对颜色、气味、味道、组织状态作评估。

（2）保温培养试验 辐照样品置（37±1）℃培养箱中培养 7 天，观察胀袋现象。

（3）微生物及理化指标检测 微生物指标（细菌总数、大肠菌群和致病菌）检测，按 GB 4789.2—1994、GB 4789.3—1994、GB 4789.4—1994 执行。理化指标（亚硝酸盐含量）测定，按 GB/T 5009.33 执行。

4. 产品标准

中华人民共和国国家标准：食品辐照通用技术要求 GB/T 18524—2001。

中华人民共和国国家标准：熟畜禽肉类辐照杀菌工艺 GB/T 18526.5—2001。

中华人民共和国国家标准：酱卤肉类卫生标准 GB 2726—1996。

中华人民共和国国家标准：辐照熟畜禽肉类卫生标准 GB 14891.1—1997。

五、问题讨论

1. 辐射杀菌的机理是什么？

2. 影响辐射杀菌效果的因素有哪些？

3. 辐射杀菌有哪几种剂量及应用范围？

参 考 文 献

[1] 李冬生，曾凡坤等. 食品高新技术 [M]. 北京：中国计量出版社，2007.

[2] 姚远，任大明. 利用[60]Co-γ 辐射杀菌技术生产无防腐剂调味品 [J]. 中国调味品，2004，（5）：114-116.

[3] 林若泰等. 即食菜肴辐照保鲜工艺研究 [J]. 辐射研究与辐射工艺学报，2005，（12）：1333-1336.

（天津农学院 苗颖）

实验十一 喷雾干燥技术

一、实验原理

1. 喷雾干燥技术的基本原理

喷雾干燥是液体工艺成形和干燥工业中最广泛应用的干燥方式之一。喷雾干燥技术的工作原理是通过机械力的作用喷雾的方法，采用雾化器将物料喷成雾滴分散在热气体（空气、氮气或过热蒸汽，常用热空气）中，物料与热气体呈并流、逆流或混流的方式互相接触，使水分迅速蒸发，获得产品的一种干燥方法。空气经过滤和加热，进入干燥器顶部空气分配器，热空气呈螺旋状均匀地进入干燥室。同时将料液借着压力或离心力的作用，通过喷雾器（也叫做雾化器）喷成极细小的雾状液滴，以增加其表面积，加速水分蒸发速率。雾状液滴与热空气接触，水分便在瞬间蒸发除去，使料液的微细雾滴变为干粉，在离心力的作用下，粉粒随同热空气被引入旋风分离器内而被分离，最后收集于旋风分离器下料口处的集粉瓶内。

雾滴干燥时，经历恒速第一干燥阶段和降速第二干燥阶段。雾滴与空气接触，热量由空气经过雾滴四周的界面层即饱和蒸汽膜传递给雾滴，使雾滴中的水分汽化，水分通过界面层进入到空气中，因而这是热量和质量传递同时发生的过程。此外，雾滴离开雾化器时的速度要比周围空气的速度大得多，因此，二者之间还存在动量传递。雾滴表面温度相当于空气的湿球温度。在第一阶段雾滴有足够的水分可以补充表面水分损失。只要从雾滴内部扩散到表面的水分可以充分保持表面润湿状态，蒸发就以恒速进行。当雾滴的水分达到临界点以后，雾滴表面形成干壳。干壳的厚度随着时间而增大，蒸发速度也逐渐降低，直到完成干燥为止。

喷雾干燥系统在工业上的应用有多种形式，但其基本组成包括下列内容：空气加热系统（包括空气过滤器、鼓风机、空气加热器、热风分配器等）；雾化系统（包括料液贮存器、过滤器、供料装置、雾化器等）；干燥室（立式或卧式干燥塔）；产品收集系统［包括出粉器、贮粉装置、产品冷却装置、产品粒度筛分（分级）装置等］；废气排放及微粉回收系统（包括捕粉装置、排风装置等）；系统控制装置及废热回收装置。

2. 喷雾干燥技术的特点

喷雾干燥技术有其他干燥技术无法比拟的优点：

① 干燥时间短。这是喷雾干燥设备的最大优点。料液经雾化后，其比表面积瞬间增大若干倍，与热空气接触的面积增大，雾滴内部水分向外迁移的路径大大缩短，提高了传热传质速率，完成干燥的时间仅需十几秒到数十秒。

② 物料本身不承受高温。虽然喷雾干燥的热风温度较高，但在接触雾滴时，大部分热量都用于水分的蒸发，所以尾气温度并不高，绝大多数操作尾气都在70～110℃之间，物料温度也不会超过周围热空气的湿球温度，对于一些热敏性物料也能保证其产品的质量。

③ 使用范围广，产品质量好。所得产品为球状颗粒，粒子均匀，流动性好，溶解性好，产品纯度高，质量好，具有良好的分散性和溶解性。根据物料的特性，可以用热风干燥，也可以用冷风造粒，对物料的适应性强，如果芯材和壁材选择得当在干燥的同时能制成微胶囊，保证被干燥物料原有的风味和特色。

④ 保护环境。喷雾干燥能从液体直接干燥成粉体，能避免干燥过程中造成粉尘飞扬，可由液体直接得到干燥产品，无需蒸发、结晶、固液机械分离等操作。

⑤ 适于连续化大规模生产。喷雾干燥能够满足工业上大规模生产的要求，干燥产品经连续排料，后处理上可结合冷却器、风力输送或其他干燥装置，组成连续生产作业线。可组成多级干燥。操作简单稳定，控制方便，容易实现自动化作业。

⑥ 缺点是干燥器的体积大，传热系数低，导致热效率低，动力消耗大，操作弹性小，易发生粘壁现象等。

3. 喷雾干燥技术在食品加工中的应用

随着食品行业的快速发展，喷雾干燥技术占有重要的位置，它在食品工业中的应用非常广泛，调味品系列喷雾干燥产品如酱油粉、醋粉等，以及果蔬粉系列喷雾干燥产品等。喷雾干燥技术首先运用在蛋液的处理中。早期喷雾干燥技术应用中，乳制品的应用比较大，同时也推动了这项技术的发展。近几年来，喷雾干燥技术在食品工业中的应用日益广泛，有乳制品、香料、蛋类、咖啡、水果、蔬菜、植物性蛋白、碳水化合物等，而且，在喷雾干燥技术基础上发展起来的喷雾干燥微胶囊化、食品的泡沫喷雾干燥、咖啡喷雾冷冻干燥技术使喷雾干燥技术又上了一个新台阶。食品添加剂中，微胶囊香料是最早应用喷雾干燥技术的。此技术的应用，大大提高了香料耐氧、光、热的能力，提高了各种香料和风味物质的可加工性，延长了贮存期限，大大拓宽了香料和风味物质的使用范围。在保健食品中喷雾干燥微胶囊化的应用也很广泛，如天然维生素 E 是油溶性的热敏性物质，难以与水溶性物质混溶，因此不易均匀地添加于食品、化妆品、药品等水溶性产品中，用水溶性壁材喷雾干燥制成微胶囊，既能保持天然维生素 E 的固有特性，又能弥补其易氧化和不易溶于水溶性产品的缺点。

二、实验目的

了解喷雾干燥设备流程和设备结构；了解喷雾干燥设备的系统组成及离心雾化原理；熟悉和掌握喷雾干燥设备的操作过程；分析热风温度、进料速度、物料含水量等因素对干燥效果的影响。

三、实验材料与设备

1. 实验材料

新鲜牛奶、淀粉或奶粉等。

2. 实验设备

分析天平，离心式喷雾干燥机。

四、实验内容

1. 工艺流程

喷雾干燥机预热→称取、调配原料→喷雾干燥→检验干燥效果→报告结果

干燥流程：料液由料液槽，经过滤器由料泵送到雾化器，被分散成无数细小雾滴。作为干燥介质的空气经空气过滤器由风机经加热器加热，送到干燥塔内。热空气经过空气分布器均匀地与雾化器喷出的雾滴相遇，经过热、质交换，雾滴迅速被干燥成产品进入塔底。已被降温增湿的空气经旋风分离器等回收夹带的细微产品粒子后，由排风机排入大气中。

2. 操作要点

① 熟悉压缩机、鼓风机、测试仪表的使用，启动抽风机（离心机），检查排风系统有无漏气。

② 配制液体物料：将牛奶浓缩到干物质含量为 45％～50％，并保持料液温为 50℃左右（或将奶粉溶解成干物质贮量为 45％～50％，并保持料液温为 50℃左右）。另取该物料 10～20g，用称量衡重方法测定物料的湿含量，计算出料液浓度。

③ 接通电源，喷雾干燥塔预热（在预热期间注意将干燥器顶部孔口和旋风分离器下料口堵塞，防止冷空气漏进而影响预热效果）。

④ 物料倒入进料装置，缓慢进料。

⑤ 开启空气压缩机，驱动离心喷雾器。开启料液控制阀均匀滴加料液至雾化器，和压缩空气混合喷射进入干燥室雾化，与热空气接触进行干燥，此时从观察罩处可观察料液的雾化状况，并读取气流出干燥器时的温度。

⑥ 开启风机，利用物料分离器收集粉料。开启干物料控制阀，收集干燥产品，与此同时，应取 10～20g 产品样，用称量衡重法测出产品含湿量。

⑦ 关闭电加热器，关闭风机、压缩机和总电源。卸下离心喷雾器，清洗、晾干，以专用木箱保管。

3. 湿分蒸发强度和空气消耗量的计算

（1）湿分蒸发强度

$$W = \frac{G_1(w_1 - w_2)}{1 - w_2}$$

$$(10\text{-}5)$$

$$W' = \frac{W}{V}$$

式中，W 表示单位时间内的蒸发水分量，kg/s；G_1 表示加入干燥器的原料液量，kg/s；w_1，w_2 表示料液干燥前、后的湿基含水量，kg湿分/kg溶液；W' 表示单位时间内单位干燥器体积的蒸发湿分量，kg/(s·m³)；V 表示喷雾干燥室容积，m³。

（2）空气消耗量

$$L = \frac{W}{L(H_2 - H_1)} \tag{10-6}$$
$$L' = L(1 + H_1)$$

式中，L 表示绝干空气流量，kg/s；L' 表示进加热器前湿空气流量，kg/s；H_1、H_2 表示空气进入、离开干燥室的湿度，kg湿分/kg绝干空气。

五、实验结果

1. 喷雾干燥条件的确定

调节进料量、进风强度、进风量，测量成品水分含量、排风温度、排风湿度、微粒大小，并计算出总干燥强度、空气消耗量等参数。

2. 产品质量指标

① 对干燥粉料进行感官评价，分析其干燥效果。

② 考查产品的溶解性。

六、问题讨论

1. 分析影响喷雾干燥速率的因素有哪些？

2. 在干燥室内物料干燥相当长的时间后能否得到绝干物料？

3. 如何提高喷雾干燥的热利用率？

参 考 文 献

[1] 贺娜，于晓晨，于才渊. 喷雾干燥技术的应用 [J]. 干燥技术与设备，2009，7（3）：116-119.

[2] 陈汝财. 喷雾干燥技术在保健食品中的应用 [D]. 贵州：贵州大学，2008.

[3] 姚辉，于才渊. 喷雾干燥制备微胶囊技术在食品工业中的应用 [J]. 干燥技术与设备，2004，（1）：8-11.

（天津农学院　张平平）

实验十二　高压均质技术

一、实验原理

1. 高压均质技术的基本原理

高压均质能提高产品的均匀度和稳定性，增加保质期，改变产品的稠度，改善产品的口味和色泽等。高压均质技术是利用高压使液体物料高速流过狭窄的缝隙时而受到强大的剪切力，液料被冲击到金属环上而产生强大撞击力，以及因静压力突降与突升而产生的空穴爆炸力等综合力的作用，把原先颗粒比较粗大的乳浊液或悬浮液加工成颗粒非常细微的稳定的乳浊液或悬浮液的过程。

高压均质机有一个或数个往复运动的柱塞，经预混合的介质以高压的状态在柱塞作用下进入均质阀组件，在通过均质阀棒与均质阀座的微小缝隙后，介质流速急剧增加并伴随着压力能的突然释放，物料以极高的流速喷出，碰撞在阀组件之一的碰撞环上，产生空穴效应（被柱塞压缩的物料内积聚了极高的能量，通过限流缝隙时瞬间失压，造成高能释放引起空穴爆炸，致使物料强烈粉碎细化，主要应用于均质）、撞击效应（物料通过可调节限流缝隙时以上述极高的线速度喷射到用特殊材料制成的碰撞环上，造成物料粉碎，主要应用于细胞破碎）和剪切效应（高速物料通过泵腔内通道和阀口狭缝时会产生剪切效应，主要应用于乳化），经过这三种效应处理过的物料可达到非常细微的纳米级微粒。

2. 高压均质技术的特点

相对于胶体磨等离心式分散乳化设备而言，高压均质机的优点是：

（1）细化效果更好　高压均质机工作阀的阀芯和阀座之间在初始位紧密贴合，只在工作时被料液强制挤出一条狭缝；而离心式乳化设备的转定子之间为满足高速旋转并且不产生过多的热量，相对均质阀而言有较大的间隙；而且由于均质机的传动机构是容积式往复泵，所以从理论上说，均质压力可以无限地提高，而压力越高，细化效果就越好。

（2）物料的性能基本保持不变，能定量输送物料　均质机的细化作用主要是利用了物料间的相互作用，所以物料的发热量较小，能保持物料的性能基本不变。均质机靠往复泵定量输送物料。

高压均质机的缺点是：高压均质机耗能较大；不适合加工黏度很高的物料等。

3. 高压均质技术在食品加工中的应用

高压均质技术已经在乳制品、饮料、食品添加剂和微胶囊等很多食品加工领域得到广泛应用。

用于乳品的生产，高压均质能使乳品液中的脂肪球细化，使制品食用后易于被消化吸收，提高使用价值。牛奶中脂肪含量高，长期放置容易出现稀奶油分层，震动能形成奶油粒，从而降低商品价值。通过高压均质后，脂肪球变小，表面积增加，增加了脂肪球表面的酪蛋白吸附量，防止脂肪颗粒聚结，使脂肪球的比重增大，上浮能力变小，从而达到稳定的效果。高压均质还用于豆乳、花生乳、浓缩乳、奶油、混合乳酪、冰激凌等的生产，在冰激凌等制品的生产中，高压均质能提高料液的细腻度和疏松度，明显改善其内在质地。

用于饮料的生产，如果汁、蔬菜汁等果肉型天然饮料本身含有大颗粒成分，通过高压均质使颗粒细化，改善口感和外观，防止分层；同时饮料中还存在一些以乳状液形式添加的香精香料、色素、稳定剂等成分，所以高压均质可以很好地改善产品的感官和稳定性。

用于食品微胶囊与食品添加剂，通过高压均质，将分散相液滴充分细化后均匀分散到连续相中，在造粒过程中壁材凝结在液滴表面而形成微胶囊，高压均质工艺是乳化法制备微胶囊过程中不可缺少的一部分，是影响微胶囊粒径大小与分布、包埋率的重要因素。许多脂溶性维生素、胡萝卜素等色素、亚油酸等脂肪酸、香料精油等食品添加剂由于水溶性、稳定性差，应用范围受限，可以通过高压均质技术将其制成 O/W（水包油）型乳状液，或进一步制成微胶囊来解决，通过均质后物料粒径减小更易被消化吸收，从而提高营养价值。

二、实验目的

掌握高压均质的工作原理；掌握高压均质技术的操作流程。

三、实验材料与设备

1. 实验材料

以生产豆乳饮料为例：优等豆油、全脂大豆粉、食盐、蔗糖、碳酸氢钠、烟酰胺、维生素等。

2. 实验设备

高压均质机、蒸煮锅、离心机、杀菌锅、显微镜。

四、实验内容

1. 工艺流程

全脂大豆粉加水→蒸煮→高压均质→离心后加配料和水→蒸煮→低压均质→装瓶→杀菌→大豆饮料

2. 操作要点

先将一定比例的水和全脂大豆粉混合在蒸煮锅加热到一定温度并搅拌。然后高压均质，通过自动离心机除掉粗颗粒，同时留取样品检测均质效果。离心后，饮料再倒回蒸煮锅，与其他配料混合，并加适量水加热彻底混合。接着进行较低压力的均质，并留取样品检测均质效果。

（1）均质操作 先打开柱塞冷却水和油冷却器冷却水进水阀，再打开进料阀，然后检查调压手柄，最后启动主电动机。待出料口出料正常后，旋动调压手柄，先调节二级调压手柄，再调节一级调压手柄，缓慢将压力调至使用压力。

（2）关机 停机前须用净水洗去工作腔内残液。先将调压手柄卸压，再关主电动机，最后关冷却水。

3. 实验设计

通过测定均质后颗粒的粒径判断均质效果。

五、实验结果

1. 均质条件的确定

高压均质以压力 50MPa，低压均质在 15MPa 的压力下进行比较好。

2. 产品质量指标

通过显微镜法判断均质效果，可采用光学显微镜在适当倍率下，用目镜测微尺、螺旋测微尺等在视野内对脂肪球进行直接测定。

六、问题讨论

1. 高压均质操作的注意事项有哪些？
2. 如何选择高压均质机？

参 考 文 献

[1] 雒亚洲，鲁永强，王文磊. 高压均质机的原理及应用 [J]. 中国乳品工业，2007，35（10）：55-58.
[2] 毛立科，许洪高，高彦祥. 高压均质技术与食品乳状液 [J]. 食品与机械，2007，23（5）：146-149.
[3] 张勇. 高压均质机的技术原理及市场动向 [J]. 中国科技信息，2006，（5）：81.

（天津农学院 张平平）

实验十三 冰温保鲜技术

一、实验原理

1. 冰温保鲜的概念及优点

冰温是指 0℃ 开始到生物体冻结点的温度区域，冰温贮藏（controlled freezing-point storage）即指将食品放在此冰温带内的贮藏保鲜方法。

食品在冰温条件下贮藏时，其品质（如蛋白质结构、微生物繁殖速度、酶活性等）发生变化，称为冰温效应。在冰点温度附近，为阻止生物体内冰晶形成，动植物从体内会不断地分泌大量的不冻液以降低冰点，不冻液的主要成分是葡萄糖、氨基酸、天冬氨酸等。冰温可有效抑制微生物的生长。在冰温条件下，水分子呈有序状态排布，可供微生物利用的自由水含量大大降低。

冰温贮藏具有以下优点：不破坏细胞结构；有害微生物的活动及各种酶的活性受到抑制；呼吸活性低，保鲜期得以延长；能够提高食品的风味和品质；保证营养价值不会过多地损失。

2. 冰温保鲜技术在食品贮藏加工中的应用

（1）果蔬贮藏　利用冰温贮藏水果和蔬菜，可以抑制其新陈代谢，保持果蔬的色、香、味、口感，延长保藏期。

（2）水产品贮藏　利用冰温贮藏水产品，水产品失水率低，新陈代谢水平低，保鲜和保活时间较长。

（3）肉制品保鲜与贮藏　冰温能很好地延缓肉制品的腐败，延长了保鲜期和贮藏品质。

二、实验目的

熟悉食品冰点测定方法，掌握食品冰温保鲜的技术和要点。

三、实验材料与设备

1. 实验材料

植物性或动物性原料。以水产品青鱼为例。

2. 实验设备

温度数据自动采集仪、冰温冷库、保鲜膜等。

四、实验内容

1. 青鱼冰点的测定

为确定贮藏温度，需对青鱼的实际冻结点进行测试。测试装置如图 10-2 所示。

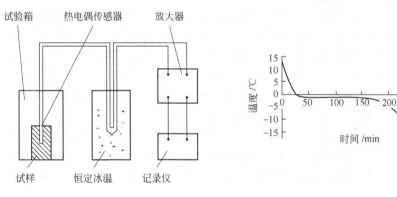

图 10-2　冰点测试装置及结果

将青鱼致死后，放入冻结室中降温，并用铂电阻探针插入鱼背部肌肉中，每隔 60s 由温度数据自动采集仪自动记录数据，跟踪鱼肉中心温度的变化，当出现一段温度稳定阶段即为青鱼的冻结点。同时，记录的温度随时间变化曲线即为青鱼的冻结曲线图。

由青鱼的冻结曲线（图 10-2 右）可知，鱼的初体温度为 13℃，从初体温度下降到冻结点（−1℃）大约需要 55min，且实验用青鱼的冰点为 −1℃。

2. 青鱼的冰温保鲜实验

实验用青鱼去内脏解剖后立即送至实验室（不超过 30min），用刀切取鱼片，称取定量的青鱼片样品用保鲜袋分袋包装，放入冰温（−1.0℃±0.2℃）的低温环境下贮藏，实时监控温度变化情况。每隔1~2天进行一次鲜度指标测定，如微生物指标、挥发性盐基氮含量、pH值、感官评价等。实验中的各项鲜度指标均符合国家标准二级鲜度的要求，待样品明显失去商品价值时终止实验。

五、问题讨论

1. 食品冰点测定时如何确定冰点？
2. 冰温保鲜技术的优势如何？

参 考 文 献

[1] 应月，李保国，董梅等. 冰温技术在食品贮藏中的研究进展 [J]. 制冷技术，2009，(2)：12-15.
[2] 彭丹，邓洁红，谭兴和等. 冰温技术在果蔬贮藏中的应用研究进展 [J]. 食品与包装机械，2009，27 (2)：38-43.
[3] 梁琼，万金庆，王国强. 青鱼片冰温贮藏研究 [J]. 食品科学，2010，31 (6)：270-273.
[4] 薛文通，李里特，赵凤敏. 桃的冰温贮藏研究 [J]. 农业工程学报，1997，13 (4)：216-220.

（天津农学院　闫师杰）

实验十四　气调保鲜技术

一、气调保鲜原理、特点及应用

1. 气调保鲜技术的基本原理

气调保鲜是指在低温贮藏的基础上，通过人为改变环境气体成分来达到对肉、果蔬等贮藏物保鲜贮藏目的的一项技术。换句话说，气调保鲜就是在保持适宜低温的同时，降低贮藏或包装环境中氧的含量，适当改变二氧化碳和氮气的组成比例。

水果蔬菜在收获后仍具有生命力，其生命活动所需能量是通过呼吸作用分解生长期积累的营养物质来获得的。因此，果蔬保鲜的实质是降低果蔬呼吸作用以减少营养物质的消耗。通过减少环境中呼吸作用所必需的氧气含量，可以显著地抑制呼吸强度，推迟跃变型果蔬呼吸高峰的出现；适当提高二氧化碳浓度可延缓果实硬度的降低和叶绿素的减少，从而保持果蔬良好的质地以及绿色蔬菜和果品的绿色。对多数果蔬而言，采用气调保鲜技术可使其在较长的贮藏期内较好地保持果蔬原有质地、风味和营养。

在肉制品特别是肉的腌制品、腊制品、熏制品的贮藏中，不饱和脂肪酸的氧化和霉菌污染造成的腐败、变质，是肉制品保藏期内需要解决的主要问题。通过适当的包装，降低包装容器中氧的含量，适当增加二氧化碳含量，可明显抑制过氧化脂的生成，防止霉菌的生长，达到保鲜防腐的效果。

2. 气调保鲜的特点

① 根据气调环境设置方式的不同，气调保鲜可通过气调库、气调帐、气调箱和气调袋等多种方式实现。各种气调环境均应具有良好的气密性。

② 对具有生命活性的保鲜对象，如新鲜果品、新鲜蔬菜、鲜花等，种类品种不同，所要求的适宜气体成分一般具有较大差异。贮藏环境中氧浓度太低或二氧化碳浓度太高，常产生低氧和高二氧化碳伤害。

③ 不具有生命活性的保鲜产品，如经过加工的肉制品、果蔬干制品、炒制的干果、糕点等食品，也可通过气调保鲜，但是不存在低氧和高二氧化碳伤害问题，一般来说，氧浓度越低，保鲜效果越好。

④ 根据所贮藏的果蔬的种类，在气调库或气调大帐配置制氮机和二氧化碳脱除机，通过自动检测和控制，可获得适宜的气体成分，这叫气调贮藏（CA 贮藏）；将果蔬放置在塑料大帐或塑料袋内，靠产品自身的呼吸作用降低氧浓度、升高二氧化碳浓度，气体成分的调节是通过产品的装量、薄膜的厚度、袋上打孔的措施来调节，这叫自发气调贮藏（MA 贮藏）；在放置果蔬或食品的塑料包装盒内，包装封闭时充入已经配置好的混合气体，使食品处于不同于空气组分气氛环境中而延长保藏期的包装，叫气体置换包装或复合保鲜包装（MAP）。

3. 气调保鲜技术在食品加工中的应用

① 苹果、西洋梨、香蕉、猕猴桃、库尔勒香梨通过 CA 贮藏，可显著延长贮藏期，保持良好品质。

② 冷却肉的气调包装货架保鲜。真空包装的冷却肉保质期虽较长，但肉色暗红，影响消费者的消费信心。采用混合气体进行保鲜较为理想。国内外对此进行了大量研究，认为气调包装中常用的 3 种气体的作用各不相同，不同的气体比例达到不同的效果。目前欧美发达国家多采用 $80\%O_2 + 20\%CO_2$，该比例的混合气体能够使肉色鲜红，且保鲜期较长，达到 8～14 天。

③ 易腐烂的果蔬经过处理后进行气调包装，超市货架期可以达到 7～12 天。

④ 为了减缓油脂含量高的食品贮藏期间的氧化变质，可在阻隔性好的包装袋内充入氮气，可大大延长这类食品的保质期。

⑤ 采用 0.05mm 厚的 PVC 保鲜袋结合 -0.7～0℃ 的低温，可保鲜蒜薹 10 个月以上；采用 0.03mm 厚 PE 保鲜袋配合葡萄保鲜剂的使用，可将巨峰葡萄贮藏 5 个月左右。

二、实验目的

选择一定厚度的塑料包装材料，根据需要制成一定规格的塑料包装袋，作为调节气体的微环境。将进行气调保鲜的鲜活农产品装入塑料袋内，并放置在适宜的低温环境中，通过产品呼吸作用，使包装袋内产生低氧高二氧化碳的气调环境，这是 MA 贮藏，也是许多果蔬气调保鲜的主要方式。通过本实验课，可以掌握气调保鲜袋的一般规格和制作方式，学会保鲜袋内气体成分的测定分析，观察不同果蔬对气调贮藏的反应。

三、实验材料与设备

1. 实验材料

鲜活农产品选取刚采收的果品和蔬菜。果品为富士苹果、皇冠梨；蔬菜为蒜薹和青椒（甜椒）。0.025mm 聚乙烯吹塑膜，规格 65cm×65cm；0.05mm 聚氯乙烯吹塑膜，规格 120cm×70cm；塑料扎口绳。

2. 实验设备

高频热和机；氧、二氧化碳测定仪；果实硬度计（或质构仪）。

四、实验内容

1. 工艺流程

果蔬实验材料挑选和基础品质数据测定→冷库预冷降温→果蔬装袋扎口→测定记载袋内气体成分→观察果蔬质量的变化→结束试验

2. 操作要点

① 材料挑选。选取成熟度一致，大小均一，无病虫伤害和无机械伤的果蔬。

② 所有的实验果蔬在扎口进入气调状态前，必须认真预冷，使产品温度（品温）和贮藏尽量相近后，方可扎口封袋，这是防止袋内结水或结露的关键步骤。

③ 取气样测定时，要抖动袋子，使所取的气样具备良好的代表性。取气结束后，用透明胶带将针孔粘合。

④ 所实验果蔬的生产性参考贮藏期限为：富士苹果 6～7 个月，黄冠梨 4 个月，蒜薹 9～10 个月，青椒 1.5 个月。气体成分不适宜，特别是二氧化碳浓度高时，富士苹果和黄冠梨容易受高二氧化碳伤害，主要症状是果肉褐变；青椒对高二氧化碳也比较敏感；蒜薹对二氧化碳忍耐性较强，但是要根据测气情况，开袋放风。

3. 实验设计

① 用 0.025mm 厚聚乙烯吹塑膜制作的规格为 65cm×65cm 的保鲜袋，每袋装富士苹果、皇冠梨和青椒 5kg，重复 4 次；规格 120cm×70cm、厚度为 0.05mm 聚氯乙烯吹塑膜，每袋装蒜薹 20kg，重复 4 次。

② 富士苹果、皇冠梨的适宜贮藏低温为 −1～0℃，蒜薹的贮藏温度为 −0.7～0℃，而甜椒的贮藏温度为（8±0.5）℃。

③ 入贮的前 10 天左右，塑料袋内为微环境气体的建立期，所以宜 1～2 天测气 1 次；以后当袋内气体变化趋向平衡时，可每周测定 1 次气体成分。

④ 气调保鲜的效果评价是通过外观品质和内在品质综合进行的。比较简单且实用的评价指标是：果肉硬度、果实外观颜色和新鲜度、果实可溶性固形物含量，以及可滴定酸的含量。

⑤ 为了使对照果蔬（不进行气调处理）尽量保持与气调果蔬相近似的贮藏条件，对照果蔬也采用同样的包装袋包装，但是不扎口密封。

五、实验结果

1. 不同果蔬在贮藏条件下包装袋内气体成分的变化规律（变化曲线）。

2. 气调果蔬与对照果蔬在贮藏期和贮藏质量上有哪些主要区别。

3. 塑料包装袋内有无异味、果皮和果肉伤害等气体不适宜伤害现象。

六、问题讨论

1. 简易气调贮藏和正规气调贮藏的最大区别是什么？

2. 气调过程中，氧、二氧化碳的相互作用效果如何？

3. 怎样避免低氧和高二氧化碳伤害？

参 考 文 献

[1] 王文生，宋茂树，陈存坤等. 不同气体组分对冬枣采后生理及贮藏效果的影响. 果树学报，2008，25 (6)：842-845.

[2] 王文生、吴彩娥. 北方水果保鲜储运与加工营销 [M]. 太原：山西出版集团山西经济出版社，2009.

[3] 林锋. 果蔬气调贮藏保鲜技术探讨 [J]. 制冷，1998，65 (4)：14-17.

[4] 杜玉宽，杨德兴等. 水果、蔬菜、花卉气调贮藏及采后技术 [M]. 北京：中国农业大学出版社，2000.

[5] 王文生，杨少桧. 果品蔬菜保鲜包装应用技术 [M]. 北京：印刷工业出版社，2008.

（国家保鲜中心　王文生）

第十一章 食品加工综合实验

第一节 概 述

本章所述食品加工综合实验是指以产品加工实验为核心，按照食品新产品设计与开发的基本程序和内容，包括产品构思、产品设计、商业分析、质量检验、经济核算等设计某一食品的实验过程。它的综合性体现在知识的综合与交叉和实验方法、操作技能的综合等方面。它涉及到人文社科、管理学、生物学、化学、营养学、工程学、工艺学等各学科的知识与技能。需要把《食品工艺学》、《实验设计与统计》、《食品分析与检验》、《食品质量管理学》、《企业管理》等课程知识进行综合运用。

一、综合实验的目的

1. 培养学生的创造、创新、创业的意识和能力。
2. 锻炼学生综合运用知识，拓展学生的知识面。
3. 强化学生实践动手能力，提高学生归纳问题、分析问题和解决问题的综合能力。
4. 培养和训练学生独立开展科学研究和产品开发的能力，也为做好毕业论文与毕业设计打下基础。

二、综合实验的原则

（1）学生为主体，教师为主导的原则　教师根据教学大纲要求，提出实验的方向、目的和要求，基本程序和考核目标，而实验过程从选题、资料查阅、实验方案制定、实验内容确定、实验开展以及结果分析评价均由学生独立完成，教师做必要的指导及评价。

（2）实战性原则　产品的研发，要以市场为导向，要满足市场的要求。综合实验的开展要理论联系实践，要有强烈的市场意识，实验生产的产品要具备商品性能，要进行成本核算和利润分析。

（3）可行性原则　综合实验的开展要考虑实验用原辅材料、仪器设备、时间、费用等客观条件。综合实验一般在工艺实验课或生产实习期间进行，时间2～3周，因此，生产工艺的实验内容不应该太复杂，要完成综合实验的全部内容，保证综合实验的完整性。

三、综合实验要求

1. 实验前必须制订详尽的计划和方案，否则不允许开展实验。
2. 实验时必须有指导教师在场，否则不允许进行实验。
3. 实验时要严格遵守有关实验及实验室管理的规定和制度。

第二节 综合实验内容

一、选题

综合实验的选题就是选择一种准备投入生产的研发产品。一般来讲，开发的方式有：独立研制、技术引进、自行研究与引进相结合、联合开发方式等。

1. 独立研制

独立研制也称为自行研制，是指企业完全依靠自己的科研技术力量研究开发新产品。该方式的优点在于能够密切结合企业的实际，形成企业自己有特色的产品系列，使企业在某一方面具有领先地位，且具有费用低、周期短的特点。这种方式适合那些拥有自己的科研院所、科技实力比较雄厚的大中型企业或企业集团。

2. 技术引进

技术引进是指从国外或其他地区引进市场已经成熟的技术，为本企业开发新产品，或是直接引进生产线生产新产品。采用技术引进方式开发新产品，可以缩短研制开发时间，节省研制开发费用，也可以促进企业技术水平和生产效率以及产品质量的提高。在科研、技术能力有限的情况下，通过技术引进可以加快新产品的开发速度，使企业获得更多的市场机会。但是应当注意：引进的技术，通常是别人正在使用的技术，引进前应当认真地进行市场的容量分析，分析自身的竞争能力，分析技术的先进性和适用性等。

3. 自行研究与引进相结合

独立研制与技术引进各有优越性。在开发新产品的策略上应当坚持双向发展，将独立研制和技术引进相结合，两者互相补充，有机结合，吸收、消化、创新，才会产生较好的效果。

4. 联合开发

有些企业可能缺乏新产品的生产制造技术，而许多科研单位、高等院校又缺少资金将研制开发出的新产品投入生产。因此联合开发方式是优势互补、效益共存的双赢策略。

我们要进行的设计性、综合性实验属于课程设计或教学、生产实习的性质，时间有限，按照上述的实验目的和原则，可以以引进或模仿的方式为主，来选择实验题目，确定实验内容。

二、产品设计

新产品的开发是一项复杂的工作，涉及到许多方面和很多环节，必须要制定一个科学的工作程序和详细的工作方案。新产品开发的一般程序为：

调研→构思→产品规划→产品设计→样品试制→中试→产品鉴定→批量生产→销售→服务

在进行综合性实验时要求学生按照新产品开发的程序和内容制定出详细的实验方案，包括：

① 编写产品开发方案　对产品进行规划，制定产品开发方案。也就是在新产品构思的基础上，根据新产品开发目标的要求，对未来产品的基本特征和开发条件进行概括和描述，包括主要性能、目标成本、销售预计、开发投资、企业现有条件利用程度等，并对方案进行初步的技术经济论证、比较、决定取舍等决策。

② 编制设计任务书　新产品开发方案确定后，同组同学组成设计组，确定设计师，编制设计任务书。设计任务书是指导产品设计的基础文件，它主要包括的内容有设计依据、设计目的、设计原则、主要性能和参数。主要进行食品新产品配方设计和工艺研发设计（参见第一章）。

三、工艺实验

在选定了题目，即实验哪一种产品，并完成产品设计后，开始进行产品的试制。在这个阶段主要是对产品的生产工艺进行实验，确定具体的工艺参数和条件，试制生产出符合设计要求的产品。主要的工作内容有：首先要对具体的加工工艺进行设计，制定出实验计划和方案，然后按计划和方案进行产品试制，最后组织小批量生产。

实验中应注意的问题如下所述。

（1）实验的组织与安排　每一个综合实验都要成立实验小组，包括组长、副组长和参加人员，并由一名指导老师作为顾问。根据实验的内容，每位参加人员应该有明确的分工，负责完成具体的实验内容。实验组长负责组织协调和对实验进行总结。实验组成人员要经常地进行沟通，对实验中的问题展开讨论，保证实验的顺利进行和如期完成。

（2）实验时间与进度安排　综合实验一般在主要工艺课讲授以后和各课程实验课完成后进行，时间为2～3周。要制定详细的实验进度安排表。

（3）实验条件准备　实验所需的设备、仪器、药品、试剂的数量、要求和费用等要做出详细的计划。

（4）实验设计　实验设计按其实验因素的多少可区分为单因素实验、多因素实验等。由于综合实验的性质和目的，在实验中一般采用单因素实验方案，仅就某一问题进行较深入的研究。

（5）样品试制与中试　在实验过程中可安排预备实验，先进行样品试制，熟悉工艺过程，摸索工艺条件和参数，然后进行小批量的中试生产。

样品试制是产品设计定型阶段。样品试制时一定要做好实验的详细记录，并根据试制和实验的结果对原设计进行必要的修改或重新进行设计。

小批量中试生产时的工作重点在于工艺的准备，要对产品的生产工艺和工艺装备进行考验，验证在正常生产条件下能否保证所规定的技术条件、质量和良好的经济效益。

小批量中试生产前要做的准备，包括：①生产线的调整，设备的调试；②经过试制验证的生产所需的全部工艺、技术文件；③生产需要用的原辅材料、测量仪器等；④操作人员的培训和训练；⑤生产劳动的精心组织。小批量中试生产后要及时进行总结，整理出全套工艺文件，包括工艺流程、操作规程和具体操作要点、产品配方、质量要求等。

四、质量检验

质量检验是综合实验的重要组成部分，可以和食品分析或食品化学的实验课程结合起来。学生可通过对自己生产的产品进行检验，能够更加深刻地体会食品生产质量管理的重要性，能够对食品生产中的质量控制点、质量控制措施、纠偏措施等质量管理方法和技术进行实际的应用和验证。

在产品设计时要制定产品标准。产品生产出来以后，要按照产品标准中的技术要求和具体质量指标对产品进行质量检验，以验证产品标准制定得是否科学合理，是否有必要对其进行修订，使其更好地体现供需双方的利益。质量检验实际上也是对开发的产品进行技术上的评价和鉴定。

质量检验的内容包括感官要求、理化指标、卫生指标、微生物指标的检验等。

五、经济分析

经济分析是对开发的产品进行经济上的评价。主要是对产品进行成本核算，按照产品定价策略，给产品制定合理的价格，并做初步的利润分析。

六、试销售

所谓试销是指将产品先在比较小的市场销售，经过改进后，逐步扩大市场销售规模的过程。试销的产品要经过品牌、商标、包装策划和制定初步市场营销方案以后，才可以将其推上选定的市场进行试销。

（天津农学院　梁鹏）

第三节 综合实验报告

综合实验前和实验结束后要求学生制定方案并写出综合实验报告。

一、产品开发方案

基本内容包括：产品开发选题的目的、意义；产品开发选题依据及国内外研究的现状和存在问题；欲开发的产品在理论或实际应用方面的价值；产品制作工艺，研究方法、手段和措施等；实验的工作量和进度安排及经费预算；成员之间的任务分工及要求；实验预期结果及表现形式等。

二、产品设计方案

要求介绍具体的技术方案（技术路线、技术措施）；具体的实施方案所需要的条件；拟解决的关键问题等。这里涉及到了有关实验的试验设计，即科学地选择作为组成试验条件的指标、因素和水平，以及实验方法的新特点和试验设计的基本原理。

三、工艺实验报告

工艺实验报告主要包括以下几个方面的内容：

1. 实验目的

2. 材料与方法

3. 结果与分析

4. 结论

四、产品质量检验报告

按照产品设计制定的产品质量标准，对试验产品进行感官指标、理化指标和微生物指标检验，写出产品质量检验报告。

五、产品经济分析报告

按照产品成本构成核算产品成本，按照产品定价策略，给产品制定合理的价格，并做初步的利润分析。

六、产品试销总结报告

对加工实验的产品在内部试销售的情况，从市场、价格、质量、消费者反应、效益等各方面进行分析总结，完成产品试销总结报告。

（天津农学院　甄润英）